辽宁省河湖长制发展绿皮书

主编◎唐 彦　黄晓辉　夏管军　张 野

河海大学出版社
HOHAI UNIVERSITY PRESS
·南京·

内 容 提 要

《辽宁省河湖长制发展绿皮书》在系统梳理河湖长制背景、内容、意义、发展过程的基础上,全面总结辽宁省河湖(库)长制落地生根、全面部署和取得实效的过程。本书总结辽宁省河湖长制考核情况和经验,对辽宁省各地市河湖长制推行情况进行评价;提炼出93个辽宁省河湖长制成效评价指标数据;深入辽宁省14个市及沈抚示范区进行现场调研、座谈交流,全面系统分析辽宁省各地市河湖长制问题、经验和亮点、典型成效;构建评价模型并对14个市及沈抚示范区综合评价,科学评估辽宁省14个市及沈抚示范区2022年河湖长制推行效果,得出各市区综合评分;总结出十大问题、十大对策、十条经验、十一个亮点,指出河湖长制发展路径:全面推进幸福河湖创建,发展循环经济、生态农业,扎实推动水利高质量发展。

本书对保护河湖、推行河湖长制具有重要的理论意义和实践价值,适合广大河湖长、河长办工作人员、环境保护人员、第三方评估人员以及相关领域研究人员参考使用。

图书在版编目(CIP)数据

辽宁省河湖长制发展绿皮书 / 唐彦等主编. -- 南京:
河海大学出版社,2023.10
ISBN 978-7-5630-8388-6

Ⅰ. ①辽…　Ⅱ. ①唐…　Ⅲ. ①河道整治—责任制—研究报告—辽宁　Ⅳ. ①TV882.831

中国国家版本馆 CIP 数据核字(2023)第 195328 号

书　　名	辽宁省河湖长制发展绿皮书
	LIAONING SHENG HEHUZHANGZHI FAZHAN LÜPISHU
书　　号	ISBN 978-7-5630-8388-6
责任编辑	陈丽茹
特约校对	李春英
装帧设计	徐娟娟
出版发行	河海大学出版社
地　　址	南京市西康路1号(邮编:210098)
网　　址	http://www.hhup.com
电　　话	(025)83737852(总编室)　(025)83722833(营销部)
	(025)83787763(编辑室)
经　　销	江苏省新华发行集团有限公司
排　　版	南京布克文化发展有限公司
印　　刷	苏州市古得堡数码印刷有限公司
开　　本	787毫米×1092毫米　1/16
印　　张	19.25
字　　数	394千字
版　　次	2023年10月第1版
印　　次	2023年10月第1次印刷
定　　价	95.00元

《辽宁省河湖长制发展约

编委会

主　　　任：冯东昕　鞠茂森

常务副主任：魏永庆　唐德善

副　主　任：于　翔　王永宁　张宏斌

主　　　编：唐　彦　黄晓辉　夏管军　张

副　主　编：康军林　胡建永　李　慧　张金

参 编 人 员：

河海大学：曹　婕　李　楠　程常高　王　硕

　　　　　杨登元　杨艳慧　唐圆圆　唐肖阳

　　　　　颜泽鑫　曹　实　黄丽佳　曹世明

　　　　　王　伟　曹书元　孟　楠　林　炎

　　　　　黎泽毅　薛顺顺　蔡筱青

辽 宁 省：吴林风　李富伟　李蔚海　史春阳　李

　　　　　刘　玥　高　萌　于国英　常永超　李

　　　　　潘　旭　王玉婷　杨晓晨　赵　锦　魏

　　　　　张丹丹　赵　莹　孙径明　王玉刚　鲁

　　　　　吴　迪　林　营

序

党的十八大以来，党中央、国务院高度重视江河湖泊管理保护工作，作出一系列重大决策部署。中共中央办公厅、国务院办公厅先后印发了《关于全面推行河长制的意见》《关于在湖泊实施湖长制的指导意见》，要求构建责任明确、协调有序、监管严格、保护有力的河湖管理保护机制，全面推行河湖长制。全面推行河湖长制是落实绿色发展理念、推进生态文明建设的内在要求，是解决我国复杂水问题、维护河湖健康生命的有效举措，是一项具有强大生命力的重大制度创新。

辽宁山川并列，河海交汇，是中国唯一拥有农耕、游牧、渔猎与海洋四种文明的省份，域内现有流域面积 10 km² 以上的河流 3 565 条，分属辽河、松花江和海河三大流域。辽宁既肩负着维护国家"五大安全"的政治使命，也承载着东北全面振兴全方位振兴的重大责任。近年来，辽宁将全面落实河湖长制作为推进生态文明建设的重要举措和有力抓手，各级党委政府主要负责同志担任总河长，全面建立了省、市、县、乡、村五级河湖长体系，形成了党政主导、水利牵头、部门联动、社会共治的河湖管理保护新局面。从建章立制、责任到人、搭建"四梁八柱"，到重拳治乱、清存量遏增量、改善河湖面貌，再到全面强化、标本兼治、打造幸福河湖，河湖长制工作在实践中焕发出强大生机活力。

为充分反映辽宁河湖长制实施情况，我省组织开展了《辽宁省河湖长制发展绿皮书》编纂工作，在全国首次系统记录了河湖长制发展历程。编写组在深入 14 个市及沈抚示范区调查研究基础上，全面总结了我省实施河湖长制的宝贵经验，为河湖治理保护指明了发展方向。

《辽宁省河湖长制发展绿皮书》系统梳理了河湖长制背景、内容、意义、发展过程，全面总结了辽宁省河湖长制落地生根、全面部署和取得实效的过程，尤其对辽宁河湖长制考核评价工作进行深入阐述和分析，结合辽宁省河湖长制市级考核细则，提炼出 93 个河湖长制成效评价指标数据，构建了市级考核评分模型。为全面反映辽宁省各地区河湖长制实施情况，本书系统分析了辽宁省 14 个市及沈抚示范区河湖长制工作存在的问题、经验亮点和典型成效，并在深入调研基础上，构建评价模型，对辽宁省 14 个市及沈抚示范区河湖长制推行效果进行科学评估。通过对各地区河湖长制实施情况的全面梳理，总结出辽宁省河湖长制工作十大问题、十大对策、十条经验和十一个亮点，并提出了河湖长制发展路径：全面推进幸福河湖创建，发展循环经济生态农业，扎实推动水利高质量发展。

《辽宁省河湖长制发展绿皮书》对河湖长制成效的评价实事求是、科学严谨，对河湖长制实施情况的分析条理清晰、观点鲜明，对河湖治理保护举措的总结内容翔实、数据准确，提出的经验、问题和建议具有科学性、实践性、指导性。本书对各地区实施河湖长制、提升河湖治理保护水平具有较强的借鉴价值，可供各级河湖长、从事河湖管理保护人员及相关研究者学习参考。

辽宁省水利厅厅长

2023 年 9 月

《辽宁省河湖长制发展绿皮书》
编委会

前　言

为统筹解决我国复杂的水问题，中共中央办公厅、国务院办公厅分别印发了《关于全面推行河长制的意见》《关于在湖泊实施湖长制的指导意见》，对全面推行河湖长制作出了总体部署，提出了目标任务及党政领导担任河湖长等明确要求。为深入贯彻习近平生态文明思想，全面落实党中央、国务院关于强化河湖长制的决策部署，充分梳理5年来辽宁省推行河湖长制情况，辽宁省河长办组织河海大学有关专家撰写《辽宁省河湖长制发展绿皮书》。全书共9章：

第1章　河湖长制综述。从河湖长制提出背景、概念与内涵、六大任务、相关学术研究来阐述河湖长制的要义。河湖长制本质上是流域、湖泊生态环境管理领域的党政领导干部责任制。它以各级党政主要负责人担任"河湖长"，负责组织领导相应河湖的管理和保护工作，以统筹协调流域湖泊管理为制度功能，以流域湖泊污染防治和生态保护为履责内容，涵盖河湖长委任、运行、监督、考核、问责等全过程。

第2章　河湖长制发展。我国历代负责水利建设和管理的机构与官员，在长期的实践过程中，逐渐形成了一套完备的体系，水利职官的设立可上溯至原始社会末期。辽宁省自2018年全面建立河湖长制以来，各级河长湖长持续发挥作用，河湖管理保护成效显著，辽宁省委、省政府不断加强河湖长制建设，通过颁布《辽宁省河长湖长制条例》、发布《辽宁省总河长令》、签订《河长制湖长制工作任务书》等形式，明确工作责任、坚持问题导向、严肃工作纪律，推动全省河长制湖长制工作"有能有效"，持续改善河湖面貌，打造人民满意的幸福河湖。

第3章　辽宁省河湖长制考核。辽宁省河长制办公室印发了《辽宁省2022年河湖长制考评实施细则》（辽河长办〔2022〕36号）（以下简称《细则》），聚焦河湖长制"六大任务"，强化"四位一体"考评体系，结合辽宁省实际制定的《细则》适用于对各市政府、河长制办公室、河长以及省河长制办公室成员单位的河湖长制考评工作，通过不同层次的考评推动政府、河长办、河长、成员单位依法履职，全面做好 2022 年河湖长制工作，纵深推动河湖长制"有能有效"，促进河湖长制和河湖治理保护工作迈上新台阶。本章梳理市级考核细则、考评指标，提炼关键数据 93 个，构建评分模型，为市级河湖长制工作评价奠定基础。

第 4 章 问题、经验及亮点。通过实地调研、交流、座谈，以 14 个市及沈抚示范区提供的材料为依据，总结 14 个市及沈抚示范区推行河湖长制的问题、经验及亮点。

第 5 章 典型成效。通过实地调研、交流、座谈，以 14 个市及沈抚示范区提供的材料为依据，总结 14 个市及沈抚示范区推行河湖长制的典型成效。

第 6 章 综合评价。以 14 个市及沈抚示范区填写的表格（数据）及材料为依据，构建评分模型，公正、科学、客观地评价 14 个市及沈抚示范区推行河湖长制成效。

第 7 章 问题及对策。以 14 个市及沈抚示范区的问题和未来安排为依据，系统总结辽宁推行河湖长制的十大问题及十大对策。

第 8 章 经验及亮点。以 14 个市及沈抚示范区填写的表格和材料为依据，系统梳理辽宁推行河湖长制的十条经验及十一个亮点。

第 9 章 发展路径。根据现场调查与 14 个市及沈抚示范区填写的表格和材料分析，指出辽宁推行河湖长制的发展路径：全面推进幸福河湖创建，发展循环经济生态农业，扎实推动水利高质量发展。

本书对保护河湖、推行河湖长制具有重要的理论意义和实践价值，适合广大河湖长、河长办工作人员、环境保护人员、第三方评估人员以及相关领域研究人员参考使用。

本书对河湖长制发展进行了系统研究，感谢各级河长办在调研评估和资料搜集过程中给予的大力支持；感谢出版社支持；感谢在编写过程中各位专家和同行们的宝贵意见和提供的素材。因为时间紧、任务重，报告中的疏漏和不足之处恳请指正、提出宝贵意见。

《辽宁省河湖长制发展绿皮书》编委会
2023 年 9 月

目录 ▶▶
Contents

第 1 章 河湖长制综述

本章从河湖长制提出背景、概念与内涵、六大任务、相关学术研究等方面来阐述河湖长制的要义。河湖长制本质上是流域、河湖生态环境管理领域的党政领导干部责任制。它以各级党政主要负责人担任"河湖长"，负责组织领导相应河湖的管理和保护工作，以统筹协调流域河湖管理为制度功能，以流域河湖污染防治和生态保护为履责内容，涵盖河湖长委任、运行、监督、考核、问责等全过程。与以往治水措施不同，河湖长制抓住了流域河湖治理的关键对象，使生态环境治理责任进一步清晰化，是碎片化流域水治理体系的再建和重构。

1.1 河湖长制提出背景

全面推行河湖长制，是以习近平同志为核心的党中央，立足解决我国复杂水问题、保障国家水安全，从生态文明建设和经济社会发展全局出发做出的重大决策。习近平总书记开创性地提出"节水优先、空间均衡、系统治理、两手发力"的治水思路，为推动水利高质量发展，为全面推进中华民族伟大复兴提供有力的水安全保障。河湖长制的产生背景是落实习近平总书记"十六字"治水思路，有效应对日益严重的水危机，缓解流域的行政区划和自然空间之间的矛盾，拓宽制度空间度量，突破原有的河流湖泊的行政管辖区域分割，形成新的整合协调机制。

河长制经历了从地方到中央，从试点到全面推广，从领导自发到规范有序的发展过程，历经地方初创期（2007—2013 年）、全国试点期（2014—2016 年）、全国建设期（2017 年至今）三个阶段。

1. 地方初创期

21 世纪初，一些不合理建设导致河湖面貌持续恶化。2007 年太湖大面积暴发蓝藻，引发了江苏无锡水危机。当地政府认识到，水危机问题表现在水里，根源在岸上。要解决这些问题，需要统筹水上岸上、上下游、左右岸，更需要党政主导、部门联动、社会参与。同年 8 月，无锡市在全国率先实行由地方行政首长负责的河长制，落实主体责任，加强污染源头治理及河湖保护，水污染防治效果明显，太湖水质显著改善。无锡的做法受到广泛关注，江苏、浙江、江西等省结合各地实际，陆续探索实行河长制，并不断丰富完善了河长制的内涵。

2. 全国试点期

通过对无锡的效仿和借鉴，河长制逐步延伸至江苏全省以及全国大部分地区。2014 年，水利部印发《关于加强河湖管理工作的指导意见》，鼓励各地推行河长制。截至 2016 年底，全国共有 25 个省份开展了河长制实践。

3. 全国建设期

2016 年 10 月 11 日，中共中央总书记、国家主席、中央全面深化改革领导小组（现为中央全面深化改革委员会，后同）组长习近平主持召开中央全面深化改革领导小组第 28 次会议，审议通过了《关于全面推行河长制的意见》。2016 年 12 月，中共中央办公厅、国务院办公厅印发了《关于全面推行河长制的意见》并发出通知，要求各地区各部门结合实际认真贯彻落实，河湖长制由此在中央层面得到确定，河长制也从试点正式向中国全域推广，并于 2017 年 12 月印发了《关于在湖泊实施湖长制的指导意见》，这意味着河湖长制这项地方应急的实验制度赢得了国家的首肯并预示着"河湖长制"从地方政府创新上升为全国性水环境治理制度，全国各省份的地级市按照自身发展水平和水污染状况，选择不同时间点相继出台地方河长制文件，在辖区内正式启动河长制的推广和实行。河长制已成为中国进行河湖管护的综合协调平台。

此后，河长制被相继纳入《中华人民共和国环境保护法》、黄河流域生态保护和高质量发展战略、《中华人民共和国长江保护法》与《中华人民共和国国民经济和社会发展第十四个五年规划和 2035 年远景目标纲要》，河长制工作部际联席会议制度得到调整完善，河长制相关工作得到进一步加强。在生态文明体制改革背景下，河长制进行了一系列机制性创新，在立法、规划、跨区域统筹、跨部门协调等方面得以进一步强化，直接服务于国家重大流域和区域发展战略，推动实现高质量发展和高水平保护。

1.2 河湖长制提出原因

河湖长制旨在通过明确责任、加强党政领导与监管、促进公众参与等措施，为落实习近平总书记"十六字"治水思路提供组织保障，提高水资源的管理效能，保护水环境，解决复杂水问题，改善河湖面貌，促进可持续发展。提出河湖长制的主要原因有四点：

1. 保护水资源，落实习近平总书记"十六字"治水思路

习近平总书记开创性提出"节水优先、空间均衡、系统治理、两手发力"治水思路，形成了科学严谨、逻辑严密、系统完备的理论体系。在习近平总书记"十六字"治水思路指引下，河湖长制应运而生，采取措施加强水资源保护、河湖岸线管控、水污染控制、水生态保护和恢复，以满足人民对美好生活日益不断增长的需求。

2. 弥补管理缺陷，协调解决复杂水问题

传统的水资源管理方式常常导致职责不清，各部门之间协调不畅，在实际执行过程中缺乏效率和力度，无法有效应对紧迫的环境问题和挑战。"弥补管理缺陷"这一动

机，是河湖长制的关键因素之一。河湖长制管理架构见图1.1，通过明确责任主体、强化协调机制、提高执行效率和监测与评估这些方式，河湖长制提供了一种更加集中、协调和高效的管理机制，更好地保护和管理河湖资源。这不仅有利于环境保护，而且对于推动可持续发展和提高城乡居民生活质量具有深远的意义。

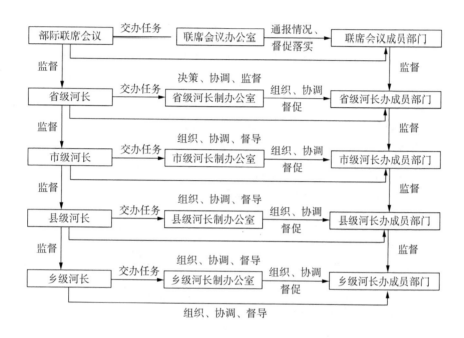

图 1.1 河湖长制管理架构

3. 法治化管理，加强党政领导治水责任制

河湖长制通过制度化和法治化的手段，保障河湖保护和管理工作的顺利进行。市、县、乡、村的四级"河长"管理体系，层层推进的"河长"实现了对区域内河流的"全覆盖"，建立了一级督办一级的工作机制。在一定程度上打破了"九龙治水、政出多门"分散式的水管理模式，消除传统弊端。全面建立省、市、县、乡四级河湖长体系，落实"责任到人"的地方党政领导负责制度，通过差异化的绩效考核评价，将环境治理与官员的晋升机制紧密结合，提升地方官员治理水污染的能动性。

4. 发动群众，提升公众环保参与意识

公众参与和支持河湖的保护与管理对于河长制的发展至关重要。河湖长制强调公众参与和环境教育，提高公众对水环境保护的意识和参与度。鼓励公众参与河湖保护项目，如植树、清理"四乱"、水质监测等，形成全社会参与保护河湖的氛围。

1.3 河湖长制主要内容

1.3.1 河湖长制概念

河（湖）长即"一河（湖）之长"，既是制定河湖管理目标、任务及治理措施的决策者，又是跨区域、跨部门协调治理复杂水问题的协调者。河湖长制是由各级党政主要领导担任辖区内相关河湖的"河长"，依法依规负责河湖综合治理和保护的一种管理制度，是从河流水质改善领导督办制、环保问责制所衍生出来的新的制度创新[1]。河湖长制以保护水资源、防治水污染、改善水环境、修复水生态为主要任务，通过构建责任明确、协调有序、监管严格、保护有力的河湖管理保护机制，形成一级抓一级、层层抓落实的工作格局，为维护河湖健康生命、实现河湖功能永续利用提供制度保障[2]，还包括维持制度稳定运行的河湖长体系、组织机构和相关制度。

1.3.2 河湖长制主要内涵

河湖长制将河湖的保护治理责任明确到位，协调各方力量并加强社会监督，加强河湖管理的监督和协调，提高水环境的保护和水资源的合理利用，打破"行政壁垒"，打通河湖治理工作的"最后一公里"。

1. 本质上是流域河湖管理领域的党政领导负责制

河湖长制的重点是明确领导干部特别是主要领导的流域、湖泊环境管理责任。《中华人民共和国水污染防治法》《关于全面推行河长制的意见》等文件都指出，河湖长由地方党政负责人担任，流域湖泊最高层级河湖长是第一责任人，其余河湖长是直接责任人。河湖长制其实质就是责任清晰化的地方党政领导负责制[3,4]。河湖长制在问责主体范围上突破了行政责任人界限[5]。在实际操作过程中，各省（自治区、直辖市）党委和政府主要负责同志均担任总河长。这种突破的意义在于，更加切合我国国情，强化了地方党委和政府主要负责人的流域河湖治理责任。

2. 以实现流域河湖生态环境可持续发展为目标

构建完善河湖长制的最终目标在于实现流域河湖生态环境可持续发展[6]。从政府层面而言，河湖长制明确了流域河湖管理的责任人，同时也明确了河湖长履职的方式、重点任务和工作目标，有助于建立更为完善的流域河湖管理体制，探索协同推进的综合措施[7]；从社会层面而言，河湖长制的公示制度、信息公开制度、信息共享和参与制度的设计，有助于让公众了解流域河湖生态环境的实际情况、生态环境管理措施及成效，发现和分析存在的问题，提出改进的建议，从而形成政府主导、公众参与、社会监督的水治理新格局[8]，有助于实现流域河湖开发与环境保护的协调发展[9]。河湖长制推行既保障水资源的开发利用，同时确保其规范有序运行，从而协调资源开发利用与生态环境保护之间的矛盾，促进绿色发展。

3. 以实现流域河湖统筹协调管理为制度功能

河湖长制设立的起因在于克服"九龙治水"、碎片化管理格局[3,10]，实施河湖长制，一方面将加强部门沟通协作。在明确了各级河长人员、职责之后，河长应当站在流域湖泊整体的高度考虑问题，河湖长将发挥协调作用，整合各个职能部门，产生合力[11,12]。另一方面，加强区域间联防联治。对于跨区域问题，落实河湖长制将更有利于明确统一的上级，直接指向更高一级的河长，由更高一级的河长开展协调沟通，积极处理流域湖泊各项治理任务，协调统筹展开专项工作，建立联防联控机制等[13,14]。

4. 以流域河湖污染防治和生态保护为履责内容

污染防治、自然资源保护是生态环境管理活动中最重要的内容。同样，河湖长制在规定工作任务时也会以此为重点[15,16]。开展"一湖四水"非法码头渡口专项整治，强化禁捕水域监管，整治黑臭水体，加强农业污染防治，加强水土保持、水库除险加固和运行管护，严格水资源管理等[17,18]。这些都关涉到流域河湖污染防治和生态保护，也就是说，河长制将以流域河湖污染防治和生态保护为履责内容。

5. 适用于河湖长委任、运行、监督、考核、问责等全过程

河湖长制涵盖河湖长委任、运行、监督、考核、问责等全过程。①委任机制。《中华人民共和国水污染防治法》规定了"省、市、县、乡"四级，一些地方在执行时还会加上居委会和村，村级河长承担村内河流"最后一公里"的具体管理保护任务。②运行机制。通过河湖长会议确立年度工作重点，通过巡查了解接收流域河湖生态环境信息，通过信息上报、共享在体系内传递，通过督办单对重点问题进行处理、反馈，通过督察发现执行过程中的问题，通过考核、问责予以评价、追责。③监督机制[17]。行政体系内的监督主要通过上级河长对下级河长，河湖长对职能部门履职情况的督察、验收工作展开；行政体系外的监督，包括社会监督、司法监督、权力机关的监督等。一些地方还出台了专门的公众举报奖励制度，以提升全社会参与流域河湖治理的积极性。④考核问责机制。通过严格考核问责倒逼河湖长有作为、积极作为，而不乱作为。

1.3.3 河湖长制六大任务

2016 年 12 月 11 日，经中央全面深化改革领导小组第 28 次会议审议通过，中共中央办公厅、国务院办公厅印发了《关于全面推行河长制的意见》（以下简称《意见》）。《意见》阐明了河湖长制六大主要任务：

1. 加强水资源保护

落实最严格水资源管理制度，严守水资源开发利用控制、用水效率控制、水功能区限制纳污三条红线，强化地方各级政府责任，严格考核评估和监督。实行水资源消耗总量和强度双控行动，防止不合理新增取水，切实做到以水定需、量水而行、因水制宜。坚持节水优先，全面提高用水效率，水资源短缺地区、生态脆弱地区要严格限制发展高耗水项目，加快实施农业、工业和城乡节水技术改造，坚决遏制用水浪费。严格水功能区管理监督，根据水功能区划确定的河流水域纳污容量和限制排污总量，落实污染物达标排放要求，切实监管入河湖排污口，严格控制入河湖排污总量。

2. 加强河湖水域岸线管理保护

严格水域岸线等水生态空间管控，依法划定河湖管理范围。落实规划岸线分区管理要求，强化岸线保护和节约集约利用。严禁以各种名义侵占河道、围垦湖泊、非法采砂，对岸线乱占滥用、多占少用、占而不用等突出问题开展清理整治，恢复河湖水域岸线生态功能。

3. 加强水污染防治

落实《水污染防治行动计划》，明确河湖水污染防治目标和任务，统筹水上、岸上污染治理，完善入河湖排污管控机制和考核体系。排查入河湖污染源，加强综合防治，严格治理工矿企业污染、城镇生活污染、畜禽养殖污染、水产养殖污染、农业面源污染、船舶港口污染，进而改善水环境质量。优化入河湖排污口布局，实施入河湖排污口整治。

4. 加强水环境治理

强化水环境质量目标管理，按照水功能区确定各类水体的水质保护目标。切实保障饮用水水源安全，开展饮用水水源规范化建设，依法清理饮用水水源保护区内违法建筑和排污口。加强河湖水环境综合整治，推进水环境治理网格化和信息化建设，建立健全水环境风险评估排查、预警预报与响应机制。结合城市总体规划，因地制宜建设亲水生态岸线，加大黑臭水体治理力度，实现河湖环境整洁优美、水清岸绿。以生活污水处理、生活垃圾处理为重点，综合整治农村水环境，推进美丽乡村建设。

5. 加强水生态修复

推进河湖生态修复和保护，禁止侵占自然河湖、湿地等水源涵养空间。在规划的基础上稳步实施退田还湖还湿、退渔还湖，恢复河湖水系的自然连通，加强水生生物资源养护，提高水生生物多样性。开展河湖健康评估，强化山水林田湖系统治理，加大江河源头区、水源涵养区、生态敏感区保护力度，对三江源区、南水北调水源区等重要生态保护区实行更严格的保护。积极推进建立生态保护补偿机制，加强水土流失预防监督和综合整治，建设生态清洁型小流域，维护河湖生态环境。

6. 加强执法监管

建立健全法规制度，加大河湖管理保护监管力度，建立健全部门联合执法机制，完善行政执法与刑事司法衔接机制。建立河湖日常监管巡查制度，实行河湖动态监管。落实河湖管理保护执法监管责任主体、人员、设备和经费。严厉打击涉河湖违法行为，坚决清理整治非法排污、设障、捕捞、养殖、采砂、采矿、围垦、侵占水域岸线等活动。

1.3.4 河湖长制相关研究

作为一项极具中国特色的创新治理制度，国内学者对河长制的实践成效褒贬不一。河长制在前期推行阶段取得了显著成效，但随着不断向纵深处的推进，较多问题开始显现，在协同治理、监督考核、多元主体参与等方面都有待改进。

1. 河长制取得显著成效

自 2018 年年底中国 31 个省（区、市，不含港澳台）全面完成建立河湖长制工作以来，各省份结合实际，做到了工作方案到位、责任落实到位、相关制度和政策措施到位、监督检查和考核评估到位，全面建立省、市、县、乡四级河长体系，细化实化了河长制六大任务，在中国全面推行河湖长制总结评估中得分均高于 89.89 分，为维护河湖健康生命、实现河湖功能永续利用提供制度基础保障[19]。在此后的五年里，各省份严格落实党政同责，加强立法立规，推进水岸共治，推动省际协同，提高群众意识，依靠科技手段，强化管水模式，加强流域综合治理，促进乡村振兴等一系列国家战略[20]。

2. 河长制办公室职能定位

（1）强化河长制办公室"总参"职能。河长制办公室是开展河长制工作的根据地，负责组织协调河湖治理的各项推进工作。目前，大部分地市河长制办公室的成员仍以从相关部门借调为主，其中以河务局和水利局的工作人员居多，办公室成员仍以本单位的工作为重，对河长制办公室的工作安排没有明确的职责定位。在河长制工作中，河长制办公室应有行政权威、运行稳定的河长制体系，提升河长制及河长办的行政地位，明晰职责范畴，以更好地开展各项组织协调工作。河长办要制定完善的运行制度如信息共享、协同治理、多元主体参与等，在保障河长制各项工作顺利推进的同时，协调各部门形成共治合力，引导社会组织及公众积极参与，并敢于接受监督和问责，在实践中创新与完善各项制度体系，提升整体协作效率，不断彰显河长制在河湖治理方面的独特优势。在人员配置方面，编办可以适当分配编制名额，录取专业人才，若编制名额不够，可以通过社会公开招聘等方式聘请相关人员，既增加工作人员的归属感，也有利于河长制的长效稳定运行。

（2）完善河长制的考核机制。河长制考核应纳入对地方政府及其负责人落实环保目标责任制的整体考评制度中去，考核指标应当根据科学标准进行设计，不同考核项目可以共享的考核指标应统一计算方法与考核标准；不同水域的考核标准不宜"一刀切"，应根据不同经济社会发展定位、河湖面临的主要问题与基础治理水平实行差异化的考核标准；考核不能过于书面化，要有硬指标约束，对基层的乡、村级河长可以注重其日常程序性工作的考核，对县级以上河长则要侧重考核其硬指标的完成情况；考核一定要与问责相挂钩，当奖则奖，当罚则罚，只有动真格才能确保河长制的激励与压力机制起作用。

（3）发挥科技支撑作用，完善流域生态补偿。发挥河长制"一河一档"与"一河一策"等本底数据的科技支撑作用，完善流域生态补偿技术方法，实现补偿依据稳定可靠、补偿标准科学准确。建立跨界断面物质通量考核体系，确定跨界段面补偿依据。以上一级政府批准实施的"一河一策"的管理保护目标作为生态补偿依据，建立能够反映区域差异性的补偿标准，统筹考虑河长制"一河一档"中不同行政区域的生态敏感区面积、经济发展水平、出境水质、地表径流量等参数，以水生态服务功能价值为参考，逐步形成能够反映直接损失、机会成本及生态环境建设的补偿标准体系。

（4）提高河长制的公众参与水平。水环境治理不应由政府一方"唱独角戏"，民众共同参与治理才能达到更理想的效果。而在公众参与环境共治的问题上，很多地方政府热衷于变着花样搞活动，表面上热闹，其实只是一场环保宣传秀，意义不大。事实上，从人的自利性出发，真正抱有热情投入环保实践活动的无非两种人：一种是发自内心热爱环保事业与公益事业的人，多见于民间环保组织成员；另一种是因为自身利益受到或可能受到环境影响的企业经营者与个人。因此，真正意义上的公众参与环境共治，就是让这两种人参与到环境治理中来，为他们提供施展的平台与监督的武器。通过设立"民间河长""企业河长"吸纳民间环保组织成员和其他环保志愿者，发挥他们的专业特长与公益热情，共享环境信息，共谋治水之道。除了"民间河长"与"企业河长"的平台以外，政府吸纳民间环保智慧、动员民间环保力量的方式还有很多，包括直接向民间环保组织购买专业服务、聘请民间环保人士为专业顾问、邀请环保志愿者参与治水方案的制定等。虽然部分地区"民间河长"已走马上任，但政府应思考如何组织对接，如何让社会资本参与河长制的实施，如何让沿河产业主动向着清洁生产、循环经济方向转型和发展，如何用社会力量监督河长制的运行等，以达到合理配置和调动资源，实现长效治理。

1.4 新时代的河湖长制意义

实现水美岸绿的河湖长制是我国为化解水危机而创建的一项新型管理制度，是完善河湖管护体系、确保水安全的制度优化，对于解决复杂水问题、维护江河湖库健康具有重要的理论意义和现实意义。

（1）推行"河湖长制"是落实绿色发展理念、推进生态文明建设的内在要求。习近平总书记高度重视生态环境保护，并在《中共中央国务院关于加快推进生态文明建设的意见》中，要求各级党委和政府为本地区的生态文明建设负责。在绿色发展的大背景下，河湖管理和保护成为生态文明建设的关键组成部分。通过"河湖长制"，能够强化各相关部门在河湖保护上的责任，从而有助于促进经济和社会的可持续发展。

（2）推行"河湖长制"是解决我国复杂水问题、维护河湖健康生命的有效举措。我国一些地区出现非法侵占河道、围垦湖泊、滥采乱挖和超标排污等问题，这些行为严重威胁了水资源的安全。为解决这些问题，推行"河湖长制"成为迫切需要。通过这一制度，可以推动河湖系统的保护以及水生态环境的整体改善，从而确保河湖功能的永续利用，维护河湖的健康。

（3）推行"河湖长制"是完善水治理体系、保障国家水安全的制度创新。一些地方过于注重河湖的开发而忽视保护，或者在治理过程中过于注重短期利益而忽视长远规划，由于目标和诉求的不一致，河湖管理往往缺乏协同效应。为解决这些问题，推行"河湖长制"至关重要。这一制度能够发挥地方党委政府的领导作用，明确责任划分，强化统筹协调，并形成保护河湖水生态环境的合力。

（4）推行"河湖长制"，打通河湖治理工作的"最后一公里"。河湖长制的实施，打破了"行政壁垒"，打通了河湖治理工作的"最后一公里"。其特征包括责任分工清楚、考核问责约束力强和目标任务明确三方面。旨在通过提高各级党委政府的执行力，解决复杂水问题，改善河湖面貌，对推动河湖流域实现水美岸绿具有重要的理论意义和现实意义。

1.5 本书的研究思路与调研过程

1.5.1 研究思路

本书以探索中国及辽宁省河湖长制未来发展路径为研究目标，以辽宁省全面建立河湖长制以来，水资源变化、社会经济变革、生态文明和高质量发展为背景，结合多学科交叉的理论和方法，对辽宁省河湖长制成效、典型经验、现状以及存在问题进行了调查研究。技术路线图如图 1.2 所示。

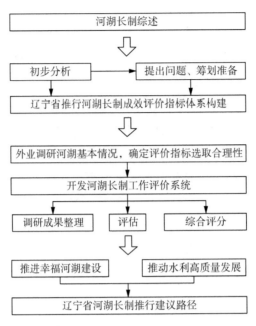

图 1.2　技术路线图

1.5.2　调研路线

从 2023 年 4 月 10 日至 2023 年 4 月 25 日，课题组对辽宁省 14 个市及沈抚示范区进行现场调研和座谈交流。以县级河流为最小单位，实地观测与评估抽样河流完成河湖长制六大任务情况，河湖长制推行以来与流域高质量发展、国家水网建设、乡村振兴以及水美乡村等热点话题词的融合程度，与践行河长制的相关人士进行座谈，深入了解基层的实际情况和河湖长制近期推行过程中所遇到的各方面问题，进行整理和总结，获得了大量的第一手资料。图 1.3 为 16 天的河长制调研路线示意图。

1.5.3　各市调研情况总结

各市河湖调研情况如表 1.1 所示。

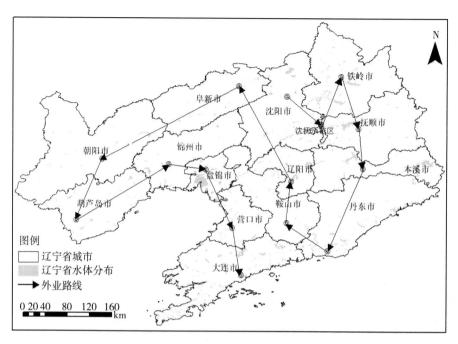

图 1.3　辽宁省河长制调研路线图

表 1.1　调研河湖基本情况表

序号	市/区名	座谈时间 （2023 年）	座谈地点	调研的河、湖、湿地、水利工程等
1	沈阳市	4 月 10 日	沈阳市区	满堂河沈河段、蒲河沈北段、七星湿地
2	大连市	4 月 24 日	大连市区	马栏河、自由河、小寺河
		4 月 25 日	庄河市	碧流河
		4 月 25 日	金普新区	
3	鞍山市	4 月 16 日	岫岩满族自治县	哈达河、汤池河、雅河岫岩县段、党建公园岫岩县段、海城河、花溪地公园海城市段
4	抚顺市	4 月 14 日	抚顺市区	浑河、古城子河抚顺县段
5	本溪市	4 月 14 日	本溪县	关门山水利风景区、小汤河综合治理工程
6	丹东市	4 月 15 日	丹东市区	大东沟城市内河、大洋河综合治理工程
7	锦州市	4 月 21 日	锦州市区	女儿河、小凌河、百股河、锦城水库
8	营口市	4 月 23 日	营口市区	大辽河、玉石水库、碧流河、赤山风景区
9	阜新市	4 月 18 日	阜新市区	细河、松涛湖、黄家沟村、"三河源"保护工程、佛寺水库
10	辽阳市	4 月 17 日	辽阳市区	太子河百里公园、辽阳护城河、参窝水库景区
11	盘锦市	4 月 22 日	盘锦市区	清水河大洼区段、盘山县水系连通工程、万金滩闸

续表

序号	市/区名	座谈时间 (2023年)	座谈地点	调研的河、湖、湿地、水利工程等
12	铁岭市	4月12日	铁岭市区	市区河湖
		4月12日	清河区	清河水库以及在建湿地
		4月13日	西丰县	寇河
13	朝阳市	4月19日	喀喇沁左翼 蒙古族自治县	凌河第一湾、东哨镇大马架子村水系连通工程、龙源湖、敖木伦湿地
14	葫芦岛市	4月20日	葫芦岛市区	五里河、连山河、女儿河、六股河、茅河
15	沈抚示范区	4月11日	沈抚示范区	浑河

1.5.4 调研基本情况评价

通过实地深入调研、反复研讨和科学分析,以辽宁省各县为基本单元、市级为调研基本对象,对辽宁省各市河湖长制推行交流情况做出如下评价。

(1)沈阳市在推行河长制过程中,锚定河长制的"六大任务",全力实施"水污染治理攻坚战""四水同治""三污一净""五大工程"等河湖治理专项行动,践行"两函四巡三单两报告"等工作方法。管理范围内超采区全部治理,再生水利用和城市水网建设能力提高;水域岸线管理范围内编制完成88条河流15个水系的"一河一策"方案并实施;污水处理厂治污能力和国考断面水质不断提升;辽河沿线生态廊道全线贯通封育滩地,纵深延展推进河湖长制。沈阳市调研座谈现场如图1.4所示。

图1.4 沈阳市调研座谈现场

①问题:乡村污水处理厂污水量不达标、运行成本高,导致无法正常运行。封育不宜"一刀切",也要因地制宜,发展经济。

②亮点:水污染防治成效显著,蒲河、满堂河等河流从臭水沟变成清水河。满堂河和蒲河作为典型案例,展示了宜居宜业的生态廊道和推进幸福河湖建设的重要举措。通过截污纳管、清淤疏浚、海绵城市建设、生态岸线修复和生态净化五个方面的实施,实现了"水清、岸绿"的生态河道。沈北新区段的蒲河和辽河七星湿地,在河长制的统筹推动下,对乡村振兴起到了积极作用,努力打造国家级水系连通及水美乡村试点

县工程，康平县成功入选全国第三批水系连通及水美乡村建设试点县区。

（2）大连市以"站在水里看岸上，站在岸上看水里"的系统思维为基础，完成重点河流生态修复项目 11 项，推进"无废城市"建设，推进金普新区生活垃圾焚烧发电处理扩建项目，从根本上减少污染物入河；完成了对 9 条农村黑臭水体的治理，建成区黑臭水体的消除比例保持 100%；推进"河长＋林长"协作机制，实现全域河流和森林绿化全覆盖；创新管理并优化完善污染物补偿机制，利用激励手段实现各地区主动进行控源截污和生态治理。大连市金普新区研讨会如图 1.5 所示。

图 1.5　大连市金普新区研讨会

①问题：河长制工作人员力量不足，部分基层工作人员专业知识薄弱，水利建设资金短缺，河库智能化管理、幸福河湖建设等任务滞后。

②亮点：金普新区依靠解决农业面源污染问题，根治农村黑臭水体问题。完成 118 个养殖场粪污资源化利用和 1 个粪污区域处理中心建设，涉农区域设立回收子站与回收母站，全面开展农业废弃物回收体系建设以充分保障农村用水安全。同时，以数字孪生技术为基础率先建成河库长管理信息平台，利用数字化、信息化，规范化管理河长制办公生命周期。庄河市根据"两山"理念，以"五指分类法"为主要依据，有序推进农村垃圾分类工作，开展生态农业建设。

（3）鞍山市在生态环境保护方面采取了多项措施，如建立"一河一档"电子档案、进行水生态修复和巩固等。建设并运行农村污水处理厂，使农村饮水水质得到提升。完成农村生活垃圾处置设施补短板项目的前期准备工作，生态环境质量得到大幅提升。完成 10 座小型水库雨情监测和大坝安全检测以及 13 座小型水库专业化管护，并提高堤防防洪标准，各基层河长发挥积极作用，应对汛期洪水，实现无一人员伤亡、水库无一垮坝、河堤无一缺口。鞍山市调研参与人员研讨如图 1.6 所示。

①问题：缺乏投资，"一河一策"无法及时实施，河道管理范围内历史遗留项目

图 1.6　鞍山市各县区负责人于岫岩县研讨

改建资金链后续动力不足；部分河段水环境质量考核压力大。

②亮点：全市有序推进72个省级美丽宜居乡村建设，集中式饮水规范化建设，花海景观建设，对辽河进行水生态修复，通过项目有机融合打造省级水利风景区。海城市建立河流生态保障体系，基本解决农业生产源污染问题，并建立了全流域垃圾及污水集中处理模式，实现了污泥无害化处理、畜禽粪污资源化利用、黑臭水体治理。护坡采用硬防护与软防护相结合，实施网格化管理以及河道断面信息化监测，促进海城市智慧水利建设。

（4）抚顺市以"保水质，防风险"为践行理念，推行了雨污分离，提升河道水质，彻底消除黑臭水体。大伙房水源地保护区取消了工业化工企业和农业养殖场，使得大伙房水库的水质保持在Ⅱ类标准以上。

①问题：在河长制落实方面有待创新；市级以下河长制资金无法得到保障。

②亮点：在防洪堤建设方面采用了堤路相结合的方式，目前已累计建成了24.5 km的横穿浑河市区的东西向连续快速干道，该防洪堤的建设对缓解抚顺城区的交通压力起到了重要作用。此外，浑河北岸防洪堤采用复式梯形断面，种植多种适宜本地区生长的植物，建成多个堤上公园和景观绿化带，形成了风景宜人的沿河风景区，提高了沿河居民的幸福度。河湖长制的推行，逐步将浑河市区段打造成为幸福河湖，推动了该流域的高质量发展。开展绿色防控，实现化肥农药减量，农药利用率持续提高；新建和及时改建多个污水处理工程，提升污水基础设施处理能力。

（5）本溪市以"四水四定"为原则，对现有的24个水库和64个水电站充分利用。以县级为基本单位进行用水量分配份额；严格开展"四乱"问题排查，强化河道管理范围内岸线整治工作，积极整改完成359个妨碍河道行洪的突出问题，加强全域小型水库除险加固工作并实现专业化养护，形成长效管护机制；全域范围内8个工业园区污水处理设施完成整治，有效缓解工业点源污染问题；超额完成河湖考核断面水质检测，巩固饮用水安全保障和黑臭水体治理成果；推进河湖健康档案建设和水土流失综合治理工作，修复水生态环境。

①问题：河长制办公室职责划分不清，思想认识不足，污水水质不达标的责任应由环保部门负责，雨污分离问题则属于住建部门的职责；中小河流防洪和监管由水利部门负责；河长制办公室成员单位间协调联动作用未有效发挥。

②亮点：太子河流域纳入了市场化服务体系，垃圾问题得到了系统治理。关门山水利风景区和小汤河本溪市段的两个水利工程在打造幸福河湖的过程中，积极推进百里生态水长廊的建设。关门山水利风景区依托关门山水库的建设，推动了乡村生态农业和民宿产业的发展，为乡村振兴做出了贡献。通过充分利用泄洪防护廊、水库导流洞和天然溶洞等资源，本溪市打造了与山水相融的水文化科普长廊和水文化展示景观。

同时，本溪市也在探索水利与其他行业的多业态发展。对于小汤河的综合治理，采取了保护为先、留白留璞增绿、统筹资源、整合项目、政府主导和社会参与的一体化推进思路。在防洪能力提升方面，注重系统治理和补齐短板，兼顾工程措施和生态措施，使得水、岸、景相互呼应，提高了区域产值，创建了生态体验场景。

（6）丹东市以"丹东绿"为建设城市的主要目标。通过"四位一体"考核，丹东市将河长制考核和"大禹杯"竞赛充分融合，纵深推动河长制"有能有效"；通过各部门合作对农村垃圾清理工作进行长效监督和完善的转运机制并购买市场服务，集中清理农村垃圾；全域 10 km² 以上河流入河排污口实施"一口一档，一口一策"，形成了"三长"共治和"四乱"治理的典型经验。

①问题：资金供应不足，"一河一策"和河湖健康评价等缺乏资金保障；河长制办公室执行权力受限，不能充分发挥河长办"总参"的职能。

②亮点：东港市投资 12.99 亿元启动了城市内河综合治理工程 PPP 项目，取得了积极成效。该项目包括截污纳管、泵站改造升级、污水处理厂二期扩建、河道清淤、流域内食品企业污染治理以及两岸景观修复和建设六大工程。东港市成功破获了非法采砂、非法捕捞和河湖污染等典型案件。协同开展畜禽养殖污染控制、农村垃圾集中整治、黑臭水体整治、入湖入海排污口整治、美丽乡村建设等工作。

（7）锦州市自河长制推行以来，在全域 240 条河流和 24 座水库均构建了"河长＋警长"的工作模式，为全面建立和推行河长制提供了强大助力。女儿河、小凌河、百股河的"三河共治"，着力实施全面生态治理；完成全域河流岸线确界工作，形成"水利一张图"，为统一部署工作夯实基础；完成河长制信息化建设，形成河长制监督和长效运行机制；城市水景观建设与历史文化结合，将生态优势转化为人民所期待的幸福河湖建设，增进绿色福祉。

①问题：城镇园区污水处理环境管理和污水处理提质增效不够，协同推动区域再生水循环利用试点有待加强；河长制先进工作经验学习培训不够，对县市两级工作人员激励机制有待加强。

②亮点：警长制推动了河长制的有效执行，以警方的力量助力河湖管理。法院对于水事违法案件能够迅速作出反应，2022 年共破获涉水刑事案件 67 起。将 240 条河纳入河长、警长体系中，在河流防洪险段、险岸、存在严重采砂问题的地区，共有 380 个探头已纳入监控系统，对于防洪、打击非法采砂和盗采行为发挥了重要作用。沿市区河流建设十余公里的绿化带，形成带状公园，打造超大型全民滨河健身休闲带，包括 88 座运动广场、43 座健身广场和 21 座亲水平台。

（8）营口市位于大辽河下游，以河湖长制从"有名有实"向"有力有为"转变为主要工作目标。强化水资源刚性约束作用，完成各控制指标；实现"四乱"问题常态化、动态化清零；委托第三方机构复核河流划界成果，开展自然资源确权登记工作；巩固消除黑臭水体成果，定期抽查水质。

①问题：面源污染对河流水质造成了威胁；因历史遗留问题，部分阻碍行洪建筑物整改困难。

②亮点：大辽河东岸整治工程是对三个泵站的改造工程，市区修建 10 多个口袋公园。盖州市玉石水库水质达到了Ⅰ类标准。碧流河盖州市段进行了投资约 5 亿元的整治工程，包括岸坡整治工程和三座公路桥的建设。生态环境部门制定了三条重点河流的系统保护方案。建立了大石桥河湖长制管理系统，进一步提升了河湖的管理效率。此外，蟹稻共生技术被成功应用，解决了农业面源污染的部分问题。畜禽粪污得到了综合利用和资源化利用，实现了循环利用。水产绿色健康养殖示范基地的建设也为可持续发展提供良好的示范。

（9）阜新市对投资拉动经济发展、划定洪水淹没线、农业面源污染防治、垃圾分类专项行动、小流域综合治理、水系连通项目、领导干部审计等经验做法进行了交流。2019 年阜新市出台了《阜新市细河保护条例》，提出了四水共治的建议。

①问题：基层河长履职不到位，对于未来地方河长制发展缺少系统性规划，全域禁砂还有待进一步研究。

②亮点：5.79 km² 的黄家沟着力打造集生态休闲、旅游度假、健康养老、都市农业为一体的乡村全域旅游。村内有一山、两河、三湖与千亩[①]松林，其中松涛湖水域超过 45 万 m²。河长制推行以来，水景观、水生生物类别指标提升。从上游村庄借水进行景观灌溉。绕阳河源头建设生态乔木园，细河源头建设山地灌木园，生态、人文、环境、社会、旅游多效益共生。推动治水从治标向治本、从末端治理向源头治理转变，引领治水由截污、治污迈向生态平衡、人与自然和谐共生的治理新阶段。佛寺水库已建设成为大（2）型水库和备用工业水源地。

（10）辽阳市为践行"两山论"，对全域 10 km² 以上的 131 条河流进行综合治理。为完善河湖管理的"最后一公里"，地方政府出资设立全域水管员，覆盖至村级，负责加强河湖面貌、应对汛期险情等工作；通过信息化平台加强河长制内部组织体系建设；因地域限制，河湖省级考核断面仅有 10 个，市级增设站点，高效推进水污染防治、水环境治理；积极推动河湖生态复苏项目，加强河流岸线和生态景观治理，对河流水质起促进作用；建设高标准农田，从根源上解决农村面源污染问题。

①问题：基层河长的履职能力有待加强；缺乏明确的河长制成果激励机制；涉河项目资金投入不足，严重影响工程推进和工程质量。

---

① 1 亩 ≈ 667 m²

②亮点：辽阳灌区渠首建在辽阳市城东鹅房，引水总干渠约 10 km，穿过辽阳城区，形成护城河，成为城市生态系统中重要的一部分，并且至辽阳城区西郊三面闸以下为灌溉受益区域，现阶段积极推进大中型灌区续建配套与现代化改造工作，完成灌区信息化建设，促进高标准农田建设，成为 2023 年水利部 11 家现代化灌区试点之一；政府购买农村垃圾清理服务，宏伟区农村村屯与河道垃圾公司一体化管护模式，以乡镇为基本单元实现垃圾转运一体化建设；大力投资小流域水生态环境修复和治理工作，目前已投资完成小流域建设 2 793 万元；为保障农村饮用水安全以及高效用水，开展农村饮用水安全巩固提升工程并试点投资节水型社会建设项目；现阶段初步构想打造太子河风光带"百里公园"，推动河道管理与城市文化相结合。

（11）盘锦市以网格员开展河道、渠系、网格化管理；建立四长联合执法机制；建设盘山县水系连通水美乡村示范县样板；推进大洼区幸福样板河建设；处理"清四乱"和碍洪突出问题千余处；推进"一口一策"落实；综合利用畜禽粪污，开展大洼区粪污资源化利用；建设水产绿色健康养殖五大行动示范基地；农村垃圾处理实现水清、岸绿、河湖景美；通过蟹稻共生发展生态高效农业。

①问题：河长制工作没有专项资金，河长办人员尚无单独的编制。

②亮点：清水河经过 950 万元投资进行河段清淤工程以及配套的污水处理厂建设、小区排污口改道并加强两岸绿化，防洪标准提高到五十年一遇，成为幸福河建成样板工程，并向国家争取后续投资 3 400 万元。盘山县发展成为水美乡村示范县，建设解决农业面源污染的法宝——稻蟹共生发展。盘山县水系连通，西部乡村振兴项目总投资5.28 亿元，共计 56 个工程；绕阳河汇入辽河进入黄海湾，浑太河汇入大南河，辽河汇入新开河进入浑太河，进行灌溉水位抬升，形成两条灌溉干渠，灌溉保证率达到 85%；绕阳河沿岸有万亩湿地，为其提供备用水源；万金滩闸是水系连通试点，有助于建设水美乡村，发展养殖业（鱼、蟹）等；发展"种植＋养殖"立体生态农田模式的现代农业。

（12）铁岭市 312 条河流，在"四乱"方面以村级为单位，每周巡导；警员联动，分片区进行河道整理与巡护；以清河区和西丰县为着重点，以水系连通建设清河区幸福河湖，推动水美乡村建设；采用堤前压柳的固堤方法，通过"以河养河"发展养蚕业。

①问题：农村生产生活垃圾收集、处理、转运设施还不健全，向中小河道倾倒垃圾现象时有发生；畜禽散养户粪污收集处理还不到位，向中小河道倾倒粪污现象仍然存在；部分乡镇污水处理设施收集能力不足、不能常态化运行，农村生活污水不能及时有效处理；河道管理范围内耕地较多，农业面源污染防治任务依然艰巨。

②亮点：通过系统解决河流治理的问题，生态治理达到防洪安全目标，实现幸福

河湖目标。积极推进水系连通和水美乡村项目，对清河水库上游入库河流进行系统的改造和升级，打造水美乡村典型样板；寇河生态治理促进乡村振兴，保护生态环境、发展经济，以沙堤1∶1.2的坡比进行生态治河；坚持生物防护与工程措施相结合，恢复河道自然生态系统。

（13）朝阳市以智慧水利为主要抓手，全面推行朝阳市河湖长制。建立河道遥感影像，针对河流"四乱"问题，点对点进行分析与解决，高效推进"四乱"问题的解决；建立"智慧河长指挥中心"试点项目，对河长制六大任务的完成情况进行动态监测，实施全过程智慧化管理，形成从问题到解决的全过程存档处理，做到步步留痕；政府和群众合力解决河道问题，开展"道德银行"试点工作，将居民道德行为进行量化以积分方式存入账户，以虚拟

图 1.7 朝阳市喀左县调研现场交流

货币的形式兑换日常开支。朝阳市喀左县调研现场交流如图1.7所示。

①问题：河长制深层次的未来规划尚不明确。

②亮点：大凌河喀左县水环境改善助力乡村振兴。龙源湖成为"河道建设＋人类历史＋旅游"的乡村振兴项目示范区、2021年两山示范基地。大凌河生态治理工程中，水闸兼顾灌溉与发电，通过水系连通与水美乡村项目建设，十年九旱的季节性河流已彻底改变。改善两岸群众居住环境，在重要节点、河段，安装视频监控系统和铁丝网护栏；充分发挥水管员的作用，建立长效的河库管护机制。陆续完成了橡胶坝、主干流整治和文化园建设等工程。两处景观为凌河西支和东支的重要节点，也是凌河流域综合治理工程的重要成果。

（14）葫芦岛市以"工作网格更密、监管力度更大、责任落实更深、创新突破更强"为河长制推行的抓手。水利项目完成投资逐年上升；河道岸线整治突破原有局限，紧密结合乡村振兴和美丽乡村建设，建造亲水平台与防洪兴利为一体的水文化景观带；增强河道防汛行洪能力，切实保障人民生命财产安全。

①问题：水污染防治任务中海洋国考断面氮超标，其四大成因为污水不达标排放、畜禽养殖粪污排放、农业面源污染、河湖垃圾。部分县区挤占水利项目专项资金，导致水利工程资金拨付率低。

②亮点：乡镇河道整治助力乡村振兴工程和生态示范工程。五里河生态修复工程、连山河综合治理工程和女儿河岸线整治工程为省级示范工程，一期投资2 800万元，二

期投资 6 935.15 万元；完成护岸、河道清淤和平整、跌水消能、生态缓冲带建设、便民工程以及水信息化工程，铺设鹅卵石护坡，增强农村河道治理的生态性和亲水性。

（15）沈抚示范区以城市水利未来发展为主要发力点，对未来沈抚示范区城市基础水网发展进行规划，开发规划重视水环境、水景观，在低洼地建生态湖，建设活水工程，为招商引资创造良好环境。生态廊道建设助力城市可持续发展。浑河综合治理工程经过三年建设管理已经完工验收，完成了移民指标的核定工作；水利专项规划到位，河湖建设管理到位。确保水库河道上下游联防联调，保证区域和下游度汛安全。

①问题：缺乏从事河湖长制工作的专职人员。

②亮点：在浑河的城市景观建设中，气盾坝可以在枯水/少水季节增加河道的蓄水量，形成一段"水库"，具备很好的生态效益；坝顶溢流会形成瀑布，可在气盾橡胶坝上安装景观灯及音响；准确控制灌溉渠道的水位和分流流量；可以将气盾橡胶坝应用到河流的分洪工作中，使水流量自动调节；在洪水期自动控制上游水位，形成高水位，增强水电站的发电能力。

主要参考文献：

［1］中办国办印发《关于全面推行河长制的意见》［J］.中国水利，2016(23)：4-5.

［2］中华人民共和国生态环境部.中华人民共和国水污染防治法［A/OL］.(2018-01-01)［2023-08-01］.https://www.mee.gov.cn/ywgz/fgbz/fl/200802/t20080229_118802.shtml.

［3］王川杰，李诗涵，曾帅."河长制"政策能否激励绿色创新？［J］.中国人口·资源与环境，2023,33(4)：161-171.

［4］史春."河长制"真能实现"河长治"吗［J］.环境教育，2013(11)：63-64.

［5］左其亭，韩春华，韩春辉，等.河长制理论基础及支撑体系研究［J］.人民黄河，2017,39(6)：1-6,15.

［6］程常高，马骏，唐德善.基于变权视角的幸福河湖模糊综合评价体系研究——以太湖流域为例［C/OL］.河海大学、生态环境部黄河流域生态环境监督管理局、华北水利水电大学、中国自然资源学会水资源专业委员会，2020：433-446.

［7］史玉成.流域水环境治理"河长制"模式的规范建构——基于法律和政治系统的双重视角［J］.现代法学，2018,40(6)：95-109.

［8］CHIEN S S，HONG D L. River leaders in China：Party-state hierarchy and transboundary governance［J/OL］. Political Geography，2017(62)：58-67. DOI：10.1016/j.polgeo.2017.10.001.

［9］沈坤荣，金刚.中国地方政府环境治理的政策效应——基于"河长制"演进的研究(英文)［J］. Social Sciences in China，2018(5)：92-115,206.

［10］张继亮，张敏.横-纵向扩散何以可能：制度化视角下河长制的创新扩散过程研究——基于理论建构型过程追踪方法的分析［J/OL］.公共管理学报，2023,20(1)：57-68,171-172. DOI：10.16149/j.cnki.23-1523.20221129.001.

[11] 熊烨. 跨域环境治理: 一个"纵向—横向"机制的分析框架——以"河长制"为分析样本[J/OL]. 北京社会科学, 2017(5): 108-116. DOI: 10.13262/j. bjsshkxy. bjshkx. 170511.

[12] 朱玫. 论河长制的发展实践与推进[J/OL]. 环境保护, 2017, 45(2): 58-61. DOI: 10.14026/j. cnki. 0253-9705. 2017. 02. 012.

[13] 唐新玥, 唐德善, 常文倩, 等. 基于云模型的区域河长制考核评价模型[J]. 水资源保护, 2019, 35(1): 41-46.

[14] 唐新玥. 区域河长制实施效果及制度建设考核评价[D]. 南京: 河海大学, 2019.

[15] 余晓彬, 唐德善. 基于 AHP-EVM 的江苏省全面推行河长制成效评价[J]. 人民黄河, 2020, 42(11): 63-68, 73.

[16] 彭欣雨, 唐德善. 基于组合权重-理想区间法的河长制实施效果评价模型及应用研究[J]. 水资源与水工程学报, 2020, 31(2): 50-56.

[17] 杨艳慧, 唐德善. 江苏省河湖长制工作评价模型及应用[J]. 水电能源科学, 2022, 40(3): 190-194.

[18] 王美慧, 唐德善, 尚静. 基于 G1-EVM-SPA 模型的河长制实施效果及协调发展度评价[J]. 中国农村水利水电, 2022(1): 21-27.

[19] 唐德善, 鞠茂森, 王山东, 唐彦. 河长制湖长制评估系统研究[M]. 南京: 河海大学出版社, 2020.

[20] 鞠茂森, 唐彦, 唐德善. 中国河湖长制发展研究报告[M]. 北京: 光明日报出版社, 2023: 5.

第 2 章

河湖长制发展

我国河长制的历史源远流长，可以追溯至夏商时期。据文献记载，我国第一位治水人物是鲧，他是大禹的父亲，堪称中华民族的第一位河长。从河湖管理的视角看，"河长制"也由来已久。我国历代负责水利建设和管理的机构与官员，在长期的实践过程中，逐渐形成了一套完备的体系，水利职官的设立可上溯至原始社会末期。

辽宁省自 2018 年全面建立河湖长制以来，各级河长湖长持续发挥作用，河湖管理保护成效显著，辽宁省委、省政府不断加强河湖长制建设，通过颁布《辽宁省河长湖长制条例》、发布《辽宁省总河长令》、签订《河长制湖长制工作任务书》等形式，进一步落实河湖长制，加强河湖管理保护，推进生态文明建设。加强河长制监督检查，进一步督促各级河长湖长和河湖管理有关部门履职尽责，通过"查""认""改"的工作环节，对河湖形象面貌及影响河湖功能的问题、河湖管理情况、河长制湖长制工作情况、河湖问题整改情况四个方面工作内容进行监督检查。明确工作责任、坚持问题导向、严肃工作纪律，推动全省河长制湖长制工作"有能有效"，持续改善河湖面貌，打造人民满意的幸福河湖，河湖管护成效显著。但调研时发现，河湖管理保护长效机制不够健全，河湖"四乱"等历史遗留问题依然存在，水安全、水污染防治、水环境治理、水生态改善等任重而道远。

2.1 历史河湖长及河湖管理

2.1.1 历史河湖长

大禹的父亲是鲧，他是黄帝的后代（曾孙），他是中国古代最有名的治水英雄之一。大约在 4000 多年前，中国的黄河流域洪水为患，中原地带洪水泛滥，淹没了庄稼，淹没了山林，淹没了房屋，人民流离失所，很多人背井离乡，水患给人民带来了无边的灾难。

在这种情况下，尧决心要消灭水患，于是就开始访求能治理洪水的人。一天，他把手下的大臣找到身边，对他们说："各位大臣，如今水患当头，人民受尽了苦难，必须要把这大水治住，你们看谁能来担此大任呢？"群臣和各部落的首领都推举鲧，尧就将治水的任务委任给鲧。鲧是当时治理洪水的最高领导人，鲧按照"水来土掩"的思路治水，为天下万民兴利除害，躬亲劳苦，手执工具，与下民一起栉风沐雨，同洪水搏斗；因为生产力低下，没有挡住洪水，给人民生命财产带来了苦难。舜革去了鲧的职务，将他流放到羽山，鲧因"水来土掩"、"堵洪水"、治水 9 年"功用不成"，但为大禹治水积累了宝贵经验。

舜征求大臣们的意见，看谁能治退洪水，大臣们都推荐禹，他们说："禹虽然是鲧的儿子，但是德行和能力都比他的父亲强，他为人谦逊，待人有礼，做事认认真真，生活也非常简朴。"舜并没有因他是鲧的儿子而轻视他，而是很快把治水的大任交给了大禹。大禹贤良，他并没有因舜处罚了他的父亲就记恨在心，而是欣然接受了这项艰辛任务。他暗暗下定决心："我的父亲因为没有治好水，而给人民带来了苦难，我一定努力再努力。"

禹带领着伯益、后稷和一批助手，跋山涉水，风餐露宿，走遍了当时中原大地的山山水水，穷乡僻壤、人迹罕至的地方都留下了他们的足迹。大禹感到自己的父亲没有完成治水的大业而空留遗憾，而在他的手上这任务一定要完成。他沿途看到无数的人们都在洪水中挣扎，他一次次在那些流离失所的人们面前流下了自己的清泪，而一提到治水的事，相识的和不相识的人都会向他献上最珍贵的东西，当然他不会收下这些东西，但是他感到人们的情意实在太浓太浓，这也倍增了他的决心和信心。大禹左手拿着准绳，右手拿着规和矩，走到哪里就量到哪里。他吸取了父亲采用堵截方法治水的教训，发明了一种疏导治水的新方法，其要点就是疏通水道，使水能够顺利地东流入海。大禹每发现一个地方需要治理，就到各个部落去发动群众来施工，每当水利工程开始的时候，他都和人们在一起劳动，吃在工地，睡在工地，挖山掘石，披星戴月地干。他生活简朴，住在很矮的茅草小屋里，吃得比一般百姓还要差。但是在水利工程施工中，他又是最肯花钱的，每当治理一处水患而缺少钱，他都亲自去争取。

他治水"三过家门而不入"，有一次他治水路过自己的家，听到小孩的哭声，那是他的妻子涂山氏刚给他生了一个儿子，他多么想回去亲眼看一看自己的妻子和孩子，但是他一想到治水任务艰巨，只向家中那茅屋行了一个大礼，眼里噙着泪水，骑马飞奔而走了。

大禹根据山川地理情况，将当时的中国分为九个州：冀州、青州、徐州、兖州、扬州、梁州、豫州、雍州、荆州。他的治水方法是把整个中国的山山水水当作一个整体来治理，他先治理九州的土地，该疏通的疏通，该平整的平整，使得大量的地方变成肥沃的土地。他治水讲究的是智慧，治水要治理山，经他治理的山有岐山、荆山、雷首山、太岳山、太行山、王屋山、常山、砥柱山、碣石山、太华山、大别山等，要疏通水道，使得水能够顺利往下流去，不至于堵塞水路。山路治理好了以后，他就开始理通水脉，长江以北的大多数河流都留下了他治理的痕迹。大禹治水一共花了13年的时间，正是在他的手下，咆哮的河水失去了往日的凶恶，驯服地平缓地向东流去，昔日被水淹没的山林露出了峥嵘，农田变成了米粮仓，人民能筑室而居，过上幸福富足的生活。后代人们感念他的功绩，为他修庙筑殿，尊他为"禹神"，我们的整个中国也被称为"禹域"，也就是说，这里是大禹曾经治理过的地方。① 大禹治水见图 2.1。

禹承担治理天下大河长之重任。这就是大家熟悉的"大禹治水"的故事。鲧、禹

---

① 源自中国历史故事网（有改动）。

图 2.1　大禹治水

治水的传说流传广泛，影响深远，他们是远古时期治水英雄的缩影和象征。东汉时期，王景主持治理黄河和汴河，自此黄河安澜 800 余年，堪称历史上一个超有能力的"河长"。蜀国郡守李冰是岷江（成都江）河长。经过商鞅变法改革的秦国名君贤相辈出，国势日盛，他们正确认识到巴、蜀在统一中国中特殊的战略地位，秦国名相司马错认为："得蜀则得楚，楚亡则天下并矣。"在这一历史大背景下，战国末期秦昭王委任知天文、识地理、隐居岷峨的李冰为蜀国郡守。李冰上任后，下决心修建都江堰渠首枢纽，根治岷江（都江）水患，发展川西农业，造福成都平原，为秦国统一中国创造经济基础；使"人或成鱼鳖"的成都平原成为"天府之国"。都江堰渠首枢纽主要由鱼嘴、飞沙堰、宝瓶口三大主体工程构成。三者有机配合，相互制约，协调运行，引水灌田，分洪减灾，具有"分四六，平潦旱"的功效。宋代，苏东坡曾自封"湖长"。他到杭州任太守时，见到西湖淤泥壅塞、湖草蔓生、水量减少，淡水不敷居民饮用。苏东坡决心清理淤泥蔓草，动用数千劳力，费时四个月终于用淤泥建成"苏堤"，把西湖建成"西施"。

发源于青海祁连山、流经甘肃至内蒙古的黑河流域，是西北地区河长制的早期实践。清朝康熙时期，定西将军年羹尧于 1723 年奉命去今天的甘肃等地平叛，为了保黑河（又称弱水）下游阿拉善王的领地额济纳旗和大军用水，对黑河流域实行了"下管一级"的政策。所谓"下管一级"，即上中游的张掖县令为七品，中游的酒泉县令为六品，下游额济纳旗的县令为五品，以上县令实际上相当于黑河的河长。

由上可见，今天实施的河长制源远流长，是对中华民族治水历史和优秀文化的传承和弘扬。

2.1.2　河湖管理

从河湖管理的角度来说，"河长制"也由来已久。我国历代负责水利建设和管理的机构与官员，在长期的实践过程中，逐渐形成了一套完备的体系。我国水利职官的设立可上溯至原始社会末期，"司空"是古代中央政权机关中主管水土工程的最高行政长官，也是"水利专司之始"。唐代的工部不仅管天下那些比较大的河湖，还管乡下的小河，并且要保证河道通畅、鱼虾肥美，正所谓事无巨细，全部囊括。唐代还有一部十分完备的《水部式》，内容不仅包括城市水道管理，还包括农业用水与航运。唐朝的白居易和北宋时期的苏轼都在杭州任职过，分别担任过杭州刺史和杭州太守，他们带领民众治理西湖，浚湖筑堤，加强水利管理，建成白公堤和苏堤，成效明显，可以认为他们是唐宋年代的湖长。

到了宋代，朝廷对河流的管理则更为细致。人、畜的粪便和生活污水若不加节制地向河中倾倒，也会污染河流，使人畜得病，因此宋朝很重视河流污染问题，尤其是人口密集的大城市，对于河流污染的防控，宋朝已经达到了制度、水平都相当高的程度，如河流的疏浚养护、盯防巡逻、事故问责等都有一套专业的管理制度和班子。以开封为例，大国之都，人口稠密，河流污染关乎百姓和皇室的生命健康安全，当时有规定，凡向河内倾倒粪便者，要严厉处罚，杖六十。

清代康熙皇帝重视河湖治理，他的书房中有三个条幅，有7个字：河工、漕运、平三藩。河工（河道工程，防洪，国家稳定）；漕运（水上交通，发展国家经济）；平三藩（国家统一）。

我国历代负责河道管理的机构和官员，在长期的实践过程中，逐渐形成了一套完备的体系。

2.2　现代河湖长

2007年无锡太湖暴发蓝藻危机，无锡市委、市政府推行河长制，取得显著成效。2008年，江苏省在太湖流域全面推行河长制。2017年6月27日，河长制写入新修改的《中华人民共和国水污染防治法》。2016年12月与2017年11月，中共中央办公厅、国务院办公厅分别印发《关于全面推行河长制的意见》《关于在湖泊实施湖长制的指导意见》，开始在全国范围内全面推行河长制。习近平总书记在2017年新年贺词中发出"每条河流要有'河长'了"的伟大号令，地方政府实践创新河湖长制，经过不懈努力，2018年年底，全国31个省（区、市，不含港澳台）已全面建立河湖长制，在实践中产生良好成效，为探索形成有中国特色的生态文明体制积累了宝贵经验。河长的责任和使命是改变多头治理水环境的积弊，逐步化解积累的矛盾，顺应百姓对美好生活的新期待。河湖管理保护工作中，要深入学习贯彻习近平总书记关于治水的重要论述，以河长制湖长制为平台，以推动河长制湖长制"有能有效"为主线，强化河长湖长履职尽责，不断推进河湖治理体系和治理能力现代化，让每条河流、每个湖泊都成为造福人民的幸福河、幸福湖。

2.2.1 无锡河长制的缘起

2007 年 5 月 29 日，太湖蓝藻大规模暴发造成近百万无锡市民生活用水困难，敲响了太湖生态环境恶化的警钟。这一事件持续发酵引发了各方高度关注，党中央、国务院以及江苏省委、省政府都高度重视。为了化解危机，无锡在应急处理的同时，组织开展了"如何破解水污染困局"的大讨论，广集良策。破解水环境治理困局，需要流域区域协同作战。就单个城市而言，治河治水绝不是一两个部门、某一个层级的事情，需要重构顶层设计，实施部门联动，充分发挥地方党委和政府的主导作用。

2007 年 9 月，《无锡市河（湖、库、荡、汊）断面水质控制目标及考核办法（试行）》（以下简称《办法》）应运而生，明确将 79 个河流断面水质的监测结果纳入市县区主要负责人政绩考核，主要负责人也因此有了一个新的头衔——河长。河长的职责不仅要改善水质，恢复水生态，而且要全面提升河道功能。《办法》内容涉及水系调整优化、河道清淤与驳岸建设、控源截污、企业达标排放、产业结构升级、企业搬迁、农业面源污染治理等方方面面。这份文件，后来被认定是无锡实施河长制的起源。河长制成为了当时太湖水治理、无锡水环境综合改善的重要举措。河长并不是无锡行政系列中的官职，刚开始有人甚至怀疑它只是行政领导新增的一个"虚衔"，是治理水环境的权宜之计，或者说是非常时期的非常之策。然而，文件一发，一石激起千层浪。在百姓的期待中，在严格的责任体系下，河长们积极作为，社会舆论高度关注，相关部门团结治水热情高涨，过去水环境治理中的很多难题迎刃而解。2007 年 10 月，九里河水系暨断面水质达标整治工程正式启动，封堵排污口 80 个，105 家企业和居住相对集中的 458 户居民生活污水实现接管入网。当年，除九里河综合整治外，无锡还对望虞河、鹅真荡、长广溪等湖荡相继实施了退渔还湖、生态净水工程。无锡下辖的全市 5 区 2 市立刻行动起来。一时间，无锡城乡兴起了"保护太湖、重建生态"的水环境治理热潮。一年后，无锡河湖整治效果立竿见影，79 个考核断面水质明显改善，达标率从 53.2% 提高到 71.1%。这一成效得到了省内外的高度重视和充分肯定。河道变化同时带来了受益区老百姓对河长制的褒奖、对河长的点赞。但决策者清醒认识到：无锡水域众多、水网密布，水污染矛盾长期积累，水环境治理不可能一蹴而就，而是一项长期而艰巨的任务。无锡市委、市政府顺势而为，于 2008 年 9 月下发文件，全面建立河长制，全面加强河（湖、库、荡、汊）整合整治和管理。河长制实施范围从 79 个断面逐步延伸到全市范围内所有河道。2009 年底，815 条镇级以上河道全部明确了河长；2010 年 8 月，河长制覆盖到全市所有村级以上河道，总计 6 519 条（段）。在河长制确立安排方面，无锡市委、市政府主要领导担任主要河流的一级河长，有关部门的主要领导分别担任二级河长，相关镇的主要领导为三级河长，所在村的村干部为四级河长。各级河长分工履职，责权明确。整个自上而下、大大小小河长形成的体系，实现了与区域内河流的"无缝对接"。此外，河长制强化了河长是第一责任人，且固定对应具体的领导岗位，即使产生人事变动也不影响河长履职，避免了人治的弊病，保证了治河护河的连续性，为"一张蓝图绘到底"奠定了制度基础。

河长制产生从表面上看是应对水危机的应急之策。细究深层次原因，水危机事件也许只是河长制产生的"导火索"。随着经济社会发展，经济繁荣与水生态失衡矛盾日积月累、愈发突出。河长制催生了真正的河流代言人，其责任和使命就是改变多头治理水环境的积弊，逐步化解积累的矛盾，顺应百姓对美好生活的新期待。

2.2.2　河长制在全国推广试行

在无锡市实行河长制后，江苏省苏州、常州等地也迅速跟进。苏州市委办公室、市政府办公室于 2007 年 12 月印发《苏州市河（湖）水质断面控制目标责任制及考核办法（试行）》，全面实施"河（湖）长制"，实行党政一把手和行政主管部门主要领导责任制。张家港、常熟等地区还建立健全了联席会议制度、情况反馈制度、进展督查制，由市委书记、市长等 16 名市领导分别担任区域补偿、国控、太湖考核等 30 个重要水质断面的"断面长"和 24 条相关河道的"督查河长"，各辖市、区部门、乡镇、街道主要领导分别担任 117 条主要河道的河长及断面长。建立了通报点评制度，以月报和季报形式将信息发给各位河长。常州市武进区率先为每位河长制定了《督查手册》，包括河道概况、水质情况、存在问题、水质目标及主要工作措施，供河长们参考。

2008 年，江苏省政府办公厅下发《关于在太湖主要入湖河流实行"双河长制"的通知》，15 条主要入湖河流由省、市两级领导共同担任"河长"，江苏"双河长制"工作机制正式启动。随后，江苏省不断完善河长制相关管理制度。建立了断面达标整治地方首长负责制，将河长制实施情况纳入流域治理考核，印发河长工作意见，定期向河长通报水质情况及存在问题。2012 年，江苏省政府办公厅印发了《关于加强全省河道管理河长制工作意见的通知》，在全省推广"河长制"。河长制在江苏生根的同时，也很快在全国部分省市和地区落地开花。

浙江：2008 年，浙江省长兴等地率先开展河长制试点；2013 年，浙江省委、省政府印发了《关于全面实施"河长制"进一步加强水环境治理工作的意见》，河长制扩大到全省范围，成为浙江"五水共治"的一项基本制度。

黑龙江：2009 年，黑龙江省对污染较重的阿什河、安邦河、呼兰河、鹤立河、穆棱河试行"河长制"，采取"一河一策"的水环境综合整治方案，实行"三包"政策。

辽宁：2010 年辽宁省成立辽河保护区管理局、凌河保护区管理局，在保护区范围内统一依法行使生态环境、水利、自然资源、农业农村等部门的监督管理、保护和行政执法职责，这是河长制工作体制机制的创新实践。

天津：2013 年 1 月，天津《关于实行河道水生态环境管理地方行政领导负责制的意见》出台，标志着"河长制"正式启动。2017 年，进一步出台深化河长制实施意见，完善河长组织体系，扩大管理范围和管理内容，强化对河长履职情况的考核。

福建：2014 年福建省开始实施河长制，闽江和九龙江、敖江流域分别由一位副省长担任河长，其他河流也都由辖区内的各级政府主要领导担任"河长"和"河段长"。

北京：2015 年 1 月，北京市海淀区试点河长制；2016 年 6 月，《北京市实行河湖生态环境管理"河长制"工作方案》出台，明确了市、区、街乡三级河长体系及巡查、例会、考核工作机制；2016 年 12 月，北京市全面推行河长制，所有河流均由属地党政"一把手"担任河长，实行分段管理。

安徽：2015 年，安徽省芜湖县开展河长制试点工作，2016 年县人大会议把《以河长制为抓手，治理保护水生态工程》列为"一号议案"，重点督办。县委将其列入芜湖县"十大工程"之一，予以强力推进。县委书记、县长亲自担任"十大工程"政委和指挥长。河湖水生态治理保护工程由县政协主席担任组长，五位县级领导担任成员，各乡镇各部门成立相应的工作机构，主要领导负总责，落实分管领导和具体经办人员，确保工作有力、有序、有效推进。

海南：2015 年 9 月，海南省印发《海南省城镇内河（湖）水污染治理三年行动方案》，全面推行河长制。2016 年 8 月 17 日，海南省水务厅制定《海南省城镇内河（湖）河长制实施办法》，明确河长制组织形式与考核制度。

江西：2015 年 11 月，江西省委办公厅、省政府办公厅印发《江西省实施河长制工作方案》，江西省河长制工作全面展开。立足"保护优先、绿色发展"。确立"六治"工作方法，明确各级河长，落实考核问责制。

水利部：2014 年 2 月，水利部印发《关于加强河湖管理工作的指导意见》，明确提出在全国推行河长制，2014 年 9 月，水利部开展河湖管护体制机制创新试点工作，确定北京市海淀区等 46 个县（市）为第一批河湖管护体制机制创新试点。从 2015 年起，有关试点县（市）用 3 年左右时间开展试点工作，建立和探索符合我国国情和水情、制度健全、主体明确、责任落实、经费到位、监管有力、手段先进的河湖管护长效体制机制，把"积极探索实行河长制"作为试点内容之一。

2.2.3 河长制在全国全面推行

党中央、国务院高度重视水安全和河湖管理保护工作。习近平总书记强调，保护江河湖泊，事关人民群众福祉，事关中华民族长远发展。党的十八大以来，中央提出了一系列生态文明建设特别是制度建设的新理念、新思路、新举措。一些地区先行先试，在推行"河长制"方面进行了有益探索，形成了许多可复制、可推广的成功经验。在深入调研、总结地方经验的基础上，2016 年 10 月 11 日，中央全面深化改革领导小组第二十八次会议审议通过了《关于全面推行河长制的意见》。会议强调，全面推行河长制，目的是贯彻新发展理念，以保护水资源、防治水污染、改善水环境、修复水生态为主要任务，构建责任明确、协调有序、监管严格、保护有力的河湖管理保护机制，为维护河湖健康生命、实现河湖功能永续利用提供制度保障。要加强对河长的绩效考核和责任追究，对造成生态环境损害的，要严格按照有关规定追究责任。

2016 年 11 月 28 日，中共中央办公厅、国务院办公厅印发了《关于全面推行河长制的意见》（以下简称《意见》），要求各地区各部门结合实际认真贯彻落实河长制，标志着河长制从局地应急之策正式走向全国，成为国家生态文明建设的一项重要举措。《意见》体现了鲜明的问题导向，贯穿了绿色发展理念，明确了地方主体责任和河湖管理保护各项任务，具有坚实的实践基础，是水治理体制的重要创新，对于维护河湖健康生命、加强生态文明建设、实现经济社会可持续发展具有重要意义。《意见》出台以来，水利部会同河长制联席会议各成员单位迅速行动、密切协作，第一时间动员部署，精心组织宣传解读，制定出台实施方案，全面开展督导检查，加大信息报送力度，建立部际协调机制。地方各级党委、政府和有关部门把全面推行河长制作为重大任务，主要负责同志亲自协调、推动落实。

太湖流域管理局出台河长制指导意见，明确提出推动流域片 2017 年年底前率先全面建成省、市、县、乡四级河长制。江苏首创的河长制有了"升级版"，建立省、市、县、乡、村五级河长体系，组建省、市、县、乡四级河长制办公室。江西省建立了区域与流域相结合的五级河长制组织体系，全省境内河流水域均全面实施河长制，《关于以推进流域生态综合治理为抓手打造河长制升级版的指导意见》审议通过。《浙江省河长制规定》由浙江省人大法制委员会提请省十二届人大常委会第四十三次会议表决通过，这是国内省级层面首个关于河长制的地方性立法。

一些省份创新机制，倡导全民治河，四川绵阳、遂宁，福建龙岩，浙江台州、温州，甘肃定西等地区都实现了"河道警长"与"河长"配套。"河小二""河小青"，是浙江、福建等省为充分发挥全社会管理河湖、保护河湖积极性，推行全民治水、全民参与的生动实践。信息化成为全民参与河长制的重要手段，福建三明、泉州实行了"易信晒河""微信治河"。

各地和流域机构积极贯彻落实河长制工作：

河北：2017 年 3 月，河北省印发《河北省实行河长制工作方案》，设立覆盖全省河湖的省、市、县、乡四级河长体系，省级设立双总河长，重点河流湖泊设立省级河长，省水利厅、省环境保护厅分别为每位省级河长安排 1 名技术参谋。同时在省级层面设立厅级河长制办公室。

山西：2017 年 3 月，山西省水利厅召开了全面推行河长制工作座谈会，要求 6 月底前建立省级河长制配套制度和考核办法，出台市、县、乡级实施方案并确定市、县、乡三级河长名单，9 月底前建立市、县、乡级河长制的配套制度和考核办法，确保2017 年底在全省范围内全面建立河长制。

内蒙古：2017 年 3 月，内蒙古自治区对 2017 年深入推行河长制工作进行部署，全面推行河长制工作方案已编制完成并报省政府审议，下一步将加快组建河长制办公室。建立完善河长体系和相关制度体系，确定重要河湖名录，实现水治理体系的现代化发展。

辽宁：2017 年 2 月，辽宁省印发《辽宁省实施河长制工作方案》，在全省范围内全面推行河长制，4 月底前，确定省、市、县、乡四级河长人员，6 月底前，完成市、县两级工作方案编制及人员确定工作；年底前，完成省级重点河湖"一河一策"治理及方案编制，搭建河长制工作主要管理平台，2018 年 6 月底前完成河长制系统考核目标及全省河长配置相关档案建立。

吉林：2017 年 3 月，吉林省政府召开常务会议，审议通过《吉林省全面推行河长制实施工作方案》，所有河湖全面实行河长制，建立省、市、县、乡四级河长体系，设省、市、县三级河长制办公室。2017 年底前，要全面推行河长制，组建县级以上各级河长制办公室，出台各级河长制实施工作方案及相关配套工作制度，分河分段确定并公示各级河长，编报《吉林省河长制河湖分级名录》。

上海：2017 年 1 月，上海市委办公厅、市政府办公厅印发《关于本市全面推行河长制的实施方案》，标志着上海市河长制工作正式启动，建立市、区、街镇三级河长体系，并分批公布全市河湖的河长名单，接受社会监督。

安徽：2017 年 3 月，安徽省委办公厅、省政府办公厅联合印发《安徽省全面推行河长制工作方案》，河长制在安徽省全面展开并将于 2017 年 12 月底前，建成省、市、县（市区）、乡镇（街道）四级河长制体系，覆盖全省江河湖泊。

江西：2017 年 3 月，江西省通过《江西省全面推行河长制工作方案（修订）》《关于以推进流域生态综合治理为抓手打造河长制升级版的指导意见》《2017 年河长制工作要点及考核方案》，提出严守三条红线，标本兼治，创新机制，着力打造升级版河长制。

山东：山东省济南、烟台、淄博全市和济宁部分县（区）已率先推行河长制。2017年3月，山东省水利厅召开全省水利系统河长制工作座谈会，对全面推行河长制工作动员部署，确保2017年底前全面建立河长制；3月底，山东省委、省政府印发《山东省全面实行河长制实施方案》，明确2017年12月底全面实行河长制，建立起省、市、县、乡、村五级河长制组织体系。

河南：2017年3月，河南省政府常务会议原则通过《河南省全面推行河长制工作方案》，指出要全面建立省、市、县、乡、村5级河长体系，各级河长工作要突出重点，接受公众监督，加强部门协同配合。按照方案，将于2017年年底前全面建立河长制。

湖北：2017年2月，湖北省委、省政府印发《关于全面推行河湖长制的实施意见》，到2017年底前将全面建成省市县乡四级河长制体系，覆盖到全省流域面积50 km^{2}以上的1 232条河流和列入省政府保护名录的755个湖泊。

湖南：2017年2月，湖南省委办公厅、省政府办公厅印发《关于全面推行河长制的实施意见》，在全省江河湖库实行河长制，届时湖南境内5 341条5 km以上的河流和1 km^{2}以上的湖泊（含水库）2017年年底前全部都有"河长"。

广东：2017年3月，广东省全面推行河长制工作方案及配套制度起草工作领导小组会议在广州召开，《广东省全面推行河长制工作方案》实行区域与流域相结合的河长制，重点打造具有岭南特色的平安绿色生态水网。

广西：广西壮族自治区在贺州、玉林两市以及桂林市永福县先行先试，创新河湖管护体制机制。目前广西壮族自治区全区已搭建完成推行河长制工作平台，起草完成实施意见和工作方案，并报省政府待审议，开展江河湖库分级名录调查和各市、县、乡工作方案起草工作，确保到2018年6月全面建立河长制。

重庆：2017年3月，重庆市印发《重庆市全面推行河长制工作方案》及监督考核追责相关制度，全面推行河长制，搭建市、区（县）、乡镇（街道）、村（社区）四级河（段）长体系，严格监督考核追责，提出到2017年6月底前，将全面建立河长制。

四川：2017年年初，四川省委、省政府印发《四川省贯彻落实〈关于全面推行河长制的意见〉实施方案》，要求全面建立省、市、县、乡四级河长体系；2月，四川省水利厅公布省级十大主要河流将实行双河长制；3月，四川省召开全面落实河长制工作领导小组第一次全体会议，审议通过《四川省全面落实河长制工作方案》和相关制度规则，提出年底前在全省全面落实河长制。

贵州：2017年3月，贵州省印发《贵州省全面推行河长制总体工作方案》，明确力推省、市、县、乡、村五级河长制，省、市、县、乡设立双总河长。于 5 月底前，完成各级河长制组织体系的制定和组建工作，向社会公布河湖水库分级名录和河长名单，制定出台各级各项制度及考核办法。

云南：2017 年 3 月，云南省政府审议通过《云南省全面推行河长制实施意见》和《云南省河长制行动计划》，提出 2017 年底全面建立河长制，要求河湖库渠全覆盖，实行省、州（市）、县（市、区）、乡（镇、街道）、村（社区）五级河长制。

西藏：2017 年 3 月，《西藏自治区全面推行河长制方案》已经省委、省政府审议通过，明确建立区、地（市）、县、乡四级河长体系。

陕西：2017 年 2 月，陕西省委、省政府印发《陕西省全面推行河长制实施方案》，设立陕西省总河长、省级河长、河长制办公室，并要求建立省、市、县、乡四级，责任明确、协调有序、监管严格、保护有力的江河库渠管理保护机制。

甘肃：2017 年 3 月，甘肃省已完成《甘肃省全面推行河长制工作方案》（征求意见稿）编制并提出下一步工作任务：一是抓紧提出需由市、县、乡级领导分级担任河长的河湖名录及河长名录；二是各市（州）尽快将河长制办公室设置方案报送市委、市政府审批；三是加强推进河长制信息报送。

青海：2017 年 2 月，青海省水利厅拟定了《青海省全面推行河长制实施方案（初稿）》，细化实化了河长制工作目标和主要任务，提出了时间表、路线图和阶段性目标，初步确立了"十二河三湖"省级领导担任责任河长的河湖名录。

七大流域也积极响应中共中央办公厅、国务院办公厅河长制《意见》和两部委《全面推行河长制实施方案》，发挥其协调、监督、指导和监测的功能。

长江水利委员会：2016 年 12 月，召开会议对全面推行河长制工作安排部署，扎实推进相关工作。提出一要制定长江流域全面推行河长制工作方案；二要履行好流域水行政管理职能，帮助沿江各省份全面推行河长制；三要把握全面推行河长制的新机遇，在长江流域建立科学、规范、有序的河湖管理机制。

黄河水利委员会：2017 年 1 月，组织召开全面推行河长制工作座谈会，明确各单位要抓紧落实推行河长制工作，成立推进河长制工作领导小组，建立简报制度，动态跟踪黄河流域河长制工作推行进展情况；充分发挥流域管理机构组织协调、督促落实、检查监督和监测作用，主动融入各省份河长制工作中，落实好各级黄河河长确定的事项。

淮河水利委员会：2017 年 1 月，组织召开全面推进河长制工作专题讨论会，探讨推进河长制工作方案及有关问题；2 月，淮河流域推进河长制工作座谈会在徐州召开，制定了推进河长制工作方案，成立了推进河长制工作领导小组。

海河水利委员会：2017 年 3 月，出台《海委关于全面推行河长制工作方案》，成立海委推进河长制工作领导小组，印发《全面推行河长制工作督导检查方案》，确保河长制各项任务落实。

珠江水利委员会：2017年3月，召开珠江流域片推进河长制工作座谈会，印发《珠江委责任片全面推行河长制工作督导检查制度》，编制完成《珠江流域全面推行河长制工作方案》，并成立了珠江委推进河长制工作领导小组。

松辽水利委员会：2017年3月，成立推进河长制工作领导小组，指导督促流域内各省（自治区）全面推行河长制，随后制定出台《松辽委全面推行河长制工作督导检查制度》，抓紧制定《松辽委全面推行河长制工作方案》。4月，松辽委召开河长制工作推进会暨专题讲座，进一步安排部署松辽委推行河长制重点工作。

太湖流域管理局：太湖流域是河长制的"发源地"，2016年12月，制定印发《关于推进太湖流域片率先全面建立河长制的指导意见》。2017年2月，出台《太湖流域管理局贯彻落实河长制工作实施方案》，进一步发挥流域管理机构的协调、指导、监督、监测等作用，推进太湖流域片率先全面建立河长制。3月，在无锡组织召开太湖流域片河长制工作现场交流会，进一步研究加快推进河长制工作举措。

2.3 辽宁省河湖长制发展

辽宁省委、省政府高度重视河湖管理保护工作，尤其是党的十八大以来，深入贯彻习近平生态文明思想，全面落实习近平总书记提出的"节水优先、空间均衡、系统治理、两手发力"治水思路，深入贯彻国家"江河战略"，全面推行河湖长制，为建设美丽辽宁提供优美水生态水环境，绿色正在成为辽宁高质量发展的鲜明底色。

2.3.1 建章立制，夯实河湖治理保护基础

辽宁省于2018年6月底全面建立河湖长制，并持续健全河湖长制制度体系，形成了河长挂帅、水利牵头、部门协同、群众参与的河湖管理保护新局面，河湖面貌持续改善，河湖长制工作在2020年、2021年连续两年获得国务院督查激励，"创立幸福河湖建设制度体系"获得辽宁省首届制度创新二等奖。

1. 责任体系全面建立

辽宁省全面建立了省、市、县、乡、村五级河湖长体系，落实河湖长1.9万人。在省级层面，由省委书记、省长兼任省总河长，常务副省长、分管水利、生态环境工作的3位副省长兼任副总河长。按照"行政区域全覆盖、流域与区域相结合"的原则，在全国首次设立流域片区河长，其中省级设立8大水系河长（辽河水系、浑河水系、太子河水系、鸭绿江水系、辽东南沿海诸河水系、大凌河水系、小凌河水系、绕阳河

水系），分别由省政府领导同志担任。建立了省、市、县三级河长制办公室，省河长办设在省水利厅，办公室主任由省政府分管领导兼任，负责日常工作的副主任由省水利厅主要负责同志兼任，其他副主任由省水利厅、省生态环境厅、省公安厅分管负责同志兼任；省发展改革委、省工业信息化厅、省公安厅、省财政厅、省自然资源厅、省生态环境厅、省住房和城乡建设厅、省交通运输厅、省农业农村厅、省水利厅、省文化和旅游厅、省林草局、辽宁海事局、辽水集团 14 家省（中）直单位为省河长制办公室成员单位。按照"与同级河长对位"原则，设立省、市、县公安机关和派出所四级河湖警长 4 000 余名，并设立了省、市、县三级河湖警长制办公室。

2. 法规制度逐步健全

2017 年 2 月，省政府办公厅印发《辽宁省实施河长制工作方案》，明确主要目标、组织体系、部门职责、工作步骤及保障措施，建立健全江河湖库管理保护体制机制。2018 年 2 月，省委办公厅、省政府办公厅印发《辽宁省河长制实施方案》，分别提出了到 2020 年和 2030 年的工作目标，明确了河湖长制 6 个方面 25 项具体任务及责任单位，为辽宁省全面推行河湖长制、抓好河湖管理保护提供了路线图、时间表。2019 年 7 月 30 日，省十三届人大常委会第十二次会议审议通过了《辽宁省河长湖长制条例》，于 2019 年 10 月 1 日起实施，河湖长制工作迈上了法治化新台阶。《辽宁省河长湖长制条例》（以下简称《条例》）共 26 条，一是明确了辽宁省设立省、市、县、乡、村五级河长制体系及河长制办公室、河湖警长制办公室的职责；二是结合各级总河长、河长的工作重点和履职范围，详细规定了各级总河长、河长的职责；三是明确了各级政府及相关部门职责，规定各级政府及有关部门应当加强工矿企业污染治理、城镇生活污水处理、畜禽养殖治理、乡村垃圾治理，加强河湖保护宣传教育和舆论引导；四是规定了县级以上人民政府应当建立河长制工作考核机制，对河长制工作进行全面考核。全面推行河湖长制以来，辽宁省累计建立河湖长制考评激励、监督检查、协调联动、信息管理等制度 60 余项，保障河湖长规范履职、河湖治理工作高效开展。辽宁省河长制办公室先后出台了《辽宁省河长制办公室工作细则》《关于全面贯彻落实〈辽宁省河长湖长制条例〉全力推进河长湖长从有名向有实转变的通知》《关于进一步加强河长制湖长制和辽河流域综合治理工作领导机制建立的通知》等文件，明确了省河长办的主要任务、工作制度和作风纪律要求，对各地区贯彻落实《条例》提出要求，推动各项工作高效落实。贯彻落实水利部《河长湖长履职规范（试行）》，建立河湖长动态调整机制，并在各级政府网站公示河湖长名单，压实河湖长责任链条，保障河湖长不空岗、河湖管理保护工作不缺位。

3. 工作基础更加扎实

将辽宁省 3 565 条流域面积 10 km² 以上河流、4 个常年水面面积 1 km² 以上湖泊、

749 座水库、191 座水电站及 7 000 余条房前屋后有治理保护任务的微小河湖全部纳入河湖长制管理范畴，实现河湖管护责任全覆盖。为精准推进河湖治理保护，辽宁省每 3 年滚动编制全省 3 565 条河流"一河一策"方案，省河长办印发《辽宁省"一河一策"治理及管理保护方案编制通则》，明确主要任务、方案内容及工作程序。省级编制的 235 条河流"一河一策"方案在摸清 8 大流域水系现状基础上，从水资源保护、水域岸线管理保护、水污染防治、水环境治理、水生态修复、执法监管六大领域出发，抓住重点河流核心问题，按水系围绕重点河流制定治理目标任务，形成了问题、目标、任务、措施及责任清单，"一河一策"方案分别经 8 位省级河长审定后印发实施，精准把脉问诊河湖健康问题。有序推进河湖健康评价，系统掌握河湖健康状况，建立河湖健康档案。加强河长制管理信息系统建设，实现国家、省、市互联互通。设立河长制公示牌 1.3 万个，并根据河长变动情况及时调整信息，接受社会监督。

4. 工作合力有效凝聚

（1）强化部门联动。辽宁省先后建立了"河长＋河湖警长""河长＋检察长""河长＋法院院长"协作机制，形成行政执法、刑事司法、法官监督和公益诉讼有效衔接的依法治水新格局。2019 年辽宁省河长办出台了《关于建立河湖治理保护相关行政机关执法协作机制的意见》《关于建立河长办与河湖警长办工作协作机制的意见》，并于 2021 年与省河湖警长办联合印发《辽宁省公安机关河湖网格化管理办法（试行）》，持续强化河长与河湖警长协调联动；2021 年，辽宁省河长办与省检察院联合出台《关于建立"河长湖长＋检察长"协作机制的指导意见》，建立了联席会议、信息共享、案件线索相互移送、案件调查取证、联合巡查、联合督促等协作机制；2022 年，辽宁省河长办与省法院联合出台《关于建立"河长湖长＋法院院长"协作机制的指导意见》，协同建立了联席会议、信息共享、协同配合、办案协作、联合巡查、联合培训等机制，全面构建了河长与河湖警长、检察长、法院院长的"四长联动"机制。

（2）强化流域统筹。2020 年，辽宁省河长办分别与吉林省、内蒙古自治区河长办联合印发《关于建立跨省流域治理保护工作协调合作机制的通知》，建立了信息共享、合作会商、联合巡查执法等机制；2021 年，在水利部松辽委主导下，共同签署《松辽委与黑龙江省、吉林省、辽宁省、内蒙古自治区河长制办公室协作机制》；2022 年，协同建立了松花江、辽河流域省级河湖长联席会议机制，海河流域省级河湖长联席会议机制，进一步强化流域统筹、区域协同、部门联动。

（3）推动全民共治。强化宣传引导，组织召开河湖长制有关情况新闻发布会，2017 年 3 月 21 日，辽宁省政府新闻办公室举办河长制工作方案解读新闻发布会；2018 年 7 月 10 日，省政府召开关于全面建立河长制湖长制有关情况新闻发布会，发布辽宁省全面建立五级河长体系有关情况；2019 年 7 月 30 日，省人大召开新闻发布会，就《辽宁省河长湖长制条例》的立法背景和主要内容向媒体进行介绍；2023 年 8 月 12 日，省委宣传部组织召开全面推行河湖长制有关情况新闻发布会，向新闻媒体和社会大众介绍辽宁省全面建立河湖长制以来的工作成效及下步工作安排。开展河湖长制专题培训，围绕贯彻《辽宁省河长湖长制条例》、强化河湖长及相关部门履职尽责、落实河湖长制重点任务等内容对各级河湖长及河湖管理人员进行专题培训，并将河湖长制纳入省级 2021 年、2023 年调训计划，着力打造高素质专业化干部队伍。组织征集全面推行河湖长制典型案例、"寻找最美河湖卫士"、"幸福河湖短视频"等活动，盘锦、阜新、沈阳等地典型经验做法入选水利部《全面推行河长制湖长制典型案例汇编》，先后有 5 名同志获得全国"最美河湖卫士"称号。强化基层河湖巡查管护，设立水管员、库管员共 1.1 万人，志愿者 5 448 人，各地区积极培育"民间河长""巾帼河长"等民间力量开展巡河护河，构建全民管水治水护水新格局。

（4）成立河湖长学院。辽宁省河长办联合沈阳农业大学共同创建辽宁河湖长学院，并举办首期培训，助力河湖管理保护高质量发展。

2.3.2 多措并举，推动河湖长制"有能有效"

辽宁省委、省政府高度重视河湖长制工作，坚持高位推动、强化责任落实，全力解决河湖管理保护重点难点问题，持续推进河湖长走深走实。

1. 坚持高位推动，狠抓任务落实

辽宁省总河长先后五次签发总河长令，推动重点任务落地见效。

（1）为深入贯彻落实习近平生态文明思想，落实全国生态环境保护大会精神和全面推行河长制湖长制工作要求，2018 年 10 月 12 日，辽宁省委、省政府主要负责同志作为省总河长签发第 1 号总河长令，提出《全面实施建设美丽河湖三年行动计划 全面开展"五级"河长巡河行动》，要求各地全面实施建设美丽河湖三年行动计划，全面实现"五清、三达标"的河湖管理保护目标；全面开展"五级"河长巡河行动，建立巡河发现问题整改落实台账并跟踪整改落实；全面加强监督考核和舆论宣传工作，考核结果作为地方党政干部综合考核评价的重要依据。

（2）为进一步强化各级河长、河长制办公室和各级政府及其有关部门依法履职，打赢水污染防治攻坚战，2020 年 4 月 15 日，辽宁省总河长签发第 2 号总河长令，提出《贯彻落实〈辽宁省河长湖长制条例〉全力推进美丽河湖建设》，要求各级党委、政府、河长制办公室、有关单位和总河长、河长全面贯彻落实《辽宁省河长湖长制条例》，完善组织体系、落实"一河（湖）一策"、强化河长巡河、完善监督手段、组织专项检查，做到守河有责、守河担责、守河尽责；要求全面推进美丽河湖建设，坚持"五级共抓、五水共治、五措并举"，重点抓好河湖管理范围划定、生态修复、河湖岸线保护与利用规划编制、违法侵占河道问题清理整治、河湖垃圾集中清理、河道采砂监督管理、水污染治理、河湖管理联合执法、辽河流域综合治理等重点工作，切实解决好河湖治理保护存在的突出问题。

（3）为全面强化河湖长制，加大河湖管理保护和渤海黄海辽宁段综合防治力度，推动河湖面貌持续好转、近岸海域环境稳定向好，有效破解重点难点问题，2021年6月13日，辽宁省总河长签发第3号总河长令，公布《关于强化河湖湾长制全力推进幸福河湖美丽海湾建设的决定》，重点围绕7个方面作出工作部署：开展全省河湖"清四乱"攻坚行动；落实最严格水资源管理制度；巩固水污染防治攻坚战成果；加大渤海黄海辽宁段综合治理力度；建立河湖海湾管理保护长效机制，推进河湖管理范围划定工作；推进幸福河湖美丽海湾建设；推动河湖湾长制"有名有责""有能有效"。

（4）为深入贯彻习近平总书记"十六字"治水思路和关于防汛救灾工作的重要指示批示精神，加强河湖、海湾水域岸线保护和污染防治，维护河道采砂秩序，保障河道行洪畅通，2022年5月30日，辽宁省总河长签发第4号总河长令，公布《关于开展河湖水域岸线管理保护专项行动 全力保障河湖防洪安全生态安全的决定》，要求深入开展河道非法采砂专项整治行动，充分发挥"河长＋河湖警长""河长＋检察长"协作机制作用，推动行政执法与刑事司法有效衔接；全力推进妨碍河道行洪突出问题排查整治；深入开展入河入海排污口排查整治；以强化河湖长制带动各项工作有效落实。

（5）为深入落实习近平总书记关于防汛救灾工作的重要指示批示精神和在辽宁考察时的重要讲话精神，进一步提升河道行洪能力，纵深推进河湖长制"有能有效"，2023年4月4日，辽宁省总河长签发第5号总河长令，公布《关于强力保障河道行洪安全 持续强化河湖长制的决定》，实施行洪安全百日攻坚战，开展重点河流河道清障、妨碍河道行洪突出问题专项清理整治、全省河湖岸线利用建设项目和特定活动清理整治三大专项行动，守牢防洪安全底线；要求各级河长切实提高发现问题能力、综合协调能力、解决问题能力，各级河长办要认真履行组织、协调、分办、督办职责，全面推进河湖长制"有能有效"。

2. 压实责任链条，强化河长履职

辽宁省总河长与市级总河长连续五年签订《河长制湖长制工作任务书》，深入落实《辽宁省河长湖长制条例》《河长湖长履职规范（试行）》《辽宁省河长制实施方案》要求，以"一市一书"明确年度重点任务。《河长制湖长制工作任务书》围绕强化河湖长制、落实重点任务，将河湖长制年度重点工作细化实化量化30余项具体举措，并准确把握新阶段治水新特点，建立任务动态更新机制：一是强化河湖长制，重点围绕强化履职尽责、强化巡查管护、强化统筹协调、强化监督检查、强化考评激励、强化宣传培训六个方面作出部署；二是落实重点任务，围绕水资源保护、水域岸线管理保护、水污染防治、水环境治理、水生态修复、执法监管六大任务明确年度工作重点及完成标准，纵深推进河湖长制"有能有效"，建设造福人民的幸福河湖；三是明确工作要求，要求各地加强组织领导、明确责任分工、提升履职效能、严肃工作纪律，确保全面完成年度目标任务。同时，辽宁省总河长、省级河长以召开会议、开展巡河调研等方式推进落实重点任务、推动解决重大问题，2022 年，示范带动各级河湖长巡河 66 万余人次，推动解决一批碍洪、设障等河湖管理重点难点问题。

3. 严格监督考评，提升履职效能

（1）健全考评体系。将河湖长制实施情况纳入辽宁省政府绩效考核、"大禹杯"竞赛考评、省政府督查激励等事项，保障各项工作有力有序开展。2017 年 10 月，辽宁省政府办公厅印发《辽宁省河长制工作管理办法（试行）》，明确将河长制工作纳入省政府对各市、省直部门工作绩效考核内容，对考核结果优秀的单位或个人由省政府给予奖励。为进一步提升考评效能，2020 年起，辽宁省结合"大禹杯"竞赛考评工作，探索建立了对市政府、河长制办公室、河长以及省河长办成员单位的"四位一体"考评体系，实现河湖长制考评全覆盖，每年制定河湖长制考评实施细则，推进考评工作全面落实。

（2）落实激励举措。自 2020 年起，辽宁省将"河长制湖长制工作推进力度大、河湖管理保护成效明显"纳入省政府办公厅对落实有关重大政策真抓实干成效明显地区激励支持的措施之一，省水利厅制定具体实施方案，明确评价标准及评价方式，累计有 5 市、9 县（市、区）获得专项激励奖励，充分调动了全省河湖长制工作的积极性、主动性和创造性。

（3）严格监督检查。辽宁省河长制办公室每年组织开展 2 轮河湖长制监督检查，印发《河长制监督检查工作方案》，通过"查""认""改"等工作环节，对河湖形象面貌及影响河湖功能的问题、河湖管理情况、河长制湖长制工作情况、河湖问题整改情况四个方面工作内容进行监督检查，同时充分发挥 14 个市水文局人员技术力量，提升监督检查效能，发现问题以"一市一单"督促整改并跟踪落实。为进一步摸清各级河湖长履职尽责情况，推动河湖长制各项决策部署落地生根见实效，2023 年 5 月，辽宁省政府首次开展河湖长制专项督查，省政府督查室会同省水利厅、省应急厅、省生态环境厅等省河长办成员单位对各级河湖长履职尽责情况开展专项督查，共随机抽查市县乡村四级河湖长 856 名、查阅工作档案资料 10 145 份、现场暗访检查河流 155 条（段）、发放调查问卷 7 597 份，下大气力解决"履职不到位""机制不健全"等根源性问题，从严从细推动河湖长制工作落实。

4. 实施专项行动，着力破解难题

（1）连续三年实施河湖"清四乱"专项行动，清存量、遏增量，持续推进"清四乱"常态化规范化,辽宁省财政安排专项资金予以保障,累计清理整治"四乱"问题 8 000 余个,同步实施"清漂"、垃圾分类清理等专项行动,河湖面貌持续改善。

（2）实施河道非法采砂专项整治行动。2021 年,辽宁省河长办、省水利厅、省公安厅联合印发《辽宁省河道非法采砂专项整治行动方案》,严厉打击"沙霸"及其背后"保护伞"。充分发挥河长、河湖警长、检察长联动机制作用,强化水政执法与刑事司法有效衔接,依法查处行政案件 230 件,公安机关刑事立案 122 起,河道非法采砂行为得到有效遏制。

（3）实施妨碍河道行洪突出问题排查整治及重点河流河道清障专项行动。辽宁省政府成立绕阳河等妨碍河道行洪突出问题专项清理整治工作领导小组,2023 年,省防指、省河长办联合印发辽河、绕阳河、浑河、太子河、西沙河等河道清障总体方案,各有关市制定具体实施方案。全省整改完成河道清障任务 1 346 个,共清除套堤 423 座,部分清除套堤 25 座,套堤降低高度 558 座,清除堤身林木 10 022 亩、片林间伐 2 860 亩、穿跨河建筑物 48 个,河道清障工作取得历史性突破。

2.3.3 系统治理,建设人水和谐美丽辽宁

辽宁省始终坚持完整、准确、全面贯彻新发展理念,聚焦河湖长制"六大任务",实施综合治理、系统治理、源头治理,河湖管理力度不断加大、水平不断提高、效果日益显现,人民群众获得感、幸福感、安全感持续增强。

1. 强化水资源管理,持续复苏河湖生态环境

落实最严格水资源管理制度,2022 年全省用水总量 125.97 亿 m^3,万元国内生产总值用水量、万元工业增加值用水量分别较 2020 年下降 9.47％和 14.61％,农田灌溉水有效利用系数 0.592,重要水功能区水质达标率 90.7％。自 2011 年开始持续压采地下水,开展取用水管理专项整治行动,累计关停城镇地下水取水工程 7 426 处、水井 9 820 眼,削减地下水开采量 15.53 亿 m^3,主要超采区和海水入侵区面积大幅度减少。逐步明晰流域地表水初始水权,批复 14 条跨市河流水量分配方案。强化生态流量保障,7 条重点河流生态流量全面达标,开展母亲河复苏行动,印发《辽宁省寇河复苏行动方案》。2022 年 8 月,辽宁省入选全国首批省级水网先导区。

2. 强化水域岸线管控,促进岸线资源有效保护和节约集约利用

编制完成 80 条（段）重点河流水域岸线保护与利用规划、262 条河流采砂规划。完成 3 565 条流域面积 10 km^2 以上河流管理范围划定,河湖管理界限更清晰、责任更明确。严格落实河道采砂规划、计划、许可制度,省级许可的砂场已实现电子证照。辽宁省水利厅与省交通运输厅、辽宁海事局联合推行河道砂石采运管理单制度。2023 年全省全部落实 144 处重点河段、敏感水域位置采砂管理河长、行政主管部门、

现场监管、行政执法"四个责任人"。开展妨碍河道行洪突出问题排查整治、河湖"清四乱"、"清漂"、垃圾分类清理、河湖岸线利用建设项目和特定活动清理整治等专项行动，打造河畅、水清、岸绿、景美的河道生态环境。

3. 强化水污染防治，深入打好碧水保卫战

开展全省入河入海排污口排查整治，建立信息化监管系统，2022 年，累计排查整治排污口 7 020 个，核发排污许可证 10 584 家，纳入国家监管系统 89 家省级及以上工业园区全部安装污水集中处理设施并实现在线监测。改造城市老旧排水管网 1 658 km。完成辽河干支流排污口整治规范化试点建设，加强城镇污水处理提质增效，推进排水老旧管网改造和易涝点整治。统筹推进化肥农药减量增效、畜禽粪污综合利用。截至 2022 年底，全省市、县污水处理率及污泥无害化处置率均达到 95% 以上；畜禽粪污综合利用率达到 83.5%；主要农作物农药利用率稳定在 40% 以上。

4. 强化水环境治理，打造清洁宜居水环境

深入打好碧水保卫战，开展重点河段水质保达标行动，推进黑臭水体治理攻坚，全省地级及以上城市 70 条已完成治理的黑臭水体均无返黑返臭现象发生，实现长治久清；沈阳、营口、葫芦岛 3 市完成国家黑臭水体示范城市建设。建立水质达标预警机制，完成 70 个城市黑臭水体交叉监测，推进农村黑臭水体排查整治。实施全省农村环境整治百日攻坚行动，新建农村生活污水处理设施 178 项，完成水环境整治行政村 469 个。建立农村生活垃圾治理五级责任体系，切实加大水环境治理保护力度。2022 年，全省地表水国考断面水质优良比例 88.7%，无劣Ⅴ类水质断面；216 个国家重要水功能区水质达标率 90.7%；86 个县级以上在用集中式饮用水水源水质全部达标。

5. 强化水生态修复，构建人水和谐生态新格局

持续实施辽河等重点河流滩区生态封育，辽河干流千里生态长廊全线贯通，辽河干流发现鱼类 54 种、鸟类 124 种、植物 441 种，来辽河口栖息的斑海豹逐年增加，河流完整性、生物多样性持续恢复。实施小流域综合治理、东北黑土区侵蚀沟治理等重点工程，2022 年全省水土保持率提高到 76.58%。健全完善流域上下游河流断面水质污染补偿机制，实施辽河口国家级自然保护区湿地生态效益补偿试点，协同创建辽河口国家公园。累计创建国家级水利风景区 12 家，成功申请四批共 5 项水系连通及水美乡村建设项目，盘锦市入选"国际湿地城市"，本溪关门山水利风景区、朝阳市喀左龙源湖水利风景区被授予"国家水利风景区高质量发展标杆景区"称号，打造一批河畅、水清、岸绿、景美的综合治水示范样板。

6. 强化执法监管，全面维护河湖良好管理秩序

落实行政执法与刑事司法有效衔接、水行政执法与检察公益诉讼协作机制，健全

河湖安全保护协作机制,水利、公安、生态环境、检察等多部门联合推进整治河道非法采砂、打击整治"沙霸"等自然资源领域黑恶犯罪、"渔政亮剑"等专项执法行动,严厉打击涉水违法行为。仅2022年,办理水事违法案件347件,查处生态环境涉水违法行为219件;破获涉水刑事案件1044件,查处治安案件376件;海事部门开展内河船舶防污染设备设施配备检查199艘次;检察机关办理水环境和水资源保护公益诉讼案件370件,河湖乱象得到有力遏制。

几年来,辽宁省深入贯彻落实党中央、国务院各项决策部署,坚持把全面落实河湖长制作为推进生态文明建设重要举措,强化治水兴水使命担当,统筹推进河湖水资源、水环境、水生态治理,水资源节约集约利用能力、河湖治理保护能力持续提升,河湖长制工作在实践中焕发出强大生机活力。在未来的工作中,辽宁省将坚持以习近平新时代中国特色社会主义思想为指导,深入贯彻党的二十大精神,深入践行习近平生态文明思想和习近平总书记关于治水的重要论述,强化河湖长制实施,以建设造福人民的幸福河湖为总目标,深刻把握"安澜、生态、宜居、智慧、文化、发展"的幸福河湖内涵,统筹推进水灾害、水资源、水环境、水生态、水文化等方面协同治理与保护,增强人民群众获得感幸福感安全感,在维护国家生态安全上展现更大担当和作为。

第 3 章
辽宁省河湖长制考核

根据中共中央办公厅、国务院办公厅印发《关于全面推行河长制的意见》以及《辽宁省河长湖长制条例》《河长湖长履职规范（试行）》《辽宁省"大禹杯（河湖湾长制）"竞赛考评办法》等有关规定，辽宁省河长制办公室组织制定了《辽宁省 2022 年河湖长制考评实施细则》（辽河长办〔2022〕36 号）（以下简称《细则》），省河长制办公室聚焦河湖长制"六大任务"，强化"四位一体"考评体系，结合辽宁省实际制定的《细则》适用于对各市政府、河长制办公室、河长以及省河长制办公室成员单位的河湖长制考评工作，通过不同层次的考评推动政府、河长办、河长、部门依法履职，全面做好 2022 年河湖长制工作，纵深推动河湖长制"有能有效"，促进河湖长制和河湖治理保护工作迈上新台阶。本章梳理市级考核细则、考评指标、关键数据 93 个、构建评分模型，为市级评价奠定基础。

3.1　市级考核细则

（1）考评对象：市政府、沈抚示范区。

（2）考评组织：由辽宁省河长制办公室会同省发展改革委、公安厅、财政厅、自然资源厅、生态环境厅、住房和城乡建设厅、交通运输厅、农业农村厅、水利厅等部门，分别牵头负责对市政府、沈抚示范区 2022 年度河湖长制具体任务完成情况进行考评。

（3）考评内容：2022 年度河湖长制工作考评共确定 11 项河湖长制重点任务。按牵头部门分为 40 项考评内容，其中，省发展改革委 1 项，公安厅 1 项，财政厅 1 项，自然资源厅 1 项，生态环境厅 11 项，住房和城乡建设厅 2 项，交通运输厅 1 项，农业农村厅 2 项，水利厅 14 项，辽宁海事局 1 项，省河长制办公室 3 项，省河长制办公室及牵头部门 2 项（加分项和减分项）。

（4）考评方式：考评方式采用评分（在考评内容 120 分的基础上，设置加分项和减分项两项内容）与约束性指标双控法，将《辽宁省"大禹杯（河湖湾长制）"竞赛考评办法》第九条内容〔考评得分未达到满分 60％的（不含 60％）；地表水国考断面劣Ⅴ类比例未达到国家考评目标要求的；有中央及省环保督察、国务院大督查发现涉水严重问题，发生较大质量、安全事故或水污染事件、出现严重负面影响舆情事件情况之一的〕确定为约束性指标。先根据考评得分按高低排名，1 至 4 名评定为"好"等次，5 至 10 名评定为"较好"等次，其他评定为"合格"或"不合格"等次。再根据《辽宁省"大禹杯（河湖湾长制）"竞赛考评办法》第九条内容确定为"不合格"等次。

（5）部门权重：①基础分（120 分）省发展改革委 4 分，公安厅 4 分，财政厅 4

分，自然资源厅 2 分，生态环境厅 17 分，住房和城乡建设厅 4 分，交通运输厅 2 分，农业农村厅 6 分，水利厅 59 分，辽宁海事局 2 分，省河长制办公室 16 分。②加分项和减分项，加分项最高 10 分，减分项最高 10 分，由省河长制办公室及牵头部门负责考评。

（6）考评程序：①牵头部门细化考评要求：省各牵头部门根据本方案结合工作实际进一步细化量化考评内容和考评标准，明确考评组织形式、方式、频次、时间、差异化指标等具体要求，并发至各地对口部门遵照执行。②自查评分：市政府、沈抚示范区对 2022 年河长制工作情况进行全面总结和自评打分并形成综合书面报告，于 2023 年 1 月 10 日前将书面报告（以政府文件形式）及相关证明资料（证明材料以文件、公告、报告、报道、图片和视频等为依据，按照考评任务顺序逐项予以说明，并对报送材料的真实性、准确性负责）一并报省各牵头部门，抄送省河长制办公室。③部门考评：省各牵头部门结合日常监督检查及重点抽查等情况，对市政府、沈抚示范区 2022 年度河湖长制工作情况及自查报告有关内容进行考评，确定考评得分，形成书面意见。④综合评价：省河长制办公室汇总计算市政府、沈抚示范区综合得分、确定评定等次，形成综合考评报告，报省政府常务会议审定。

（7）得分计算方法：各市和沈抚示范区年度考评最终得分＝得分率×120＋加减分，其中得分率＝应考评指标（内容）得分/应考评指标（内容）满分×100%。若无考评指标（内容）对应的工作任务，按照合理缺项处理，不列入应考评指标（内容）。

3.2 市级考评指标及标准

市级河湖长制工作考评指标及标准如表 3.1 所示。

表 3.1 市级河湖长制工作考评指标及标准

任务分类	考评内容		考评标准	分值	牵头部门
	序号	内容			
1. 水资源管理保护	1	水功能区水质达标	各市全国重要水功能区水质完成或超额完成考核目标时，得 1 分。未完成考核目标时，按完成比例法计分，实际得分＝1×完成值/考核指标值。	1	省生态环境厅

任务分类	考评内容		考评标准	分值	牵头部门
	序号	内容			
1. 水资源管理保护	2	最严格水资源管理	管控指标确定（2分）。 1. 将用水总量控制指标分解到县（市、区）的得0.5分，否则不得分。 2. 将再生利用量分解到县（市、区）、分解到年度的得0.5分，否则不得分。 3. 将万元国内生产总值用水量、万元工业增加值用水量下降率分解到县（市、区），分解到年度的得0.5分，否则不得分。 4. 将14条跨市河流水量分配份额分解到县（市、区）的得0.5分，否则不得分。 总量效率双控（3分）。 1. 根据省《关于印发"十四五"用水总量和强度双控目标的通知》要求，年度地区用水总量小于用水总量控制指标的得1分。否则，每增加5%，扣0.1分。 2. 根据省《关于印发"十四五"用水总量和强度双控目标的通知》要求，年度万元地区生产总值用水量降幅大于年度控制指标的，得1分。否则得0分。 3. 根据省《关于印发"十四五"用水总量和强度双控目标的通知》要求，年度万元工业增加值用水量降幅大于年度控制指标的，得1分。否则得0分。	5	省水利厅
2. 水域岸线管理保护	3	流域面积10 km² 以上河流划界成果复核	1. 完成复核工作并于11月30日前上报复核报告，得2分。 2. 未按照法律法规及相关要求开展涉河建设项目审批，出现超类别审批、超权限审批、批复错误等情况的；未对批复项目及时开展事中事后监管，导致涉河建设项目未按照批准的工程建设方案等实施，出现批建不符的；省以上抽查、复核发现问题的。每处扣0.1分，最多扣1分。	2	省水利厅
	4	妨碍河道行洪突出问题排查整治	1. "三个清单"中（含延期问题）未按时完成整改的，每处扣0.2分。 2. 省以上抽查新发现有妨碍河道行洪突出问题的，每处扣0.2分。 3. 发现妨碍河道行洪、河道清障等问题虚假整改、整改不到位的，每处扣0.2分，扣完为止。	4	省水利厅
	5	河湖水域岸线管理保护	充分利用已有河湖划界成果，开展辖区内水流确权登记工作；配合完成辖区内由国家、省直接开展的确权登记项目。完成得2分，否则不得分。	2	省自然资源厅

任务分类	考评内容		考评标准	分值	牵头部门
	序号	内容			
2. 水域岸线管理保护	6	河道采砂管理	1. 辖区内发现偷采、盗采情况的，每处扣 0.5 分。 2. 许可砂场有公示牌和四至界桩设置不全、未按许可要求采砂、采后恢复不到位等情况之一的，每个砂场每项扣 0.5 分。 3. 对省级转办的涉砂信访举报督办单，未按要求反馈处理情况或处理解决不当的，每件扣 0.5 分。 4. 河道疏浚砂综合利用未执行前期审批有关政策或县级以上人民政府未出具疏浚砂综合利用处置意见的，每发现 1 处扣 1 分，扣完为止。	4	省水利厅
	7	河湖"清四乱"攻坚行动	省以上抽查新发现 1 处"四乱"问题扣 0.2 分，扣完为止。	2	省水利厅
3. 水工程建设管理	8	水库建设管理	1. 未完成水利年度重点工作任务中已鉴定为三类坝的 14 座病险水库除险加固项目初步设计批复工作的，扣 0.5 分。 2. 未完成 2022 年下达资金计划的 7 座病险水库除险加固建设任务的，扣 0.5 分。 3. 未完成 2021 年以前下达资金计划的 20 座水库除险加固项目竣工验收的，扣 0.5 分。 4. 未完成 8 座水库降等报废任务的，扣 0.5 分。 5. 未完成 12 个市小型水库雨水情测报和大坝安全监测项目建设和验收工作的，扣 1 分。	3	省水利厅
	9	河道工程建设	1. 建设进度（主要支流、200～3 000 km² 中小河流、水系连通及水美乡村试点县）=项目建设进度达标数/项目总数×6 分。（中小河流、水美乡村项目完成年度投资计划 100%，主要支流项目完成年度投资计划 80%视为达标。） 2. 竣工验收（200～3 000 km² 中小河流）=完成竣工验收项目数/应验收项目总数×2 分。 （只有一项任务的，该项总分为 8 分）	8	省水利厅
	10	中央预算内投资计划落实与执行	1. 及时转发中央预算内投资江河湖泊防洪治理、中小河流治理、大中型病险水库除险加固等防洪工程投资计划。在规定时限内（收到上级文件起 10 个工作日内）转发下达的，得 1 分，逾期下达的每超过 2 个工作日扣 0.2 分（不足 2 个工作日，按 2 个工作日计算），扣完为止。 2. 做好投资计划执行工作。按照投资计划下达的建设规模和建设内容进行建设的，得 2 分，未按照投资计划执行的，扣 0.5 分，扣完为止。 3. 加强项目监管。及时（每月 10 日前）在国家重大建设项目库中更新江河湖泊防洪治理、中小河流治理、大中型病险水库除险加固等防洪工程进展情况的，得 1 分。一次未及时更新，扣 0.5 分，扣完为止。	4	省发展改革委

任务分类	考评内容		考评标准	分值	牵头部门
	序号	内容			
3. 水工程建设管理	11	水利发展和移民资金支付	资金支付率：超过 80%（含 80%），得满分 4 分；70%～80%，得 3.6 分；60%～70%，得 3.2 分；50%～60%，得 2.8 分；40%～50%，得 2.4 分；30%～40%，得 2 分；20%～30%，得 1.6 分；10%～20%，得 1.2 分；10%以下，不得分。	4	省财政厅
4. 水旱灾害防御	12	山洪灾害防治非工程措施项目建设及防御工作	1. 县（市、区）未及时处置县级监测预警平台产生的预警信息，每次扣 0.1 分。最多扣 1 分。 2. 山洪灾害监测预警平台无法发送预警短信，每次扣 0.1 分。最多扣 1 分。	2	省水利厅
5. 水污染防治	13	加强入河湖排污口监管情况	1. 固定污染源排污许可证核发情况抽查工作（0.5 分）。排污许可证质量抽查比例不低于 3%，登记表质量不低于 10%，完成得 0.5 分，未完成不得分。 2. 入河排污口（0.5 分）。持续推进入河排污口排查整治，完成入河排污口"一口一策"整治及规范化试点年度任务，得 0.5 分。未制定年度整治方案，扣 0.2 分；未完成入河排污口"一口一策"整治年度任务，扣 0.2 分；未完成排污口整治规范化试点年度任务，扣 0.1 分。	1	省生态环境厅
	14	工业点源污染治理	工业园区污水集中处理设施建设（1 分）。完成省级及以上工业园区污水集中处理设施建设，得 0.5 分，未完成不得分。省级及以上工业园区污水集中处理设施稳定运行，达标排放，得 0.5 分；工业园区污水集中处理设施污水超标排放（以监督性监测数据为准）、污水处理设施及在线监控设备运行不正常（以现场检查为准），扣 0.1 分/次，扣完为止。	1	省生态环境厅
	15	污水处理提质增效	城市排水老旧管网更新改造，沈阳市 299 km，大连市 74 km，鞍山市 85 km，抚顺市 27 km，本溪市 266 km，丹东市 34 km，锦州市 221 km，营口市 48 km，阜新市 96 km，辽阳市 78 km，铁岭市 72 km，朝阳市 43 km，盘锦市 31 km，葫芦岛市 46 km，沈抚示范区 11 km。完成得 3 分，否则按比例赋分。	3	省住房和城乡建设厅
	16	畜禽养殖废弃物资源化利用	畜禽粪污综合利用率稳定在 77% 以上，得 2 分，每减少 0.3%，减 0.5 分，扣完为止。有粪污资源化利用整县推进项目的地区得分＝1 分×完成验收县区数/实施项目县区数，无项目地区按 1 分计算。	3	省农业农村厅
	17	农业面源污染控制	推广高效低毒低残留农药及新型高效植保机械，提升科学安全用药水平的，得 1.5 分；推广测土配方施肥技术，提高科学施肥技术水平的，得 1.5 分。否则不得分。	3	省农业农村厅

任务分类	考评内容		考评标准	分值	牵头部门
	序号	内容			
5. 水污染防治	18	推进港口、船舶污染控制情况（交通部门）	1. 沿海各市地方政府按照实际地理情况，落实港口规划、控制港口数量、落实好监管涉河的沿海码头污染物接收转运及处置设施运行等工作。完成得1分，否则不得分。 2. 内陆各市落实内河非渔船舶的污染物接收转运处置联单的运行工作。完成得1分，否则不得分。	2	省交通运输厅
	19	推进港口、船舶污染控制情况（海事部门）	1. 沿海六市河流水域继续运行船舶污染物接收、转运及处置联合监管制度。完成得1分，否则不得分。 2. 海事、交通、环境、环卫、城建等部门对内河船舶污染物联合监管制度运行情况每季度至少开展一次联合执法检查。完成得0.5分，否则不得分。 3. 开展内河船舶防污染设施设备配备使用、防污染证书文书及船舶污染物接收作业现场的监督检查。完成得0.5分，否则不得分。	2	辽宁海事局
6. 水环境治理	20	河湖考核断面达标情况	按照国家水污染防治目标要求，以考核断面年均水质情况评定水质类别，并计算优良、劣Ⅴ类水体比例及超标断面。其中优良水体方面，完成或超额完成考核目标时，该项得1.5分，未完成考核目标不得分；劣Ⅴ类水体方面，完成或超额完成考核目标时，该项得1.5分，未完成考核目标不得分；超标断面方面，无超标断面得1分，每出现1个超标断面，扣0.25分，扣完为止。	4	省生态环境厅
	21	县级及以上集中式饮用水水源地达标情况	县级以上城市集中式饮用水水源水质达标率达到100%，得2分。县级以上城市集中式饮用水水源水质达标率小于100%，不得分。	2	省生态环境厅
7. 水生态修复	22	农村水环境综合整治	1. 完成省下达的年度农村环境综合整治目标任务数得0.5分；完成目标任务数的70%及以上的得0.25分；其他不得分。同时完成省下达新建农村生活污水处理设施工程项目任务和已建设施正常运行率任务得0.5分；完成单项任务得0.25分；未完成不得分。 2. 完成省下达的农村黑臭水体治理任务（或无治理任务的）得0.5分。完成目标任务数的70%及以上的得0.25分；其他不得分。开展农村黑臭水体常态化排查（发现农村黑臭水体的，需在黑臭水体周边竖立标志牌和警示标志，取缔非法排污口，禁止继续倾倒垃圾、粪污等污染物），得0.5分。	2	省生态环境厅

任务分类	考评内容		考评标准	分值	牵头部门
	序号	内容			
7. 水生态修复	23	河湖水环境综合整治	1.《关于持续开展 2022 年重点河段达标攻坚工作的通知》中 20 个河段重点断面达标情况（1分）。全部达标得 1 分，每出现一个不达标断面扣 0.5 分，扣完为止。未涉及市每出现一个不达标断面扣 0.5 分，扣完为止。 2. 企业环境应急预案备案（0.5分）。企业应急预案备案率达到 90%（含）以上的，得 0.5 分；达到 80%（含）以上小于 90% 的，得 0.3 分；低于 80% 的不得分。开展突发水污染事件应急演练（0.5分）。开展 1 次环境应急演练，得 0.5 分，未完成的不得分。	2	省生态环境厅
	24	乡村垃圾治理	编制完成农村生活垃圾处置设施建设规划。完成得 1 分，否则不得分。	1	省住房和城乡建设厅
	25	巩固退耕（林）还河生态封育成果	1. 下达生态封育任务、落实市县乡村四级监管责任人并制定监督检查制度的得 1 分，否则不得分。 2. 完成年度生态封育任务的得 1 分，否则不得分。 3. 检查发现有复耕、乱垦、滥种情况的，每处扣 0.1 分，在规定期限内未清除的每处扣 0.2 分，最多扣 0.5 分。 4. 检查发现有散撒牲畜放牧的，每次扣 0.1 分，最多扣 0.5 分。 5. 9 月 30 日前完成省补资金发放且档案完整的得 1 分，每延迟 1 个月发放的扣 0.3 分，到年底仍未发放的扣 1 分。	4	省水利厅
	26	开展河湖健康评价试点	完成至少 1 条（段）流域面积 1000 km² 及以上河流或治理任务重的河流健康评价工作并于 12 月底前报送评价报告和验收意见的，得 2 分，否则不得分。	2	省水利厅
	27	建立健全生态补偿机制情况	按时缴纳辽宁省河流断面水质污染补偿资金，得 1 分，未按时缴纳或未缴纳不得分。	1	省生态环境厅
	28	水土保持目标责任落实	根据《辽宁省 2022 年度水土保持目标责任考核实施细则》考评结果换算得分。	15	省水利厅
	29	建立饮用水源地风险源（重点污染源）清单	1. 建立饮用水源地风险源（重点污染源）清单并制定整改或风险管控方案（0.5分）。完成得 0.5 分，未完成不得分。 2. 完成重点问题整治任务（0.5分）。完成得 0.5 分，未完成不得分。	1	省生态环境厅

任务分类	考评内容		考评标准	分值	牵头部门
	序号	内容			
8. 监管与执法	30	水政监察制度建立和监察机构设立等情况	有专职水政监察队伍的得 0.5 分，否则不得分；执法人员实际到岗数占编制人数 90% 以上的得 0.5 分，否则不得分；县（市）执法人员编制不少于 5 人（持有执法证件人员）的得 0.5 分，少于 5 人的每少 1 人扣 0.1 分；未按时限要求报送水政队伍建设考核佐证材料和相关情况的，扣 0.5 分。本项最少得 0 分。	3	省水利厅
	31	举报投诉处理	发生重大案件的，扣 1 分。未按时限要求反馈省转办的举报、投诉、信访事件办理情况的，每件扣 0.5 分，最多扣 1 分；经省核实反馈案件严重处理不到位的，每件扣 0.5 分，最多扣 1 分。	3	省水利厅
	32	2022 年防汛保安专项执法行动落实	按照《辽宁省水利厅关于开展 2022 年防汛保安专项执法行动的通知》要求，每月未及时向省报送问题线索台账、案件登记表、执法案件台账、挂牌督办案件台账的，每项扣 0.25 分，最多扣 1 分；省级以上检查发现台账外仍有案件、线索或问题的，每件扣 0.5 分，最多扣 1 分；办案结案率未达 90% 的扣 1 分；未及时报送总结方案的扣 1 分。扣完为止。	3	省水利厅
	33	河湖执法监管体制机制建立完善、涉河湖联合执法专项行动开展情况	1. 市级河湖警长每半年应完成一次巡河工作，全部完成巡河任务的得 1 分，有 1 人次未完成的扣 0.2 分，扣完 1 分为止（市级河湖警长与河湖长一同巡河或自行巡河均可，由市局河湖警长办以文字材料加照片为佐证）。 2. 结合本地实际，有针对性地开展打击江河湖库内非法采砂、非法捕捞水产品、污染河湖水质、盗窃水库养殖产品、盗窃或毁坏水利水文设施等违法犯罪行为，持续深入开展打击整治"沙霸""矿霸"等自然资源领域黑恶犯罪行为，河湖治安秩序持续稳定的得 1 分，打击整治开展工作不力，被上级督办、通报或造成不良影响的，每次扣 0.5 分，扣完 1 分为止。 3. 市级公安江河保卫部门要加强河湖区域警务协作，建立水域整体防控、联合打击、防溺水事故和重点要素管控协作机制，年内建立机制的得 1 分，未建立的扣 1 分（以建立协作机制文件为佐证）。 4. 设河湖长的河湖全面实现"网格化"管护，全部实现"网格化"管护的得 1 分，每缺少 1 条河流扣 0.2 分，扣满 1 分为止（实现"网格化"管护，以《辽宁省公安机关河湖网格长、网格员名册》为佐证）。	4	省公安厅

任务分类	考评内容		考评标准	分值	牵头部门
	序号	内容			
8. 监管与执法	34	涉河湖联合执法专项行动开展情况	加强涉水重点排污单位污水排放自动监控系统监督检查（1分）。 1. 涉水重点排污单位全部安装污水排放自动监控系统，未全部安装，每个污水厂扣0.5分，扣完为止，自动监测未按规范安装，以执法检查发现问题数为依据，每个问题扣0.05分，扣完为止。 2. 涉水重点排污单位污水排放自动监控系统正常运行。自动监控数据长期超标被生态环境部挂牌督办，扣0.5分。未按规定处置超标数据（以国发软件平台数据条数为准），每条扣0.01分，扣完为止。因自动监控数据超标（以国发软件平台数据条数为准），形成电子督办，对未依法处理的，每条扣0.05分，扣完为止。	1	省生态环境厅
	35	监测预警预报体系完善情况	地方对省级生态环境部门交办的河流断面动态预警监测任务、水生态环境监测网络优化工作、水质自动站运行保障工作，完成不到位的，每个监测断面扣0.1分，每条河流扣0.25分，每个水站扣0.25分，扣完1分为止。	1	省生态环境厅
9. 组织实施	36	建立"大禹杯（河湖长制）"考核机制情况	"大禹杯（河湖长制）"竞赛考评组织实施情况6分。	6	省河长制办公室
	37	河长履职情况	1. 市级总河长以发布总河长令或召开总河长会议等形式部署年度河长制湖长制、河湖突出问题专项整治等工作任务的得1分，否则不得分。 2. 按照《辽宁省河长湖长制条例》规定开展巡河的得1.5分；每位河长每少巡河1次的扣0.1分，最多扣1.5分。 3. 推动落实省级"一河一策"方案年度工作目标，对照工作目标开展年度总结评估并报送评估报告的得0.5分，否则不得分。	3	省河长制办公室

任务分类	考评内容		考评标准	分值	牵头部门
	序号	内容			
9. 组织实施	38	河道采砂管理	1. 省河长制办公室河长制监督检查发现较严重问题的，每个扣0.1分；未按照要求完成整改的，每个扣0.2分，最多扣2分。 2. 按照要求开展国家河长制信息管理系统市县双月报、年报填报工作的，得1分，未按时填报的，每次扣0.1分；被水利部通报但按时整改的每次扣0.1分，未按时整改的每次扣0.2分，最多扣1分。 3. 按照要求开展省级河长湖长制管理信息系统建设、应用、填报工作的得1分，未按要求完成省、市系统之间互联互通，实现业务协同和数据共享的扣0.2分；未按要求应用、填报的，每发现1次扣0.1分，最多扣1分。 4. 未按照要求完成省级河长巡河发现问题整改工作的，每发现1次扣0.5分。 5. 河长公示牌上未按规定公示河长办监督电话的，每发现1处扣0.1分，最多扣0.5分；工作时间，每发现1次市、县（市、区）河长办监督举报无人接听的，扣0.05分，最多扣0.2分；未按时反馈省河长办交办的监督电话受理事项办理情况的，每次扣0.05分；未按时办结的每次扣0.05分，最多扣0.3分。 6. 在政府网站显著位置长期有效动态更新辖区内河湖长公示，省河长办不定期检查网站公示情况，发现公示失效1次扣0.1分，扣完1分为止。	7	省河长制办公室
10. 加分项（最多加10分）	39	水利工程管理成效突出	1. 申报并被评为省级水利风景区的，加1分；申报并被评为国家水利风景区或被水利部评定为全国典型水利风景区（或同等级别称号）的，加2分。 2. 因河湖长制工作成绩突出、成效明显，受到省部级以上通报表扬，每次加1分；被作为正面典型在国家级主流媒体推广宣传的，每次加0.5分；在省级主流媒体推广宣传的，每次加0.2分，累计加分不超过2分。 （按此标准加分）		省河长制办公室及牵头部门
11. 减分项（最多减10分）	40	水利工程管理问题突出	"大禹杯（河湖长制）"竞赛相关工作受到省部级以上及省政府相关部门通报批评的，中央及省环保督察、国务院大督查发现涉水问题的，出现负面影响舆情事件的，每项减2分。 （按此标准减分）		省河长制办公室及牵头部门

3.3 关键数据 93 个

根据以上文件及评分要求，提炼河湖长制工作评价 93 个数据指标，如表 3.2 所示。

表 3.2 _____市_____县（区）2022 年河湖长制工作评价及数据指标

评估内容	评估指标及分值	数据指标	单位	数据
1. 水资源管理保护（6 分）	水功能区水质达标（1 分）	水功能区水质考核指标	%	A1
		水功能区水质完成指标	%	A2
	最严格水资源管理（2+3=5 分）	用水总量控制指标	万 m³	A3
		用水总量	万 m³	A4
		再生水利用量控制指标	万 m³	A5
		再生水利用量	万 m³	A6
		万元国内生产总值用水量下降率控制指标	m³/万元	A7
		万元国内生产总值用水量	m³/万元	A8
		上年度万元国内生产总值用水量	m³/万元	A9
2. 水域岸线管理保护（14 分）	流域面积 10 km² 以上河流划界成果复核（2 分）	划界成果复核完成率	%	B1
		涉河项目审批、监管、复核问题	个	B2
	妨碍河道行洪突出问题排查整治（4 分）	三个清单中未按时完成问题	个	B3
		抽查碍洪突出问题	个	B4
		碍洪、消防整改问题	处	B5
	河湖水域岸线管理保护（2 分）	划界确权登记完成率	%	B6
	河道采砂管理（4 分）	发现偷采、盗采	处	B7
		许可采砂不规范恢复不到位的砂场	个	B8
		涉砂举报处理不当	次	B9
		疏浚砂综合利用不当	处	B10
	河湖"清四乱"攻坚行动（2 分）	发现"新四乱"	处	B11

评估内容	评估指标及分值	数据指标	单位	数据
3. 水工程建设管理（19分）	水库建设管理（3分）	完成病险水库除险加固初设	Y/N	C1
		完成除险加固水库建设	Y/N	C2
		完成除险加固水库验收	Y/N	C3
		完成降等报废水库	Y/N	C4
		完成小型水库雨情测报和大坝安全监测验收	Y/N	C5
	河道工程建设（8分）	建设项目总数	个	C6
		建设进度达标数	个	C7
		应验收项目总数	个	C8
		完成竣工验收项目数	个	C9
	中央预算内投资计划落实与执行（4分）	中央投资工程项目	个	C10
		及时转发投资计划	个	C11
		按投资计划执行	个	C12
		未及时更新监管工程进展	次	C13
	水利发展和移民资金支付（4分）	资金支付率	%	C14
4. 水旱灾害防御（2分）	山洪灾害防治非工程措施项目建设及防御工作（2分）	未及时处置预警信息	次	D1
		无法发送预警信息	次	D2
5. 水污染防治（15分）	加强入河湖排污口监管情况（1分）	完成入河湖排污许可证核发	Y/N	E1
		完成"一口一策"整治	Y/N	E2
	工业点源污染治理（1分）	完成工业园区污水处理建设	Y/N	E3
		达标排放在线控制完成率	%	E4
	污水处理提质增效（3分）	排水管网更新改造完成率	%	E5
	畜禽养殖废弃物资源化利用（3分）	畜禽粪污综合利用率	%	E6
		粪污资源化利用率	%	E7
	农业面源污染控制（3分）	推广高效生态农业比例	%	E8
	推进港口、船舶污染控制情况（交通部门）（2分）	完成沿海港口码头船舶污染控制	Y/N	E9
		完成内陆河渔船污染物控制	Y/N	E10
	推进港口、船舶污染控制情况（海事部门）（2分）	沿海船舶污染物监管良好	Y/N	E11
		完成船舶污染物联合执法检查	Y/N	E12

续表

评估内容	评估指标及分值	数据指标	单位	数据
6. 水环境治理（11分）	河湖考核断面达标情况（4分）	考核断面总数	个	F1
		超标断面	个	F2
	县级及以上集中式饮用水水源地达标情况（2分）	县级以上集中式饮用水水质全部达标	Y/N	F3
	农村水环境综合整治（2分）	完成省环境整治任务	Y/N	F4
		完成省黑臭水体治理	Y/N	F5
	河湖水环境综合整治（2分）	不达标断面	个	F6
		企业环境应急预案备案率	%	F7
		开展环境应急演练	Y/N	F8
	乡村垃圾治理（1分）	完成生活垃圾处理设施建设规划	Y/N	F9
7. 水生态修复（23分）	巩固退耕（林）还河生态封育成果（4分）	下达封育任务、责任、制度	个	G1
		完成封育任务、责任、制度	个	G2
		复耕、乱垦、滥种	处	G3
		发现散养牲畜	次	G4
		省补资金发放完成时间	月	G5
	开展河湖健康评价试点（2分）	完成健康评价报告	本	G6
	建立健全生态补偿机制情况（1分）	按时交纳河流断面污染补偿资金	Y/N	G7
	水土保持目标责任落实（15分）	水土保持目标责任落实考评得分	分	G8
	建立饮用水源地风险源（重点污染源）清单（1分）	建立水源地风险管控清单	Y/N	G9
		完成重点问题整治	Y/N	G10
8. 监管与执法（14分）	水政监察制度建立和监察机构设立等情况（2分）	专职水政监察人员编制	人	H1
	举报投诉处理（3分）	发生重大案件	次	H2
		案件处理不到位	件	H3

评估内容	评估指标及分值	数据指标	单位	数据
8. 监管与执法（14分）	2022年防汛保安专项执法行动落实（3分）	未向省及时报送案件	项	H4
		办案结案率	%	H5
	河湖执法监管体制机制建立完善、涉河湖联合执法专项行动开展情况（4分）	市级河湖长巡河	次/年	H6
		整治不力被督办	次	H7
		公安建立管控机制	Y/N	H8
		实现网格化管护	Y/N	H9
	涉河湖联合执法专项行动开展情况（1分）	重点排污单位安装监控系统	Y/N	H10
		污水排放自动监控	Y/N	H11
	监测预警预报体系完善情况（1分）	河、水站、监测断面监测不到位次数	次	H12
9. 组织与实施（16分）	建立"大禹杯（河湖长制）"考核机制情况（6分）	"大禹杯（河湖长制）"竞赛考评分数	分	I1
	河长履职情况（3分）	发布总河长令	次	I2
		河长湖长巡河	次	I3
	河长制办公室履职情况（7分）	省河长办检查发现较严重问题	次	I4
		信息管理系统未按时填报整改	次	I5
		省级河长发现问题整改差	次	I6
		河长公示牌监督举报电话无人接听	次	I7
		公示失效	次	I8
10. 加分项（10分）	水利工程管理成效突出（10分）	被评为省级水利风景区	个	X1
		受到省部级以上通报表扬次数	次	X2
11. 减分项（−10分）	"大禹杯（河湖长制）"竞赛相关工作受到省部级以上及省政府相关部门通报批评的，中央及省环保督察、国务院大督查发现涉水问题的，出现负面影响舆情事件的（−10分）	受到省部级通报批评次数	次	Y1
		中央督察发现涉水问题	次	Y2
		国务院督查发现次数	次	Y3
		出现负面舆情事件	次	Y4

填表人：　　　　　（公章）电话：　　　　审核人：　　　　电话：

3.4 评分模型

根据以上数据及评分要求,编制河湖长制工作评价评分模型,如表 3.3 所示。

表 3.3 河湖长制工作评分模型

内容	分值	数据指标	单位	数据	评分
1. 水资源管理保护(6分)	1分	水功能区水质考核指标	%	A1	$Z1=A2/A1$ $Z1\leqslant1$
		水功能区水质完成指标	%	A2	
	2+3=5分	用水总量控制指标	万 m³	A3	$Z2=2\times A3/A4$ $Z2\leqslant2$
		用水总量	万 m³	A4	
		再生水利用量控制指标	万 m³	A5	
		再生水利用量	万 m³	A6	$Z3=A6/A5$ $Z3\leqslant1$
		万元国内生产总值用水量下降率控制指标	m³/万元	A7	$Z4=10\times A7$ $Z4\leqslant1$
		万元国内生产总值用水量	m³/万元	A8	
		上年度万元国内生产总值用水量	m³/万元	A9	$Z5=A8/A9$ $Z5\leqslant1$
2. 水域岸线管理保护(14分)	2分	划界成果复核完成率	%	B1	$Z6=2\times B1$ $Z6\leqslant2$
		涉河项目审批、监管、复核问题	个	B2	$Z7=-0.1\times B2$ $B2\leqslant10$
	4分	三个清单中未按时完成问题	个	B3	$Z8=2-0.2\times B3$ $B3\leqslant10$
		抽查碍洪突出问题	个	B4	$Z9=1-0.2\times B4$ $B4\leqslant5$
		碍洪、消防整改问题	处	B5	$Z10=1-0.2\times B5$ $B5\leqslant5$
	2分	划界确权登记完成率	%	B6	$Z11=2\times B6$ $B6\leqslant1$
	4分	发现偷采、盗采	处	B7	$Z12=1-0.5\times B7$ $B7\leqslant2$
		许可采砂不规范恢复不到位的砂场	个	B8	$Z13=1-0.5\times B8$ $B8\leqslant2$
		涉砂举报处理不当	次	B9	$Z14=1-0.5\times B9$ $B9\leqslant2$
		疏浚砂综合利用不当	处	B10	$Z15=1-0.5\times B10$ $B10\leqslant2$
	2分	发现"新四乱"	处	B11	$Z16=2-0.2\times B11$ $B11\leqslant10$

内容	分值	数据指标	单位	数据	评分
3. 水工程建设管理（19分）	3分	完成病险水库除险加固初设	Y/N	C1	$Z17=0.5$　$C1=Y$
		完成除险加固水库建设	Y/N	C2	$Z18=0.5$　$C2=Y$
		完成除险加固水库验收	Y/N	C3	$Z19=0.5$　$C3=Y$
		完成降等报废水库	Y/N	C4	$Z20=0.5$　$C4=Y$
		完成小型水库雨情测报和大坝安全监测验收	Y/N	C5	$Z21=1$　$C5=Y$
	8分	建设项目总数	个	C6	
		建设进度达标数	个	C7	$Z22=4×C7/C6$　$Z22≤4$
		应验收项目总数	个	C8	$Z23=2×C8/C6$　$Z23≤2$
		完成竣工验收项目数	个	C9	$Z24=2×C9/C6$　$Z24≤2$
	4分	中央投资工程项目	个	C10	
		及时转发投资计划	个	C11	$Z25=2×C11/C10$　$Z25≤2$
		按投资计划执行	个	C12	$Z26=2×C12/C10$　$Z26≤2$
		未及时更新监管工程进展	次	C13	$Z27=-0.5×C13$　$C13≤2$
	4分	资金支付率	%	C14	$Z28=4×C14$
4. 水旱灾害防御（2分）	2分	未及时处置预警信息	次	D1	$Z28=1-0.1×D1$　$D1≤10$
		无法发送预警信息	次	D2	$Z29=1-0.1×D2$　$D2≤10$
5. 水污染防治（15分）	1分	完成入河湖排污许可证核发	Y/N	E1	$Z30=0.5$　$E1=Y$
		完成"一口一策"整治	Y/N	E2	$Z31=0.5$　$E2=Y$
	1分	完成工业园区污水处理建设	Y/N	E3	$Z32=0.5$　$E3=Y$
		达标排放在线控制完成率	%	E4	$Z33=0.5×E4$　$E4≤1$
	3分	排水管网更新改造完成率	%	E5	$Z34=3×E5$　$E5≤1$
	3分	畜禽粪污综合利用率	%	E6	$Z35=1.5×E6$　$E6≤1$
		粪污资源化利用率	%	E7	$Z34=1.5×E7$　$E7≤1$
	3分	推广高效生态农业比例	%	E8	$Z34=3×E8$　$E8≤1$
	2分	完成沿海港口码头船舶污染控制	Y/N	E9	$Z35=1$　$E9=Y$
		完成内陆河渔船污染物控制	Y/N	E10	$Z36=1$　$E10=Y$
	2分	沿海船舶污染物监管良好	Y/N	E11	$Z37=1$　$E11=Y$
		完成船舶污染物联合执法检查	Y/N	E12	$Z38=1$　$E12=Y$

续表

内容	分值	数据指标	单位	数据	评分
6. 水环境治理（11分）	4分	考核断面总数	个	F1	
		超标断面	个	F2	Z39＝4×F2/F1　Z39≤4
	2分	县级以上集中式饮用水水质全部达标	Y/N	F3	Z40＝2　F3＝Y
	2分	完成省环境整治任务	Y/N	F4	Z41＝1　F4＝Y
		完成省黑臭水体治理	Y/N	F5	Z42＝1　F5＝Y
	2分	不达标断面	个	F6	Z43＝1－0.5×F6　F6≤2
		企业环境应急预案备案率	％	F7	Z44＝0.5×F7　F7≤1
		开展环境应急演练	Y/N	F8	Z45＝0.5　F8＝Y
	1分	完成生活垃圾处理设施建设规划	Y/N	F9	Z46＝1　F9＝Y
7. 水生态修复（23分）	4分	下达封育任务、责任、制度	个	G1	G1≥G2
		完成封育任务、责任、制度	个	G2	Z47＝3×G2/G1　Z47≤4
		复耕、乱垦、滥种	处	G3	Z48＝－0.1×G3　G3≤5
		发现散养牲畜	次	G4	Z49＝－0.1×G4　G4≤5
		省补资金发放完成时间	月	G5	Z50＝1－0.3×（G5－9）G5≤12
	2分	完成健康评价报告	本	G6	Z51＝2　G6≥1
	1分	按时交纳河流断面污染补偿资金	Y/N	G7	Z52＝1　G7＝Y
	15分	水土保持目标责任落实考评得分	分	G8	Z53＝15×G8/100　G8≤100
	1分	建立水源地风险管控清单	Y/N	G9	Z54＝0.5　G9＝Y
		完成重点问题整治	Y/N	G10	Z55＝0.5　G10＝Y
8. 监管与执法（14分）	2分	专职水政监察人员编制	人	H1	Z56＝0.4×H1　H1≤5
	3分	发生重大案件	次	H2	Z57＝1.5－0.5×H2　H2≤3
		案件处理不到位	件	II3	Z58＝1.5　0.25×II3　II3≤6
	3分	未向省及时报送案件	项	H4	Z59＝2－0.5×H4　H4≤4
		办案结案率	％	H5	Z60＝1　H5＞0.9
	4分	市级河湖长巡河	次/年	H6	Z61＝1×H6　H6≤2
		整治不力被督办	次	H7	Z62＝1－0.5×H3　H3≤2
		公安建立管控机制	Y/N	H8	Z63＝0.5　H8＝Y
		实现网格化管护	Y/N	H9	Z64＝0.5　H9＝Y
	1分	重点排污单位安装监控系统	Y/N	H10	Z65＝0.5　H10＝Y
		污水排放自动监控	Y/N	H11	Z66＝0.5　H11＝Y
	1分	河、水站、监测断面监测不到位次数	次	H12	Z67＝1－0.5×H3　H12≤2

续表

内容	分值	数据指标		单位	数据	评分
9. 组织与实施（16 分）	6 分	"大禹杯（河湖长制）"竞赛考评分数		分	I1	$Z68=6×I1/100$　　$I1≤100$
	3 分	发布总河长令		次	I2	$Z69=1.5$　　$I2≥1$
		河长湖长巡河		次	I3	$Z70=1.5-0.1×I3$　　$I3≤15$
	7 分	省河长办检查发现较严重问题		次	I4	$Z71=2-0.2×I4$　　$I4≤10$
		信息管理系统未按时填报整改		次	I5	$Z72=1-0.2×I5$　　$I5≤5$
		省级河长发现问题整改差		次	I6	$Z73=2-0.2×I6$　　$I6≤10$
		河长公示牌监督举报电话无人接听		次	I7	$Z74=1-0.2×I7$　　$I7≤5$
		公示失效		次	I8	$Z75=1-0.2×I8$　　$I8≤5$
10. 加分项（10 分）	水利工程管理成效突出（10 分）	被评为省级水利风景区		个	X1	$Z76=2×X1$
		受到省部级以上通报表扬		次	X2	$Z77=2×X2$
11. 减分项（-10 分）	"大禹杯（河湖长制）"竞赛相关工作受到省部级以上及省政府相关部门通报批评的，中央及省环保督察、国务院大督查发现涉水问题的、出现负面影响舆情事件的（-10 分）	省部通报批评次数		次	Y1	$Z78=-2×Y1$
		中央督察发现涉水问题		次	Y2	$Z79=-2×Y2$
		国务院督查发现次数		次	Y3	$Z80=-2×Y3$
		出现负面舆情事件		次	Y4	$Z81=-2×Y4$

第 4 章
市区问题、经验及亮点

通过实地调研、交流、座谈，以辽宁省 14 个市及沈抚示范区提供的材料为依据，总结 14 个市及沈抚示范区推行河湖长制的问题、经验及亮点。

4.1　沈阳市问题、经验及亮点

◆问题◆

（1）在河长制工作早期，公众对河长制工作认识不足，参与度较低，环保意识薄弱。沈阳市通过加强环保教育宣传，提高公众对环保问题的认识和参与意愿。开展定期环保宣传活动，利用媒体、社交平台等渠道广泛宣传河长制工作的重要性和成果，鼓励公众积极参与生态环境保护活动。

（2）部门之间协作不畅，信息共享不足。各责任单位之间信息沟通不畅，导致工作进展受阻，工作协调有待加强。沈阳市探索建立跨部门的信息共享平台，加强信息交流和共享，积极围绕河长制"六大任务"科学调度、精准施策。定期召开河长制工作会议，加强各责任单位之间的沟通和协调，高标准高质量完成河长制系列任务。

◆经验◆

（1）河长制制度体系由全面建立提升至全面见效。自 2017 年印发《沈阳市实施河长制工作方案》以来，沈阳市河长制工作积极围绕"十三五""十四五"规划的水污染治理、水环境质量等方面，认真落实各年度省总河长令和河长制工作任务书确定的各项任务，锚定河长制"六大任务"，全力实施"水污染治理攻坚战""四水同治""三污一净""五大工程"等河湖治理专项行动，大力推进河长制不断向纵深延展。河长制体制机制和制度体系持续优化，河长、河长办、河长制成员单位等协调解决各类河湖问题，各司其职、履职尽责，全力开创河长制工作新局面。河长制已由全面建立提升至全面见效，全面建成了市"四大班子"主要领导兼任市级总河长，市级领导兼任主要水系河长，分管副市长兼任河长办主任的工作模式；全面建立了市、县、乡、村的四级"河湖长＋河湖警长＋检察长"的河湖长制日常管护体系；全力组建了"护河员＋志愿者＋环境监管"第三方河湖长制队伍；总结形成了"两函四巡三单两报告"等工作方法；构建政府考核、部门考核、河湖长考核、河长办考核的四位一体考核机制；基本构筑了更加完善的"更生态环保、更可持续、更加安全、更有效率"的河湖水系保护利用制度体系和工作体系。

①以上率下，河长履职效能持续提升。市总河长通过组织召开全市河长制工作大会，签发总河长令，签订河长制工作任务书，全面部署年度工作任务。市副总河长组织制定年度河长制工作要点，组织召开联席会议，坚持周调度、月通报，研究调度辽河、浑河、蒲河等重点河流治理问题。其他市级河长充分发挥"领队"作用，牵头会

同河长制成员单位开展入河排污口、碍洪问题排查整治等专项行动，重点解决水利部暗访督查发现的疑难问题和占用辽河退耕封育土地种植水飞蓟等问题。近五年来，市、县、乡、村四级河长累计巡河 39 万余次，累计发现并解决各类问题 15 279 个。

②协同合作，河长办职能充分发挥。市委、市政府将河长制工作列为中央环保督察整改、政府工作报告、年度专项督导检查的重要内容，由河长办会同 12 家河长制成员单位，全面运用"两函四巡三单两报告"工作方法，协助 4 位市总河长、12 位市级河长处理河长制日常工作，重点落实好组织协调、调度督导、检查考核和宣传培训等职责，坚持持续发力，强力推进河长制工作。累计开展过 4 次市委、市政府河长制专项监督检查，就蒲河水环境质量、占用生态封育滩地、妨碍河道行洪等重点问题下达 35 件督办函。

③建管同步，多方推动河长制实现"有能有效"。河长办与河长制成员单位通力合作，坚持河长制日常管理与河道工程建设项目共同推进，加强 2 075 名河湖长、16 名检察长、609 名警长与 12 家河长制成员单位的有效联动，重点组织实施"四水同治""五大工程"及海绵城市建设等。一是全面统筹水资源、水安全、水生态、水环境、水文化，制定《实施"四水同治"暨推进河湖长制三年行动方案（2021—2023 年）》，计划投资 387 亿元实施 132 项综合治理工程。二是扎实推进铁腕治水、生态调水、改革活水、高效节水、强力保水"五大工程"。三是推进海绵城市示范建设，积极谋划源头减排、调蓄及雨水资源利用设施、排水设施等 6 大类 103 个项目。

④广泛宣传，爱河护河氛围浓厚。河长办、河长制成员单位结合"世界环境日""世界水日""中国水周"等积极宣传报道河长制工作成效。五年来，全市累计发放《辽宁省河长湖长制条例》8 000 册，发放河湖"清四乱"宣传册 1 万余册，发放《再生水利用办法》《地下水利用条例》等 2 万余册，开展"清水长流、河湖长治"等主题大型普法宣传活动 15 次。人民日报、新华社、中国水利报等省级以上主流媒体，专题报道细河治理成效、"一巡、二改、三提升"巡河工作法及河长月度考核等 112 篇，持续营造全社会共同关心河湖、爱护河湖的良好氛围。

⑤监督考核，工作责任全面压实。建立政府、部门、河长和河长办"四位一体"考核机制，严格落实《辽宁省河长湖长制条例》《河长湖长履职规范》等制度，组织制定《河长湖长履职细则》和《河湖长月度考核方案》，围绕水质达标、河湖"清四乱"、沿河村屯生活垃圾治理等六大方面，对市级河长管理的 88 条河流 145 个河段，开展月度量化考核并全市通报。持续开展"四不两直"督查暗访，河长制第三方不定期巡查 88 条河流水域环境，发现并督导解决各类河湖问题 8 481 个，有效改善河湖面貌。

（2）河长制"六大任务"圆满完成且成效显著。沈阳市河长制全面管理全市 236 条流域面积 10 km² 以上河流、4 个规模以上湖泊、29 座水库及农村小微水体，围绕水资源、水域岸线、水污染、水防治、水生态、水执法监管等河长制"六大任务"，高质量完成各年度《河长制工作任务书》中确定的各项任务，实现水环境质量逐年提升。"十三五"末期，全市水环境质量综合指数较"十三五"初期提高了 28.99%。"十四五"这几年，沈阳水环境质量也在持续改善。2023 年一季度，国考断面累计水质指数 5.35，同比提升 17.18%，水质达到历史同期最好水平，20 个国考和省考断面中 10 个断面达到优良水质，无 V 类、劣 V 类水质断面，全部达到考核目标。

①水资源管理持续优化。沈阳市实施最严格水资源管理，严格控制用水总量，全市用水总量由 2020 年度的 31.38 亿 m³ 降至 2022 年度的 28.8 亿 m³。地下水水位总体明显上升，累计压采 1.7 亿 m³，超采区全部取消。全市县级及以上城市集中式饮用水水源水质达标率稳定在 100%。持续深化再生水利用，颁布《沈阳市再生水利用办法》，再生水利用率逐年提高，2021 年为 20.6%，2022 年达到 23.16%，1 年就提高 2.56 个百分点。改造 1 275 个小区"大水箱"，老旧小区供水管网持续更新，近三年累计改造 676.3 km。

②水域岸线管理保护能力逐年提升。全市 236 条河流管理范围全部划定，编制完成 88 条河流 15 个水系（2021—2023 年）的"一河一策"方案并组织实施，确定 1 790 km 5 级以上堤防工程管理与保护范围，划定 96 条流域面积在 50 km² 以上河道管理范围内耕地和永久基本农田。全力整治妨碍河道行洪突出问题 480 处，清理整治河湖"四乱"问题 487 处，拆除建筑物面积 12 万余平方米，重点完成养息牧河新民市段等 45 项防洪工程（2020 年 9 项，2021 年 14 项，2022 年 22 项），建成 16 座小型水库雨水情测报和大坝安全监测设施，农村基层防汛预警预报体系全部建成。

③水污染防治全面推进。实施污水处理提质扩容工程，围绕"厂、站、网、控、安、运"六个方面，系统提升污水处理能力，新建扩建并提标改造污水处理厂 13 座，全市 32 座污水处理厂日处理能力由 306 万 t/d 提升至 378.5 万 t/d。16 家省级及以上工业园区污水集中处理设施全部建成并稳定运行，473 个（2020 年 429 个，2021 年 20 个，2022 年 24 个）行政村实现生活污水收集处理。溯源调查排污口 856 个，"一口一档"管理 220 个，清理整治 160 个，试点建设规范化典型 20 个。累计划定沿河畜禽禁养区 1 011.23 km²，依法搬迁关闭整治养殖场户 285 家，畜禽粪污资源化利用率提前 2 年完成 76% 的目标。

④水环境质量显著提升。实施科学精准、依法治污，水质断面不断取得突破。其中，2021 年，沈阳省考以上断面累计水质指数 6.27，同比改善 10.43%。2022 年，沈阳 15 个国考断面累计水质综合指数 6.04，同比改善 5.44%。全市水环境质量连续 4 年持续改善。实施雨污混接摘除工程，累计摘除混接点 1 117 处（2020 年以前 437 处，2020 年 297 处，2021 年 273 处，2022 年 110 处）。补齐城市排涝短板，累计改

造管网 459 km（2020 年 160 km，2022 年 299 km），新建改建泵站 37 座，建设调蓄池 6 座，改造积水点 14 处（2021 年 9 处，2022 年 5 处）。消除黑臭水体，2017 年城市建成区基本消灭黑臭水体，2018 年至 2020 年推进国家黑臭水体治理示范城市建设，相继实施白塔堡河、满堂河等 8 项水体治理工程，2021 年建成区黑臭水体消除率达到 100%。2022 年再次消除 8 条国家级（省级）农村地区的黑臭水体。农村生活垃圾收运处置体系覆盖面稳步扩展，2020 年覆盖率为 95.1%，2021 年达到 98.2%，2022 年则基本覆盖所有的自然村组。全市 493 个主要行政村生活污水收集处理效果明显（2020 年 429 个，2021 年 40 个，2022 年 24 个），累计完成村屯环境综合整治 342 个（2020 年 72 个，2022 年 270 个）。

⑤水生态环境全面修复。实施生态封育，全市主要滩地封育面积由约 58 万亩增至 100 万亩，约新增 42 万亩，辽河沿线生态廊道全线贯通。新建 5 处（2022 年）生态湿地。实施康平县张强镇等小流域综合治理工程，累计治理侵蚀沟 187 条（2021 年），治理水体流失面积 56 km² （2022 年）。实施环城水系（南运河、新开河、卫工明渠、细河）生态补水工程，累计补水约 10 亿 m³。打造国家级水系连通及"水美乡村"试点县工程，康平县成为辽宁省被纳入中央财政支持的试点。实施城乡绿化工程，累计完成造林面积约 32.7 万亩（2020 年 30 万亩，2021 年 2.16 万亩，棋盘山生态修复造林 5 544 亩）。

⑥水执法监管全面加强；严格落实河湖警长制，持续强化公益诉讼检察效能，组建水综合行政执法队伍，逐渐完善水行政执法与刑事司法衔接制度，综合运用"河湖长＋警长＋检察长"协作机制，夯实 2 279 名河湖长、16 名检察长和 609 名河湖警长联动机制，全面开展涉河湖行政执法专项行动，严厉打击非法采砂、废水偷排直排、侵占水域岸线等违法行为，累计查处涉水环境违法案件 225 件（2020 年 49 件，2021 年 142 件，2022 年 34 件），办理涉河湖公益诉讼案件 50 件（2021 年 10 件，2022 年 40 件），处罚金额 1 082.84 万元（2021 年）。

（3）河湖长制工作经验、做法以及成效。实施河长制月度考核，制定"四水同治"三年行动方案，全面统筹水资源、水安全、水生态、水环境、水文化，实施综合治理。开展"三污一净"专项治理行动，持续提升全市水环境质量，稳步改善流域生态环境。实施河湖管理精细化，坚持水岸共治，及时清除河道、湖泊水面和周边垃圾杂物，保持岸坡整洁。开展河湖精细化管理专项行动。沈阳市立足健全城市河湖管理长效机制，规范城市河湖管理标准建设，持续改善河湖水环境质量。

◆亮点◆

（1）河湖长制制度体系。

①沈阳市河长办落实河湖长制工作职责情况，2018 年至 2022 年，印发了沈阳市总

河长令（第 1 号～第 4 号），2019 年至 2022 年，签订了《沈阳市河长制湖长制工作任务书》，2021 年沈阳市与 13 个区、县（市）签订了河湖长制责任状。a. 总河长令。沈阳市总河长令（第 1 号）——全面实施建设美丽河湖三年行动计划，全面开展"四级"河长巡河行动；沈阳市总河长令（第 2 号）——全面开展"四级"河长集中巡河湖行动；沈阳市总河长令（第 3 号）——推进四水同治共建幸福河湖；沈阳市总河长令（第 4 号）——实施"五大工程"推动河湖长制"有能有效"。b. 任务书。任务书（沈阳）2019 年、任务书（沈阳）2020 年、任务书（沈阳）2021 年、任务书（沈阳）2022 年。c. 责任状。2021 年市河长办与 13 个区、县（市）签订了河湖长制责任状。

②沈阳市河长办近几年先后印发了《沈阳市实施河长制工作方案》《沈阳市河长制月度考核方案》《沈阳市河湖长履职工作细则》等相关制度建设文件。

③2018 年以来，市河长办每年对全市河长制工作开展年度考核，印发年度考核方案，形成当年考核结果。关于河长制考核工作，沈阳市印发了《沈阳市 2019 年河长制工作考核方案》《沈阳市 2021 年"大禹杯（河湖长制）"竞赛考评分数方案》等相关文件。

（2）河湖长制组织体系。2017 年沈阳市通过印发《沈阳市实施河长制工作方案》建立了市、县、乡、村四级河湖长体系。沈阳市河长制办公室印发《关于规范市级河长及联系部门的通知》，实施河长岗位接替制，具体落实了河湖长动态调整和责任递补机制；沈阳市编办和 13 个区、县（市）的编办具体落实了人员编制以及经费来源等详细情况。水利、生态环境、农业农村、住建、公安等部门依据《沈阳市实施河长制工作方案》，按照市级河长的要求，分别牵头并组织实施各项工作任务，将河湖长制六大任务进一步夯实。沈阳市印发了《沈阳市公安局实行河湖警长制工作方案》《关于共同构建"河长＋检察长"工作机制加强协作配合的意见》等文件。严格落实河湖警长制，其中 2022 年全市各级河湖警长累计巡河 2.1 万次，开展联合执法 80 余次，破获涉河湖刑事案件 180 余起；并强化了公益诉讼检察职能，办理涉河湖案件 40 件。

◆未来安排◆

坚持以习近平新时代中国特色社会主义思想为指导，全面贯彻党的二十大精神，准确把握习近平总书记关于东北、辽宁振兴发展的重要讲话和指示批示精神，锚定市委确定的加快建设国家中心城市、为全省做出"五个示范"和奋力推动全面振兴全方位振兴实现新突破的目标，扎实开展"六大行动"。

（1）强化水资源保护。强化水资源刚性约束作用，用水总量、用水效率控制指标达到年度考核要求。严格水功能区管理监督，全国重要水功能区水质达标率达到年度控制目标。

（2）强化水域岸线管理保护。严格水域岸线空间管控，推进碍洪问题排查整治、清障、河湖"清四乱"及垃圾清理整治。开展河湖岸线利用建设项目和特定活动清理整治专项行动。完成流域面积 1 000 km² 以上河流和所有湖泊排查问题清理整治任务。

（3）强化水污染防治。推进城镇污水处理提质增效，加强入河排污口监管，整治工业园区污水。控制水产养殖、农业面源污染，防治畜禽养殖污染。

（4）强化水环境治理。15 个地表水考核断面中，河流水质优良（达到或优于Ⅲ类）比例达到 33.3％，无劣Ⅴ类水体。加强黑臭水体治理和农村水坏境综合整治，提升饮用水安全保障水平。

（5）强化水生态修复。推进河湖生态修复和保护，巩固滩区生态封育成果。推进水土流失综合治理、系统治理、精准治理，开展辖区内 7 条河流（湖泊）健康评价，推进河湖健康档案建设。

（6）强化执法监管。建立健全河湖长与河湖警长、检察长、集中管辖法院院长的协作机制，严厉打击江河湖库内非法采砂、非法捕捞水产品、违法排污、盗窃水库养殖产品、盗窃及毁坏水利水文设施等违法犯罪行为。

（作者：于国英、孔祥宇、郭晓婷）

4.2 大连市问题、经验及亮点

◆问题◆

（1）部分基层河长对河长制工作重视程度不够，相关政策知识不完全熟悉，履职意识有待加强，巡河发现及解决问题能力需进一步提高。

（2）从事河长制工作人员力量不足，县级河长办从事河长制工作人员均为兼任，涉水工作人员本就编制少、人员少，部分县级河长办仅 2 个人负责具体工作，有的是借调人员从事河长制工作，人员不稳定，影响河长制工作质量。

（3）受到地方政府财政资金紧张等因素的影响，部分县（市、区）河库治理机制泛化，造成美丽河湖、生态河湖、幸福河湖建设滞后。

◆经验◆

（1）画好同心圆，解决水污染源问题。一是以解决问题为根本，用好河长联席会议制度平台。大连市坚持"站在水里看岸上，站在岸上看水里"的系统思维，统筹岸上岸下工作，推进工业企业污染、城镇生活污染、畜禽水产养殖污染、农村面源污染、河道"四乱"及黑臭水体等问题整治，形成部门合力，从根源上解决好水污染的主要矛盾。每年至少召开三次联席会议，年初谋计划，年中看进展，年底促考评。二是依法治水，合力推动"四乱"、碍洪问题解决。各县（市、区）因地制宜，分别采取联合公安、自然资源、生态环境、住建、交通、水务、农业农村等不同部门组成河库"清四乱"专项行动工作专班。2022 年，全市完成 197 个妨碍河道行洪问题整改，完成 105 个"四乱"问题整治，实现问题清零。三是以水为媒，做好资金整合。三年来，落实《大连市水污染防治工作方案》，统筹水务、生态环境、自然资源、农业、住建部门资金 32.6 亿元，完成大沙河、登沙河、英那河等重点河流生态修复项目建设 11 项。四是推进"十四五"时期"无废城市"建设。按照源头替代、过程减量、末端资源化利用的原则，生态环境、农业、住建等部门共同推进建筑垃圾无害化处置和资源化利用项目、中心城区餐厨垃圾处理厂工程、金普新区生活垃圾焚烧发电处理（一期）扩建工程等项目，从根本上减少污染物入河。

（2）城乡协同，全面消除黑臭水体。明确黑臭水体整治责任，合理分工，有效落实"党政同责、一岗双责"，构建黑臭水体网格化管理体系，保持齐抓共管格局。建立黑臭水体整治长效机制，完成整治的河道保持长治久清，形成各级河长长期抓、抓长期的工作格局。一是强化系统治理和监督检查，如编制整治方案是否缺少系统性问题、控源截污中一个排污单位多口排放问题等，在河长制暗访督察中重点查看黑臭水体蓝线范围内生活垃圾和建筑垃圾随意堆放问题，对城乡接合部垃圾、污水的收集转运处理环节进行严格管控，2022 年，新建城镇污水处理厂 12 座，更新改造城市老旧排水管网 163 km。二是健全各项长效管控举措，推动解决农村突出水环境问题，通过全覆盖、地毯式排查，开展涉农县（市、区）农村黑臭水体排查整治专项行动，全面摸清农村黑臭水体面积、位置及污染来源等信息，按时完成整治。对确需工程措施才能完成治理的农村黑臭水体，分析成因，编制了"一源一策"，采取控源截污、清淤疏浚、生态修复等措施综合治理。2022 年，实现 13 个河流国家考核断面全部达标，完成 9 条农村黑臭水体治理，建成区黑臭水体消除比例保持 100%。如大连市甘井子区泉水河入海口段，两岸整修绿化一新，昔日的臭水河如今已成为市中心的一条河清、水畅、岸绿、景美的景观河、幸福河。

（3）创新管理，探索河长制新思路，创新推行"河长＋"管河护河方式。一是推行"河长＋警长"协作机制，协助对应河长联手打击涉河违法行为，开展大连市公安局江河战线打击河库非法采砂违法犯罪专项整治行动、严厉打击非法取用地下水专项行动。2022 年，破获非法采砂案件 5 起，其中涉恶案件 1 起；破获水环境污染案件 25 起。二是推行"河长＋检察长"协作机制，合力破解河库生态治理难题，办理生态环境和资源保护领域立案 371 件，发出诉前检察建议 347 件。三是推行"河长＋社会监督员"协作机制，自社会监督员制度建立以来，已发现上报"四乱问题" 21 起，现场劝导制止涉河违法行为 10 起。四是推行"河长＋人大代表、政协委员"协作机制，全市相关人大代表、政协委员开展"巡河问水"调研活动，参加巡河 256 人次，发现问题 32 个，提出建议 19 条。五是推行"河长＋林长"协作机制，与自然资源部门联合实现全市 327 条河流、138 万亩森林绿化全覆盖。六是推进"河长＋智慧河长平台"协作机制，全市各级河长通过智慧河长平台巡河 25 万人次，巡河时长 2.2 万余小时，巡河里程 1.7 万 km，发现并解决问题 1.8 万余个。

（4）制度约束，建立污染补偿机制。依据《大连市人民政府办公厅关于印发大连市河流断面水质污染补偿办法的通知》，充分发挥污染补偿机制调节作用。按照《大连市河流水质达标综合保障工作方案》，系统、全面、持续地提升全市河流水环境质量，将污染补偿机制与水生态环境质量考核目标紧密结合，以 8 条国控河流水质达标、45 条其他入海河流水质改善为核心，突出综合治理与管控，将工作压力向"神经末梢"传导，打造"铁桶式"保障体系，做到科学治水、精准治水、依法治水。同时，发挥各级河长统领作用，制定"一河一策"中县、乡、村河长目标、任务、责任清单，实现责任清、边界清、对象清、问题清。细化和完善相关资金使用管理要求，加强和规范大连市河流断面水质污染补偿资金的管理，明确资金使用方向，提高资金使用效益，推进长效机制建设。2022 年，累计向各县（市）区下达超标河流断面污染补偿资金通知单 22 份，下达金额 1 852 万元，以经济杠杆进一步撬动了各地区控源截污、生态治理的主动性和积极性，促进水环境质量的持续改善。同时，支持地方人民政府出台相关政策和给予经济补偿，鼓励人民群众参与系统治理工作。大连市推进河长制工作从"有名有实"到"有能有效"，2020 年获得国务院督查激励，2020 年至 2022 年连续三年获得辽宁省政府奖励激励。

◆**亮点**◆

1. 大连市金普新区亮点

（1）实施国家粪污资源化利用整县推进项目。全区强化畜禽养殖粪污处理及资源化利用，实施国家畜禽粪污资源化利用整县推进项目，完成 118 个养殖场户和 1 个粪污区域处理中心建设。针对 118 个养殖场户，建设临时堆粪场 15 308.14 m²、建设污水处理池 19 902.60 m³、购置（含安装）工艺设备 200 台（套）及相关配套设备、采购粪污运输设备 78 台。在复州湾街道郭屯村建设区级粪污区域处理中心，实现对粪污的集中处理及资源化利用，中心项目总占地面积为 50 666.92 m²，总建筑面积为 19 940.41 m²，包括建设发酵车间、生产车间、成品库等工程，购置（含安装）工艺设备 68 台（套），配备粪污运输车辆 19 台，满足了区域处理中心处理能力达到 20 万 t 以上的需求。国家畜禽粪污资源化利用整县推进项目实施完成后，全区畜禽粪污综合利用率达到 91.32％，规模化养殖场粪污处理设施装备配套率达到 100％。

（2）完善农膜农药瓶（袋）回收体系建设。扎实推进金普新区全境农业环境治理，降低农药包装、农膜等废弃物对农业、农村生态环境的影响，通过开展农药包装和农膜等废弃物回收、可降解地膜试点试验和农用残留地膜监测等一系列工作，健全从田间地头到无害化处置的全链条农膜使用回收体系，提升农药包装和农膜等废弃物回收与处置水平，减轻农业面源污染，有效防控农田"白色污染"。在全区 12 个涉农街道设立 12 个回收母站，把全区 212 家农资商店作为农药包装和农膜等废弃物回收子站，充分利用回收子站的位置、人员、资金、直接对接、监督管理等独特优势，提高回收效率。在三十里堡街道设立中心回收站，负责对各涉农街道回收母站收集的农药包装、农膜等废弃物进行集中回收、储存。回收子站定期将回收的农药包装、农膜等废弃物送至各涉农街道回收母站进行统一管理，中心回收站定期对各涉农街道回收母站的回收物进行集中回收、储存和运输，并联系有资质的废弃物处置单位负责实施集中无害化处置。目前各回收站点正常运营，回收和处置工作顺利推进，实现了涉农街道回收站点全覆盖的网格化管理。2020 年至今，全区已回收农药包装及农膜等废弃物 200 余吨，其中农药包装物、农膜各 100 t 左右。2022 年市下达新区回收农药包装等废弃物 16 t、农膜等废弃物 40.5 t，农膜回收率 90%。2022 年回收农药包装和农膜等废弃物约 63.4 t，其中农药包装物 22.4 t、地膜和反光膜约 41 t，农膜回收率 90% 以上。

（3）着力根治水污染。为系统整治农村水环境污染，提升农村人居环境，新区开展了以生活垃圾处理、污水处理、农村安全饮水改造、农村户用厕所无害化改造等为重点的专项行动。

①生活垃圾处理方面，通过构建覆盖全区的农村生活垃圾处置体系，成立专、兼职扫保队伍，明确涉农街道的建筑垃圾暂存点，建立违法倾倒垃圾的监督、发现、举报、奖惩机制。通过农村环境净化整治专项行动集中开展生活垃圾清运，着力解决垃圾外溢、设施设备外观污损、摆放无序等问题，保障各类环境卫生设施及周边环境干净整洁。基本实现了"垃圾集中存放、专人收集、日产日清、村庄干净、环境整洁"的良好格局。2022 年农村人居环境整治中，共清理农村垃圾 24 万余吨，治理河道 72 万余延长米，清理水体 3 万余立方米，清理农村"三堆" 4.7 万个；持续开展"清河行动"，近三年累计清理河道垃圾 3.5 万余立方米。

②加大农村污水处理力度。2021 年建设农村生活污水治理设施项目 4 个，治理黑臭水体 8 处，推进 9 个行政村农村污水处理设施开工建设。2022 年完成 23 个行政村污水资源化利用以及 10 个行政村饮用水水源地治理等农村环境综合整治，农村生活污水治理率明显提高。

③在农村安全饮水改造方面，完成复州湾街道蔡屯村、炮台街道袁屯村安全饮水工程等 9 项续建工程建设，工程投资总计 402 万元。

④在农村户用厕所无害化改造方面，截至 2022 年底，新区共有在册农村无害化户

厕 55 356 座，涵盖 13 个街道（12 个涉农街道、大李家街道城子村），127 个村，共建成无害化厕所 55 835 座、农村无害化公厕 54 处，已基本涵盖了农村所有具备改厕意愿的各涉农村（社区）。在此基础上，新区积极争取上级资金，将全部在册无害化户厕纳入管护范围，对于在日常工作中发现的如防雨帽缺失、厕具灯具锁具损坏等问题立即组织维修，确保既有的农村环保设施发挥应有成效。

（4）河库管护"智能化"。金普新区于 2018 年在全省率先建成河库长制管理信息平台，并融入新区"城市大脑"，搭建河库信息高效处理渠道，实现了河（库）长制工作会议的关联文档信息及时有效整理归档，规范化方案实施、考核办法及标准、考核结果、责任追究实施的全流程处理，以及各责任单位之间河（库）信息的广泛共享，有效解决了此前存在的信息孤岛、数字鸿沟、沟通不及时等问题。为了进一步发挥平台作用，又外接了移动应用管理系统，实现了河（库）巡查信息即时采集，采集结果即时查看。将信息平台与目标责任制考核挂钩，各级河长的巡河次数、解决实际问题等情况在平台上一目了然。提升新区河库管理的现代化、智慧化水平。以青云河水库、大魏家河为示范的巡河库"智慧管理"系统已经进入试运行，该系统具备远程监控及 AI 学习能力，基于视频图像进行智能分析、大数据分析进而识别车辆闯入、人员闯入、偷倒渣土垃圾、污水排放、岸线乱占、采砂等违法行为，形成预警信息，实时推送到指挥中心的大屏和管理人员的手机上，管理人员可以直接通过语音广播系统对前端进行实时语音警示或迅速查看现场，及时处置。也可通过监控系统远程直观掌握河道清洁情况、雨情汛情、安全状况、排污情况等，实现 24 小时全天候监控。"智慧管理"系统极大提升了巡库巡河效率，让管理人员做到实时掌握河库水环境情况。该项目有效解决了河库管理难、污染源监控难、排污预警难问题，助力金普新区从源头推动污染减排、改善水环境，推进美丽河库建设，以点带线、以线带面，抓实示范建设，全面提升金普新区河库生态环境监管能力。下一步，金普新区将积极推进智慧水利建设，以"数字化、网络化、智慧化"为主线，构建具有预报、预警、预演、预案功能的智慧水利体系。

（5）河库管护物业化。大连金普新区共建有小型水库 41 座，其中小（1）型水库 6 座，小（2）型水库 35 座，总库容 3 029 万 m³。受历史条件和投入不足等影响，小型水库长期存在人员经费匮乏、运行管护缺失等难题。为破解这些难题，金普新区结合本区实际，先行先试，深入推进小型水库管理体制改革，努力探索实施水库物业化管理模式，使新区小型水库专业化管护水平实现全面提升。

①管护规范化。依托小型水库社会化管护队伍力量，组织相关专业人员对全区水库资料进行再梳理，完善 41 座水库《水库大坝安全管理（防汛）应急预案》《水库调度运用方案》等相关预案的编制，切实保障新区防汛指挥机构在指挥决策和防洪调度、

抢险救灾等工作中有据可依；建立日巡查机制，汛期每天至少巡查三次，遇降雨天气增加巡查频次，为确保汛期各水库能及时报汛，分三组合计 6 人专职监督库管员日常报汛；建立管理制度，通过现场授课、模拟演练等方式对库管员开展专业培训，进一步规范工程巡视检查、安全监测、操作运用和维修养护等日常管理活动，有效地提高了小型水库的管理水平。2022 年共更换水库标识 41 个、水库管理制度板 246 块，安装显示屏 5 块，推进小型水库管护规范化。

②养护专业化。引入大连河海水利水电勘测设计有限公司，明确管护责任和标准，形成"行业监管、物业公司落实"的管护链条。成立小型水库社会化管护专项办公室，办公室人员配置有博士、教授级高工、高级工程师等共计 41 人，水库管护、维养、巡查、汛期值守等日常管理工作交由专业物业公司统一管理，实现"专业的事由专业的人干"。汛前及汛期间，加强专家巡查，组织资深水利专家定期对水库两岸坝端、坝体等情况进行巡查，特别是汛期间重点监测大坝位移及高程，确保发现问题及时上报，并提出解决方案。2022 年，组织相关技术人员对 37 座水库进行维修养护工作，工程总投资 214.79 万元，整个汛期共组织专家对暴雨后水库出现的各种问题赴现场研判共计 54 人次，测算抗暴雨能力共计 128 次，保障了水库安全运行。

③管理智慧化。开发了金普水库管护 APP，将工程巡查上报、水库报汛、上传下达指令等由线下集中到线上，更加高效地完成记录、分析、报告和存档等工作；对 38 座小型水库安装坝面视频监控、溢洪道视频监控、自动水位监测站各 38 处，自动雨量监测站共 40 处，渗流压力监测站共 35 处，实现对水库雨水情、库区环境及钓鱼、游泳等违规行为远程实时监控；利用专业测绘无人机对库区进行全景、无死角、全域巡查及排查，对水库现状实时动态监测，采集高清视频影像，对重点区域进行测量正射影像拍摄，利用后期空三处理，形成 DSM 模型，对高精度模型数据进行重点分析，形成数字化管理数据档案。

（6）宣传引导，促进河库管护全民化。

①宣传对象针对性。针对不同人群特点，开展金普新区河长制进校园、进企业、进机关、进社区、进家庭、进集市"六进"宣传活动。针对新区 13 个成员单位，组织干部职工辅助基层"河长"监督河库"四乱"等治水护水工作；针对社区、企业，向 25 个街道发放《大连金普新区河（库）长制工作文件汇编》910 本、《辽宁省河长湖长制条例》500 本、大连市河长制宣传画 200 幅、金普新区河长制宣传画 1 700 幅，开展河湖长制知识普及培训、《辽宁省河长湖长制条例》宣讲活动；针对村民，组织全区 192 个水管员共进入 1 000 多家农户以面对面的形式耐心进行河湖长知识的宣传；针对学生，向新区教育文体局发放大连市河长制宣传画 100 幅、金普新区河长制宣传画 100 幅，由新区教育文体局在 111 所中小学全部张贴宣传海报，并加强中小学校生态文

明教育。

②宣传方式多样化。多阵地多形式进行宣传，利用"世界水日"、"中国水周"和"世界环境日"等活动日开展集中宣传；设立高速公路大型宣传牌 1 块、城区大型户外宣传板 8 块、社区（村）LED 滚动宣传屏 220 处，进行线下宣传；利用新闻媒体报道、金普河长/金普农业微信公众号、河长制工作微信群转发一些关于河长制的小知识、宣传视频等，开展线上宣传。

③引导护河治水"全民化"。与新区万里爱心会联合建立 20 名社会监督员队伍和 500 名志愿者队伍，在全区设立河长制公示牌 174 个，向群众公布河长信息、责任河段、举报电话等，通过媒体向社会公告河（库）长名单等，发挥社会大众监督作用；通过宣传教育，引导全社会参与河长制工作，全社会关心参与河湖保护治理的氛围日益浓厚，努力打造全民知晓、全民参与、全民共治、全民共享的良好格局。

2. 庄河市亮点

庄河市境内水系发达，共有 10 km² 以上河流 109 条，其中省管河流 9 条，贯穿全境 315 km，县管河流 29 条，约 563 km，乡村级河流 71 条，约 584 km；小（2）型以上水库 38 座。庄河市自 2018 年全面推行河长制工作以来，认真贯彻落实"绿水青山就是金山银山"理念，坚持精准施策、创新方法、统筹规划，努力打造工作特色亮点，稳步推进河长制各项工作顺利进行。

（1）督改结合，长期推进河（库）"清四乱"。由相关单位人员成立督查小组，并建立由庄河市主要领导和乡镇街道领导组成的微信工作群，每月对辖区内河道、水库管理进行督查暗访两次，若发现存在垃圾等"四乱"问题，拍成照片直接上传微信工作群，由市水务局会同市政府考核办公室，编辑并印发《政府督查专报》，并督促属地乡镇、街道、行政村、社区、农场、自然屯限时完成整改，督查结果与乡镇政府年终绩效考核挂钩。截至目前，已印发《政府督查专报》42 份，通过上下联动机制的建立，庄河市河库面貌持续改善。

（2）与住建局构建垃圾转运处理体系。自 2018 年 8 月，庄河市启动农村垃圾分类整治工作以来，全市农村垃圾分类工作有序推进，"五指分类法"成效已经凸显。农村生活垃圾"五指"分类方法是将垃圾细化分为五类：①可腐烂垃圾；②可燃烧垃圾；③可变卖垃圾；④可填坑垫道建筑垃圾；⑤有毒有害垃圾。为了加快推进美丽宜居庄河建设进程，庄河市委组织全市镇、村级干部赴新宾县考察，而后实行农村垃圾"五指分类法"具体实施办法，在村屯以农户为单位，实行垃圾就地分类处理：①可腐烂垃圾，农户可在院内自建小型沤肥坑，将可腐烂垃圾进行堆肥还田。②可燃烧垃圾，农户在自家灶坑焚烧，秸秆生物质也可还田利用。③可变卖垃圾，建议乡镇协调废品回收资源，在各村布设固定或流动回收站，及时回收，也可鼓励供销系统组建垃圾回收网络。④可填坑垫道垃圾，由村民根据村屯指导，主要用于村屯填沟平道或选址填埋覆土。⑤有毒有害等其他垃圾，村民可投放到自家门口垃圾桶，村屯定期收集转运到小城镇指定地点，再由相关部门定期转运，暂存处理。目前，庄河市已印发"五指分类法"宣传单 12 万余份，制作宣传板 4 万余张。全市 21 个乡镇共投入资金 800 余万元，清理积存垃圾万余吨，很多村屯面貌焕然一新。近年来，在大连市委、市政府的正确领导下，庄河市始终秉持"绿水青山就是金山银山"绿色发展理念，累计投入资金 10.54 亿元，持之以恒做好人居环境整治，以农村垃圾治理为抓手，深入实施农村环境整治行动和"百村示范、千村清洁"行动，经过长期实践和摸索总结，成功探索出"1945"长效清洁治理模式，实现垃圾源头减量与终端处理，定期清理与日常保洁紧密结合，有效破解了农村生产生活垃圾"老大难"问题。"1945"模式，"1"即 1 个企业——大连北黄海实业发展集团负责农村垃圾全程转运；"9"即全市 9 个固定和移动垃圾转运站，承接乡镇垃圾压缩任务；"4"即在小城镇推行垃圾"四分法"；"5"即在村屯推行农村生活垃圾"五指分类法"。通过推行"1945"模式，庄河市农村垃圾减量达到 71%，垃圾日处理量由 280 t 减少至 80 t，减少垃圾箱 500 个，垃圾治理达标村 165 个，占比 80%。2020 年，庄河市"'1945'模式破解农村垃圾难题"的经验做法，被农业农村部、国家发改委和中国经济信息社评为全国农村公共服务典型案例，获得推介，是东北地区唯一上榜案例。应继续推进农村垃圾处理，根治"老大难"顽疾。

（3）与农业农村局构建地膜回收养殖标准化建设。为了进一步做好庄河市畜禽养殖废弃物资源化利用工作，庄河市畜禽养殖废弃物资源化利用工作领导小组办公室印发了《庄河市年度畜禽养殖废弃物资源化利用工作方案》，部署年度粪污资源化利用重点工作，其主旨，一是指导乡镇针对粪污设施不完善的养殖场进行整改；二是组织各乡镇、街道开展畜禽规模养殖场粪污设施使用情况核查工作；三是深入实施粪污资源化利用整县推进项目，督促北黄海实业发展集团加快推进区域处理中心建设。庄河市 2022 年已将废旧农膜回收利用工作纳入污染防治攻坚战和农村人居环境整治行动中，通过不断健全废旧农膜回收机制来解决田间白色污染，延伸回收网络，规范管理流程，打通了废旧农膜回收工作的"最后一公里"，让田间地头减"白"护"绿"。2022 年度全市农用地膜使用核定 9.5 万亩，废弃地膜回收量达 550 多吨，庄河市 2022 年地膜覆膜面积较 2021 年覆膜面积减少 1.5 万亩，减量明显；开展全生物降解地膜试点应用工作，示范推广生物降解地膜 6 000 亩，从而系统性解决庄河市农膜使用回收痛点、难点问题。将农业面源污染从"收"到"治"，转而促进变"废"为"利"。下一步庄河市将继续推进农膜回收工作部署，促进全市面貌的积极变化，让废旧农膜回收理念深入人心。从规范管理流程入手，强化打通废旧农膜回收的"最后一公里"，重点推进农膜使用源头减量和全生物可降解地膜应用示范，让"一减一增"发挥积极作用。同时健全以奖代补、垃圾兑换超市等回收政策，有效提升庄河市废弃农膜等面源污染防治工作成效。农业面源污染防治工作主要有：

①持续推进化肥减量化，力争化肥使用量负增长。集成推广侧深施肥、配方施肥、种肥同播等高效施肥技术和配方肥、缓释肥、生物菌肥等优质肥料。做好取土化验、田间试验、利用率测算等基础性工作，加强数据管理与应用，及时发布区域肥料配方、施肥方案，引导企业按"方"生产，农民按"方"施肥。扩大有机肥施用范围，支持畜禽粪污等无害化处理后就近施用于农田、果园、菜园以及花卉基地等，实现种养有机结合。

②开展农药减量化行动，示范推广低毒农药替代、精准高效施药、轮换用药等科学用药模式。支持应用新型高效植保机械，鼓励发展专业化统防统治组织。继续实施赤眼蜂防治玉米螟项目，防治面积60万亩以上，促进统防统治与绿色防控相融合。强化科学安全用药指导，开展农民科学用药培训，指导农户对标对靶选药、适时适量施药，严格执行安全间隔期用药规定，严防违规用药，避免过量用药，不断提升科学安全用药水平，保障农产品质量安全。

（4）从源头抓起，严格排污口管理。为加强入河入海排污口管理，进一步改善河流水环境质量，庄河市扎实开展入河排污口规范整治工作，印发《庄河市入河入海排污口"一口一策"整治实施方案》，明确按照"查、测、溯、治"的工作步骤，对所有入河排污口实施"一口一档、一口一策"管理，切实做到"封堵一批、规范一批、治理一批"，建立"污染源—入河排污口—河流断面"之间的响应关系，在线监控企业与入河排污口相关联，有效提升工作效率，完成入河排污口整治138个。对英那河、湖里河及城东北泵房存在的垃圾、污水、鸡粪等污染水质问题开展调查，提出并落实管理要求，为确保庄河市国考河流断面达标建立长效机制奠定了扎实基础。对9个水源地乡镇、4座水库开展安全隐患大排查，协调水源地乡镇安装警示牌37个、界碑45个，有效化解占地纠纷、施工矛盾。饮用水水源地各项水质指标均高于国家标准，上级考核河流断面水质年均值稳定达标。2022年，为确保庄河市国考河流断面水质达标，对英那河、湖里河及城东北泵房周边垃圾、污水、畜禽粪污等污染水质问题开展调查，形成问题清单和整改报告，发现的75处问题全部在1周内完成整改。深入开展溯源关联工作，建立"污染源—入河排污口—河流断面"之间的溯源治理机制。为切实加强排污口监管，现场分析调度7个超标入海排污口相关问题，编制调查核实报告，拟定解决方案。完善入河排污口监管台账，持续对入河排污口信息进行动态管理。实现水环境安全、水资源清洁、水生态健康的良好局面。

◆**未来安排**◆

（1）河长制的重大突破是将党政一把手推向了河流水库治理保护的一线，同时借助一把手的行政职权协调相关责任单位，解决重大问题，而巡河工作是河（库）长履职的重要内容，巡河的成效一定程度上反映了河（库）长"有为"的结果。各级河（库）长严格按照《辽宁省河长湖长制条例》及《关于开展河（库）长巡河行动的通知》要求，熟悉"一河一档"信息，通过管理信息平台、河长制 APP 等技术手段，继续切实履行巡河职责，解决实际问题。

（2）提高政治站位和履职能力。各级河（库）长站在国家前途和人民利益的高度，把推行河长制工作作为一项重要的政治任务，从政治上分析、贯彻河长制这一重大创新制度，从政治上解决河长制由"制"向"治"转变中的问题。在实践中坚持强化组织领导，依据《大连市实施河（库）长制工作方案》、河长制 6 项制度及《大连市河库长巡查制度》等其他政策，认真贯彻落实辽宁省总河长令，落实"一河一策"中五个清单内容及省河长办要求细化实化的重点工作等，按照省市河长制"四位一体"考核内容不折不扣地履行职责。

（3）加强河长制工作机构建设。进一步充实从事河长制工作的人员，开展河长制业务知识培训，提高发现问题、解决问题能力，并能掌握防洪抢险、河库管理、水生态保护基本要领，建设素质高、能力强的队伍，提升服务各级河长、各责任单位履职的能力。市级河长办督促县级河长办在河长制工作经费、办公场所、办公设备配备等方面的保障落实，更好地推进河长制工作。市县两级河长办应结合实际，在人员不足不能完全对标省河长办组织机构设置的情况下，探讨更适合履职的组织机构建设。

（4）策划大项目系统治理保护河库。为大连人民谋幸福，把建设幸福河湖作为未来以河长制推进乡村振兴的重点。生态环境部明确了关于水污染的四个主要原因：污水不达标排放；畜禽养殖粪污排放；农业面源污染；河湖垃圾。大连市河长制工作将以四大原因为导向，深入分析实际问题，制定相应措施，将发展绿色生态农业，加速产业结构升级与转型，从源头利用生活污水、畜禽粪污、生活垃圾，发展循环经济等作为治污达标的治本之策，在部分区市试点成功基础上，力争三年内在全市范围通过发展循环经济（变废为宝循环利用）、生态农业等系统解决污染病根，实现"百姓富，生态美"的乡村振兴目标。进一步落实《关于 2022 年农药包装和农膜等废弃物回收与处置试点工作实施方案的通知》、《大连市 2022 年生物降解液态地膜应用试点工作实施方案》和《关于开展 2022 年度农药包装农膜废弃物回收处理和 2023 年度农膜使用核定统计工作的通知》，尝试将金普新区的成功经验在其他县（市、区）推广，进行标准化、规模化运营管理。市河长办与农业农村局、生态环境局等协同，在畜禽养殖粪污排放、农业面源污染等问题整治中，引入第三方社会化服务，科学制定措施方案，立项后纳入政府重点谋划开展的重大项目库中，融入非政府财政资金，走资源化利用道路。

（5）继续推进河长制综合信息管理系统、水库雨水情监测系统、防汛监控管理系统、水质监测系统"四大"应用系统适度融合，实现河湖管理向精细化、网格化管理转变，加快河库管理保护信息化、数字化、智能化建设，提高河长制工作效能。

（作者：常永超、郭贵军、张慧哲、于太源、王俊威、张庆崧）

4.3 鞍山市问题、经验及亮点

◆问题◆

（1）基层河长履职积极性仍需提高。个别基层河长对河长制工作认识程度不高，重视程度不够，未能有效履行属地河长职责。

（2）水环境质量考核压力较大。虽然目前鞍山市水质已经达标，但个别河段水质仍然脆弱。

（3）污水收集管网部分管段存在破损、雨污混流，农村生活垃圾处置体系未达到常态化运转，河道沿岸工业、农业生产生活污染源仍然存在入河风险等问题。

（4）河湖水域岸线历史欠账较多。河湖管理范围内存在未经审批的建设项目和特定活动，补办占河手续或拆除占用河道的违法建筑均需资金支撑，地方财政压力较大。

◆经验◆

（1）高位推动，落实"总览全局、协调各方"责任。市委、市政府始终把河长制工作作为一项政治任务常抓不懈。2022年，市总河长市委书记余功斌、市长王忠昆通过召开市委常委会议、政府常务会议、总河长会议全面部署河长制重大事项，多次召开专题会议听取河长制工作开展情况，推进解决重点难点问题，对重点任务和水环境问题作出了18次重要批示，共同签发了第2号《鞍山市总河长令》，与县级总河长签订了年度《河长制工作任务书》，压实属地管理责任。对辽河等河流开展了12次巡河，现场推动重点工程建设和难点问题化解。进一步加强河湖管护工作力度，对市级副总河长及河长进行了调整，市政府8位副市长全部纳入河长队伍，充实工作力量。市级河长充分发挥牵头抓总作用，主动了解责任水系河湖管护情况，并结合分管领域作出多次重点部署。市级总河长、河长坚持以上率下，不断压实河长制责任，激发各级河长发挥职能作用，深入抓实、抓细、抓牢河湖管护工作。截至目前，市级河长开展巡河34人次，县级河长开展巡河122人次，镇村两级河长巡河36 028人次。应对汛期19轮降雨，全市各级河长发扬"实战"精神，成功防御绕阳河1951年有实测记录以来最大洪水和辽河1995年以来最大洪水以及第12号台风"梅花"，累计转移群众6轮次，84 917人次，实现无一人员伤亡目标，17座中小型水库无一垮坝、重要河道堤防无一决口，实现河湖安澜、平稳度汛。

（2）坚持系统筹划，落实"组织协调、分办督办"责任。市河长办坚持做好市级河长的"参谋助手"和各单位的"桥梁纽带"，统筹各地区、各部门扎实做好河湖管护各项工作任务。一是强化组织协调。落实联席会议制度，围绕重点难点问题研究解决办法。落实信息报送制度，及时掌握各地区、各部门工作开展情况和存在的问题。二是强化检查考核。建立"四位一体"考核体系，在全省开创性实施市级直接面向乡镇的季度和月度考核工作，建立正反向激励机制，充分调动基层河长履职积极性。检查中推进整改问题 489 个。三是强化分办督办。联合市环委办组建重点流域水环境治理工作群，发现问题直接交办给乡级总河长，提高整改效率。四是强化垃圾整治。联合市人居环境办组织各地区进行拉网式排查、常态化清理，落实县、乡、村三级责任人1 737 名，清理河湖沿线合计 7 408 km，清理垃圾 3.93 万 m³。五是强化宣传引导。开展"寻找最美河湖卫士"主题实践活动，千山区唐家房镇乡级河长被评选为全国"最美河湖卫士"。落实河长制进党校常态化，推动河长制进校园，联合市少工委开展了"我是小河长"主题教育。在《鞍山日报》开辟专栏"鞍澜·鞍山市河长制巡礼"，刊登宣传文稿 21 篇。中央电视台《江河奔腾看中国》节目对辽河干流台安段进行了宣传，《中国水利报》刊登了鞍山市乡级河长观后感，《辽宁日报》刊登了河长制方面宣传稿件 2 篇。

（3）坚持目标导向，落实"突出重点、合力推进"责任。

①加强水资源保护。以严格管理为约束，强化最严格水资源管理。完成 2021 年度用水统计调查，全市总用水量 87 613.15 万 m³；完成全市取用水企业 520 家名录的审核，本级取用水户填报率 100%；开展年度计划用水管理工作，截至目前，市本级下达取水许可证许可水量 2 389.91 万 m³，申请计划及审批取水量 1 899.71 万 m³；完成市本级水资源费征收金额 60 万元，对水资源费征收做到应收尽收。2022 年全年用水总量预计控制在 9.5 亿 m³ 以内。

②加强水域岸线管护。全力推进妨碍河道行洪突出问题排查整治，完成 263 个问题整改销号工作。完成 970.76 km 5 级及以上堤防管理范围划定工作。配合省自然资源厅开展太子河、绕阳河、大洋河方案意见征集、资料收集等确权登记有关工作。完成三岔水库安全鉴定评价报告编制工作，完成 10 座小型水库雨水情测报和大坝安全监测设施建设，13 座小型水库实现专业化管护。实施海城市海城河、台安县小柳河、岫岩县青苔峪河等河道治理项目 7 个，治理河段 70 km，批复投资 1.65 亿。储备台安县辽绕运河等 4 个河道治理项目，批复投资约 1.43 亿。统筹推进石湖水库、千山水库项目前期工作。

③加强水污染防治。出台《鞍山市河流水生态环境质量管理问责办法（试行）》，

唤醒责任意识，推进守土尽责。完成 388 个排口规范化整治和 4 个典型入河排污口自动监控水站建设。计划投资 1.8 亿元，推进鞍山市达道湾和西部第二（光大）两座污水处理厂的提标改造工程，达道湾污水处理厂已开工建设；西部第二（光大）污水处理厂正在推进前期工作。目前，全市再生水产能 14.6 万 m³/d，再生水利用率达 17%，城镇生活污水集中收集率达 70% 以上，建成区内污水处理厂污泥无害化处置率达到 100%。完成城市排水老旧管网改造 85 km。推进 591 家养殖场（户）完善粪便处理设施或与有机肥场签订委托处理协议，70 家未达到粪便存储设施防水防渗要求的养殖场（户）停养。推进畜禽粪污资源化利用重点县项目，海城市完成 186 个规模养殖场、23 个散养密集区畜禽粪污收贮设施。台安县建设 129 家规模养殖场污水池、堆粪场，8 个分处理中心。目前，全市规模养殖场设施配套率达 99.82% 以上，资源化利用率达 91.48% 以上。

④提升水环境质量。全力推进南沙河判甲炉污水管网清污分流改造。实施运粮河市区段生态环境综合治理工程，总投资 3.2 亿元，通过截污管网建设、沿线吐口改造、河道清淤等工程措施，改善河流水质；通过修复沿线生态景观，打造生态蓄水、生态净化工程，建设运粮河公园，改善沿河生态和居住环境。强化农村生活垃圾处置体系运行监管，完成农村生活垃圾处置设施补短板项目前期准备工作。加强水域沿线道路清洁，清理边沟 753.6 km。有序推进 72 个省级美丽宜居乡村建设，完成 28 个村生活污水资源化治理、36 个村集中式饮用水水源地规范化整治。新建农村生活污水处理设施工程项目 11 个，累计在 43 个村建成农村生活污水处理设施 143 套。持续开展农村黑臭水体常态化排查整治，完成农村黑臭水体治理 28 个。全面加强 6 个县级及以上集中式饮用水源地隐患排查，推进 46 个乡镇级水源保护区勘界立标。目前，县级及以上集中式饮用水水源地水质优良比例达到 100%，全市 10 个国考断面和 7 个省考断面均达到考核目标要求，其中，国考优良水质断面 9 个，占比 90.0%（优于省考 80% 的目标）。

⑤重视水生态修复。投入资金 6 400 万元，完成辽河干支流河滩地封育 12 万亩。完成矿山生态修复治理 458.4 hm²，造林 2.285 万亩。加大小流域综合治理力度，争取省以上资金 1 240 万元治理小流域 4 条，治理控制水土流失面积 2 820 hm²。辽河台安段 11 km 的高标准堤顶路路网、500 亩稻田画、1 300 亩的湿地公园、1 700 亩的花海、张荒古渡等项目均已完成，花海景观与辽河治理项目形成的景观设施有效融合，台安辽河张荒古渡水利风景区被省水利厅评为省级水利风景区。

⑥加强执法监管。深入推进"河长＋警长""河长＋检察长"协作机制，强化公益诉讼和行刑衔接。全市 314 名河湖警长配合属地河长开展巡河 4 969 人次，发现并解决各类问题 305 件。积极推行"网格化"管护工作，全市 222 条河流、17 座水库设置

569 名网格长、1 389 名网格员。严厉打击江河湖库内非法采砂、非法捕捞水产品、污染河湖水质、盗窃水库养殖产品、盗窃及毁坏水利水文设施等违法犯罪行为，持续深入开展打击整治"沙霸""矿霸"等自然资源领域黑恶犯罪行为，公安、生态、水利、农业联合开展执法行动，打击涉河违法违规案件。截至目前，办理行政案件 20 起，办理非法采砂案件 4 起、非法捕捞案件 35 起、治安案件 5 起。

◆亮点◆

（1）水资源保护重源头。落实联席会议制度，联合市环卫办开展重点流域水环境治理；强化垃圾整治，拉网式排查，常态化清理，从源头上控制、减少污染源。

（2）水域岸线管护重坚持。大力推进妨碍河道行洪突出问题排查整治，完成 970.76 km 5 级及以上堤防管理范围划定工作。实施河道治理项目 7 个，治理河段 70 km。

（3）水污染防治重全面。出台《鞍山市河流水生态环境质量管理问责办法（试行）》，加强责任意识，推进各级河长守土尽责。加强排口规范化整治和入河排污口自动监控水站建设。推进污水处理厂的提标改造工程。提高全市再生水利用率，确保污水处理厂污泥无害化处置率达到 100%。完成城市排水老旧管网改造。推进养殖场（户）完善粪便处理设施或与有机肥场签订委托处理协议，关停未达到粪便存储设施防水防渗要求的养殖场（户）。提升全市规模养殖场设施配套率、资源化利用率。

（4）水环境质量重治理。全力推进污水管网清污分流改造。实施市区段生态环境综合治理工程，改善河流水质、沿河生态和居住环境。加强水域沿线道路清洁，清理边沟。大力推进省级美丽宜居乡村建设，推进村庄生活污水资源化治理、加强集中式饮用水水源地保护。加强农村生活污水处理设施工程项目建设。持续开展农村黑臭水体常态化排查整治，完成农村黑臭水体治理。全面加强集中式饮用水源地隐患排查，推进乡镇级水源保护区勘界立标。确保县级及以上集中式饮用水水源地水质优良比例达到 100%，国考断面和省考断面均达到考核目标要求。

（5）水生态修复重巩固。巩固辽河干支流河滩地封育成果。加强矿山生态修复治理。加强小流域治理，控制水土流失。推进辽河台安段 11 km 的高标准堤顶路建设，促进花海景观与辽河治理项目形成的景观设施有效融合，建设水利风景区。

（6）执法监管重程序。深入推进"河长＋警长""河长＋检察长"协作机制，强化公益诉讼和行刑衔接。推行"网格化"管护，严厉打击江河湖库内非法采砂、非法捕捞水产品、污染河湖水质、盗窃水库养殖产品、盗窃及毁坏水利水文设施等违法犯罪行为，持续深入开展打击整治"沙霸""矿霸"，公安、生态、水利、农业联合开展执法行动，打击涉河违法违规案件。

◆未来安排◆

一是强化基层河长履职尽责。深入推进河长制季度考核和月度考核,进一步细化完善考核措施,合理运用正反向激励机制,充分激发基层河长履职的积极性、主动性和创造性,真正从"一河之长"的角度去主动发现问题、解决问题,切实做好辖区内的河湖管护工作。二是强化水污染源头治理。进一步加强农业污染防治、污水收集管网等基础设施建设,推进垃圾收集转运体系常态化运转。建立健全和运行常态化的监管工作机制,加强污染问题溯源排查和整改,切实从源头上保护河湖水环境。二是强化河湖水域岸线清理整治。严格落实属地管理原则,压实政府主体责任,加大资金投入力度,按照河道管理权限依法依规补办占河手续,落实有效措施消除不利影响,确保河道行洪安全。

（作者：李玉其、余飞）

4.4 抚顺市问题、经验及亮点

◆问题◆

（1）河道倾倒垃圾行为屡禁不止。近三年抚顺市持续组织各县区对辖区河道进行垃圾清理工作,2020年全市累计清理垃圾6.05万m³,2021年全市累计清理垃圾4.73万m³,2022年全市累计清理垃圾5.01万m³,清理垃圾数量巨大。在河道日常巡查及专项清理过程中,发现河道卫生环境的薄弱环节主要集中在乡镇、村屯等沿河有居民居住的区域,桥梁、公路两侧的河道更是倾倒垃圾和废弃物的高发区域。产生乱倒垃圾的原因:一是部分群众的法律、法规和生态环境保护意识不强,垃圾随意堆放的现象时有发生;二是部分市民"图省事儿",直接将建筑垃圾倾倒在河道内,未送往指定垃圾处理厂;三是部分基层河湖长巡查不到位。

（2）河长制工作人员及经费相对不足。河长办是河湖保护的重要部门,全市河长办行政办事机构均设于市、县水务局（农业农村局）,日常工作除河长制相关工作以外,还需兼任河湖管理相关工作,工作任务繁重。同时,市县河长制工作经费得不到保障,河长制工作经费不足,导致河长制工作推进较慢,影响河长制工作开展。

◆经验◆

（1）建立健全河湖长制制度体系。市委、市政府把全面推行河长制湖长制作为重要政治任务、重点民生工程和生态文明建设的重要抓手,摆在突出位置。自2019年至2022年,每年市级总河长签发1次总河长令,并与省级总河长签订年度工作任务书,及时分解至河长制各成员单位,督促各级河长履职尽责。市政府召开专题会议,对河长制工作进行安排部署，推动河长湖长制落地见效。市级河长带头巡河，组织相关部门研究解决河道治理、保护和管理等方面突出问题。调整了市河长制办公室机构设置，由市政府分管领导同志兼任办公室主任，有效加强了河长湖长制工作的组织领导。按照省河长办工作要求，抚顺市出台了《抚顺市河长制工作方案》及各县（区）河长制实施方案，同时，不断完善相关配套制度，已形成河长会议制度、信息共享制度、信息报送制度、工作督察制度、考核问责与激励制度、验收制度等六项工作制度，确保了河长制工作高效推进。抚顺市严格执行河湖长制考核制度，市河长办制定并印发了《河湖长制考评实施细则》，2022 年又建立了对政府、部门、河长及河长办的"四位一体"考核机制，并对考核结果进行通报。市、县两级河长制办公室按要求对相关部门和下一级河湖长目标任务完成情况进行考核，对河湖长考核到个人。

（2）建立健全河湖长制组织体系。目前，市、县、乡、村四级河湖长制已全部建立，根据工作分工变动情况及时动态调整并在政府网站公示。目前抚顺市落实市、县、乡、村四级河长 1 046 名，其中，市级河长 9 名，县（区）级河长 47 名，乡级河长 317 名，村级河长 673 名。全市河流纳入河长制管理，实现全市全覆盖。河长制办公室作为市本级河长制工作的办事机构，协助市级总河长、副总河长、河长处理日常工作。负责全市河长制有关政策、制度实施的事务性工作，承担河长制相关综合服务工作。市级总河长由市委书记及市长担任，对抚顺市全流域河湖保护负总责。副总河长由常务副市长，分管水利、环保的副市长担任。河长办日常办公机构设置在水务局，成员单位由市委部门及市政府的相关单位组成。河长办主任由分管水利的副市长担任，副主任由水务局、环保局、住建局的主要领导担任。河长办工作人员全部由水务部门人员兼任。生态环境、农业农村、住建、公安等河长制各成员单位按照单位职责分工开展河长制相关工作，按照年度河长制工作要点、河长制任务书、年度考核量化指标等工作要求具体落实。2019 年，抚顺市在全省率先实现河道警长制，实现河道警长全覆盖。2021 年全市实施"河长＋检察长"协作机制，把河道保护公益诉讼纳入河湖管理，进一步突破了河湖管理的瓶颈，为河湖保护手段多样化添砖加瓦。发挥检察机关公益诉讼法律监督与河长制办公室监督协调职能作用，提升全市河长制办公室与检察机关协作配合的质效。

（3）扎实推进河湖长制工作。抚顺市委、市政府始终把保护和治理大伙房水源地作为重大责任和神圣使命，全面深入贯彻"绿水青山就是金山银山"的发展理念，以"保水质、防风险"为工作目标，持续加大水源地监管和执法力度，扎实开展水源地保护和治理工作，取得显著成效，2022 年大伙房水库上游 3 条入库河流达到国家 Ⅱ 类水质标准，大伙房集中式饮用水水源地水质达标率为 100％。

◆**亮点**◆

（1）**建立健全水源保护和监管工作机制。** 一是制定了《抚顺市大伙房水源一级保护区漂浮物清理处置联动工作机制》，进一步加强水库库区水面"清漂"及垃圾清运处置工作；二是制定了《抚顺市危险化学品运输车辆穿越大伙房饮用水水源保护区道路安全监管暂行规定》，为大伙房水源保护区内危险化学品运输执法工作提供了法规依据；三是制定了《抚顺市大伙房饮用水水源保护区常规化监督管理工作暂行办法》，完善了《辽宁省大伙房饮用水水源保护条例》在监管执行方面职责分工的不足。

（2）**巩固提升水源保护区日常监管和执法能力。** 一是依法开展巡查和监管执法，对水源一级保护区内封闭围栏、退耕土地及风险防范设施等加强日常巡查和监管执法，针对不法人员蓄意破坏一级保护区封闭围栏、野浴等行为，不定期开展现场执法，对不法人员实施拘留或处罚。2022年，联合执法共办理水源保护区治安案件11起，行政拘留16人，起到有效震慑作用。二是加强汛期大伙房水源保护区监管。组织开展河湖垃圾清理专项行动，以库区水面和消落区为重点，对垃圾、漂浮物、杂草及淤泥等污染物进行打捞和清除。三是按要求开展水源水质监测。2022年，在完成每月例行监测的基础上，在汛期期间对大伙房水库进行2次加密监测，全力做好水质监管和预警，保障饮水环境安全。

（3）**持续强化农业面源污染防治。** 一是推动化肥农药减量增效。全市测土配方施肥示范推广面积达到166.23万亩，测土配方施肥技术覆盖率达到90%以上。开展统防统治与绿色防控融合，基本实现每亩地化学农药施用量少施50～60 mL；推广绿色防控技术面积达到95万亩，采用高效低毒环保型农药，实现了农药利用率持续提高和农药使用量负增长。二是推动畜禽粪污资源化利用。狠抓规模养殖场粪污集中处理设施配套工作，全市畜禽粪污综合利用率达到77%以上，规模畜禽养殖场（户）粪污处理设施配套率稳定在95%以上。

（4）**持续提升基础设施处理能力。** 一是完成建设新宾镇1万t污水处理厂工程、清原镇污水处理厂扩能改造工程、南杂木镇污水处理厂扩能改造工程，三座污水处理厂水质稳定达标运行。二是完成建设新宾县生活垃圾填埋场日处理能力60 t固定式全量化渗滤液处理设备，完成0.3万t积存渗滤液处理工作。完成清原县垃圾填埋场改造工作，完成0.6万t积存渗滤液处理工作。

（5）**制度创新建设。** 2018年抚顺市全面推行河长制工作，制定并印发了《抚顺市河长制工作方案》及河长会议制度等六项工作制度。同时，为确保河长制工作高效推进，不断完善相关配套制度，2019年市河长办印发了《抚顺市河长工作督办督查制度》《抚顺市河长巡查工作制度》，2021年修订了《抚顺市联席会议制度》《抚顺市市级河长联络员单位工作制度》，2022年修订了《抚顺市河长制工作管理办法》。

◆未来安排◆

下一步抚顺市河长制工作将继续紧紧围绕水资源保护、水域岸线管理、水环境治理、水生态修复、水污染防治和执法监督等"六大任务",全面提升浑河水系防洪工程,继续做好浑河、富尔江等大江大河、险工险段治理;继续巩固黑臭水体治理成果,加强城市及乡村工业、农业和生活污染管控,加强入河排污口治理,保护好以大伙房水库为重点的水源地,巩固提升饮用水安全;持续强化浑河流域综合治理,持续推进水生态修复;强化市河长办指挥棒作用,以河长制工作为抓手,完善监督、考核机制,以河湖保护工作为重点,进一步强化警长、检察长在河长制工作中的突出作用。

(作者:国志鹏、潘旭、林鸿晨)

4.5 本溪市问题、经验及亮点

◆问题◆

(1)思想认识不足。党的二十大报告提出,坚持山水林田湖草沙一体化保护和系统治理,深入推进环境污染防治,持续深入打好碧水保卫战。但各地区、各部门存在思想认识不足问题,一些人认为河湖治理是水务部门的事,抓水系治理和生态环境保护主动性不足、创造性不够,这种错误想法需要转变。

(2)河湖治理还有短板。中小河流防洪体系还不健全,特别是流域面积200 km² 以下的小河道有待提升和完善。农村河湖面貌有待加强,河湖"四乱"问题影响水生态健康。河湖监管与行政执法还应继续强化,严厉打击各类涉河涉水违法行为,杜绝未批先建现象,进一步强化河湖岸线管控。

(3)资金投入单一。河湖治理工作资金投入需求巨大,而本溪市财政状况紧张,各部门向上争取项目和筹措资金的难度较大。目前,本溪市河湖治理工作所需资金主要依靠上级资金,即中央预算内资金和省级水利发展资金,而市、县两级地方配套资金占比很小,严重制约水系规划、项目储备及建设。

◆经验◆

(1)水资源保护。

①强化水资源刚性约束作用。全方位贯彻"四水四定"原则,持续实施水资源消耗总量和强度双控行动,市水务局会同市发展改革委组织制定了各县(区)"十四五"用水总量和强度双控目标并印发实施。预计全市用水总量控制在 3.45 亿 m³ 的目标内。预估 GDP 用水量比 2020 年下降 5.85%,万元工业增加值用水量比 2020 年下降4.98%。深入推进江河流域水量分配,严守水资源开发利用上限,根据辽宁省跨市河

流流域水量分配方案，印发了《本溪市水务局关于下达跨市河流水量分配份额的通知》，细化了本溪市境内太子河流域、爱河流域流经县级行政区的用水量分配份额。

②严格水功能区管理监督。全市共 17 个水功能区，水质达标率 100%。

（2）水域岸线管理保护。

①开展妨碍河道行洪突出问题排查整治工作。本溪市河长制办公室出台了工作方案，成立了工作领导小组，召开了培训会议，组织全市开展妨碍河道行洪突出问题排查整治工作。本溪市政府分管负责同志与市总河长分别召开专题会议和总河长会议，安排部署专项工作的落实。市政府常务会议专题听取本溪市工作进展情况汇报，强力推进问题整改销号。

②强化河道采砂管理。按照采砂规划开展河道采砂许可工作，2022 年未开设许可砂场。严格落实监管职责，强化对重点河段和敏感水域的巡查管理。推动河道砂石资源政府统一经营管理，编制了《本溪市南太子河等 14 条河流清淤疏浚砂石综合利用方案》，并经市政府批复实施。深入开展打击非法采砂专项整治行动，全市共对辖区内河流进行巡查 2 651 人次，累计巡查河道长度 18 528 km，查处非法采砂行为 7 起，处罚 6 人，罚款 22.9 万元。

③复核完善河湖管理范围划界成果。全市已完成 135 km 5 级以上堤防管理与保护范围划定工作。组织对 251 条流域面积 10 km² 以上河流管理范围划定成果进行了复核，结合本溪市河道实际，对 12 条河流的 37 处划界成果进行了调整。另外，市政府出台了实施办法，配合开展本溪县和尚帽自然保护区和浑江桓仁段省级重点自然资源统一确权登记工作，积极提供相关资料。

④强化岸线分区管控。严格依法依规审批涉河建设项目和活动，加强事中事后执法监管。

⑤加强水库除险加固和运行管护。2022 年完成三道河水库除险加固工程初步设计报告的批复工作和崔家街水库除险加固工程前期工作，全市 15 座小型水库雨水情测报和大坝安全监测设施项目全部完工，有 16 座小型水库全部实现专业化管护，形成运行管护长效机制。

⑥不折不扣完成河道治理任务。2022 年，本溪市新建中小河流治理项目 8 项，实施河道水毁工程 10 项，工程总投资 1.59 亿元，全部按照计划完成建设任务；续建河道治理项目 6 项，工程总投资 5.03 亿元，3 项工程完成建设任务，3 项工程完成验收。

（3）水污染防治。

①加强入河排污口监督管理。全面启动实施入河排污口规范整治工作，对全市入河排污口组织开展了排查、溯源、复核、建档、编码、立牌、整治、监测、规范化建设等项工作。按照"封堵一批、整治一批、规范一批"的原则，全市 837 个入河排污

口整治清单及"一口一策"已经完成 807 个。

②开展工业园区污水整治。全市 8 个省级以上工业园区污水处理设施均稳定运行，无在线监控运行不正常现象。

③推进城镇污水处理提质增效。更新改造城市排水老旧管网 266.19 km。其中，市政排水管网建设项目 27 个，建设市政排水管网 116.283 km，庭院排水管网建设项目 28 个，建设庭院排水管网 149.907 km。

④防治畜禽养殖污染。印发《关于做好 2022 年畜禽粪污资源化利用工作的通知》，指导畜禽粪污资源化利用工作，全市畜禽规模养殖场全部配套建有畜禽粪污处理设施并正常运转，117 家畜禽规模养殖场全部建立粪污处理和利用台账。继续压实属地管理责任和规模养殖场主体责任，以肥料化利用为主要方向，打通粪肥还田通道，全市畜禽粪污综合利用率达到 82.12%。

⑤控制农业面源污染。实施统防统治和绿色防控，建立健全农作物重大病虫害监测预警体系，通过利用现有大型植保机械、植保无人机等设备全面推进农作物主要病虫害绿色防控技术与专业化统防统治融合发展。建立省级农作物病虫害绿色防控技术示范基地 3 个，示范面积 6 000 亩，桓仁县成为国家级农作物绿色防控技术示范基地。实施化肥减量增效行动，安排肥料田间试验 35 个，推进智能化推荐施肥方法应用，测土配方施肥技术推广覆盖率达 90% 以上。

⑥控制水产养殖污染。积极开展生态健康养殖模式推广行动、水产养殖用药减量行动、水产种业质量提升行动。推广稻蟹综合种养试点项目，新增稻蟹综合种养面积 1 000 亩，总面积达 3 000 亩。探索工厂化循环水养殖技术模式，成功申报本溪市虹鳟鱼种质资源场建设项目。积极推进水域滩涂养殖证发证登记工作，做到应办尽办，全市共发放水域滩涂养殖证 37 个。

⑦持续推进船舶码头污染防治。开展船舶污染防治等重点风险检查，督促企业深入落实生态环境保护主体责任，严防船舶水污染物污染水生态环境。开展水运工作执法检查 6 次，督查检查 23 艘船、3 家（次）水运企业及 24 个（次）乡（村）镇政府的内业资料及责任制度落实情况。对两县海事部门及水运企业及渡口渡船的制度落实、垃圾排放、防污染措施及垃圾回收等内容进行检查。

（4）水环境治理。

①河湖考核断面水质达标。全市 12 个国控断面优良水体比例达到 100%，超额完成 8.3%。劣 V 类水体保持为 0。国家地下水环境质量考核点位水质达标，点位水质不恶化，总体保持稳定。

②巩固提升饮用水安全保障水平。3 个县级及以上集中式饮用水水源（桓仁水库、观音阁水库、"引细入汤"工程）水质达标比例 100%。

③巩固地级城市建成区黑臭水体治理成果。投资 20 万元在溪湖区彩屯河彩北段修建沉砂池，将污水引入城市污水管网。本溪市暂未发现新增黑臭水体，农村黑臭水体保持为 0。

④加强农村水环境综合整治。新建农村生活污水处理设施工程项目 20 个，已建设施正常运行率保持在 80％以上。完成 44 个行政村环境整治。编制完成了"十四五"期间本溪市农村生活垃圾处置设施建设规划，补齐本溪市农村生活垃圾处置设施短板。本溪县和桓仁县也按要求完成规划指引，基本完成农村生活垃圾处置设施补短板项目准备工作。

（5）水生态修复。

①开展北沙河健康评价工作，推进河湖健康档案建设，委托第三方机构编制完成了《北沙河健康评价报告》，并于 2022 年 11 月 3 日组织专家进行了评审。推进申报辽宁本溪大石湖·老边沟水利风景区为省级水利风景区，并于 2022 年 11 月 17 日通过省专家组评审。

②科学推进水土流失综合治理、系统治理、精准治理。2022 年共完成水土流失治理面积 62.41 km²，其中水土保持部门实施治理工程 6 项，治理水土流失面积 22 km²，全市水土保持率达到 88.42％。强化水土保持宣传，发放各类宣传资料 1 000 余套，散发传单 3 000 余份。

（6）执法监管。

①深入推进"河长＋"协作机制。市检察长与市级河长开展联合巡河，通过"河长＋检察长""河长制＋警长制"联合工作机制，进一步强化检察监督与行政执法职能的有效衔接和配合，持续实行重点工作协同推进、重要案件协同督导、重要工作信息互相通报、案件办理信息共享制度。市、县两级河湖警长办都制定了江河保卫战线区域警务协作机制。全市 303 条河流设立了河湖警长，实行网格化管控，设立网格长 129 人、网格员 318 人。对地形复杂的地区实现了无人机巡查，在重点河段、重点部位都安装了视频探头，建立视频监控室，实行网上日巡逻制度，市、县级河湖警长都按规定完成巡河任务。

②严厉打击涉河涉水违法犯罪。全市各级河湖警长与行政执法部门联合执法 160 余次，严厉打击非法采砂、非法捕捞水产品、破坏水利工程设施等涉河涉水违法犯罪活动，全市各级江河流域公安机关共破获刑事案件 73 起，打处 109 人，破获治安案件 41 起，治安拘留 22 人。

③按照要求完成国家河长制湖长制管理信息系统相关信息填报工作。及时填报河长制双月报和年报信息，按时更新河流、河长、"一河一策"、"一河一档"等基础信息。

④落实河长制考核制度,印发《本溪市 2022 年河长制考评细则》,建立政府考核、部门考核、河长考核和河长办考核"四位一体"考核机制。市政府又将强化河长制工作纳入了对县区政府和市直部门的考核内容。

(7)河长履职。2022 年,本溪市进一步完善市、县、乡、村四级河长体系,完成了 581 名河长及其负责河湖信息复核工作和 514 块河长信息公示牌的信息更新。分解落实"一河一策"方案(2021—2023)。对北沙河进行健康评价工作。签发了《本溪市总河长令》(第 4 号),部署河湖治理与管护工作。与两县四区签订了河长制工作任务书,压实属地责任。全年各级河长共巡河 17 725 次,解决问题 1 591 个,其中市级总河长巡河 4 次,解决问题 4 个,河湖面貌及水生态环境得到有效改善。

◆**亮点**◆

(1)在创建全国性治水试点方面成效明显。南芬区水系连通及水美乡村试点项目总投资 3.9 亿元,撬动周边民营资本 1.25 亿元,惠及水系整治区域范围内全部约 2.38 万农民。本溪县小汤河典型示范河流建设项目吸引 5 家投资方在沿河形成规模产业,在践行"生态立市"和"惠民富市"以及推动乡村振兴上,发挥了巨大的社会效益,成为撬动乡村振兴的新支点。

(2)桓仁县和本溪县分别获得水利部与省政府重大政策激励奖励,桓仁县受水利部奖励 1 000 万元,本溪县获省政府重大政策激励奖励 150 万元,用于河湖治理管护工作。

(3)辽宁本溪大石湖·老边沟水利风景区被评为省级水利风景区。辽宁本溪大石湖·老边沟水利风景区是国家 AAAA 级旅游景区、国家地质公园、国土资源科普基地和辽宁省科学技术普及基地,是中国枫叶之都的核心。风景区被评为省级水利风景区,对促进水资源保护与开发利用,强化水利与文旅深度融合,创建全域旅游示范区具有重要意义。

(4)水质持续稳定向好。根据统计数据显示,2022 年 1 月至 11 月,本溪市水质指数 3.39,排名全省第二;同比改善 14.42%,位列全省第一。

◆**未来安排**◆

本溪市将继续深入实施河长制,进一步强化河湖治理与管理保护,重点做好以下几方面工作:一是强化水资源保护。全市用水总量控制在 3.45 亿 m³ 的目标内。二是强化水域岸线管理保护。持续开展河湖岸线清理整治专项行动,完成排查发现的碍洪、"四乱"问题整改销号;实施 2 座病险水库除险加固工作;推进小汤河、草河等中小河流项目治理;逐步开展全市自然资源,包括河流的确权工作。三是强化水污染防治。加强对入河排污口、重点工业企业的监管,确保污水达标排放;推进城镇污水处理提质增效,实施彩屯河上游雨污分流管网项目;控制农业面源污染、水产养殖污染、畜禽养殖污染，全市畜禽粪污综合利用率稳定在 77% 以上。四是强化水环境治理。河湖考核断面水质达标；县级以上城市集中式饮用水水源水质达标率稳定在 100%；持续巩固地级城市建成区黑臭水体治理成果；加强农村水环境综合治理，健全农村生活垃圾处置。五是加强水生态修复。完成草河、富尔江河湖健康评价工作；深入推进水土流失治理，提升水土保持率。六是加强执法监管。强化"河长＋"协作机制，发挥警长、检察长在河湖管护中的作用；强化联合执法，严厉打击涉河违法行为；开展河长制监督考核，强化结果运用。

（作者：王玉婷、王浩、谷薪宇、郝玉鑫、迟忠国、孙秀川）

4.6 丹东市问题、经验及亮点

◆问题◆

（1）河长办的执行能力不高。河长制工作一定程度上存在水利部门"唱独角戏"的现象，虽然多次强调河长办是党委、政府的河长办，但河长办设在水务部门，相对于其他权力部门较为弱势，各项工作的推动力不足，在监督检查通报上缺少权威性、震慑力。许多部门就把河长制当作是水务部门的工作，不能积极主动地参与进来。

（2）各级河长办实际上承担了太多的管河职责，"组织、协调、分办、督办"职能被弱化。

（3）基层巡河护河力量不足，缺少专业技术过硬的管理队伍，目前丹东市村级护河员多为村水管员和库管员，工作任务多而杂，缺少河湖管护方面经验。

（4）缺少资金支持，随着河长制工作的不断开展及财政资金缩减，"一河一策""河湖健康评价""河长制系统运行维护"等项目资金不足，考核激励资金无法保障。

（5）近年来，一些农村地区生产生活所形成的垃圾没有能够得到妥善处理，所以经常被丢弃在河道中、山坡下、马路边等位置，随着时间推移及雨水冲击，垃圾进入河道，部分地区财政困难，有时无法组织清理或清理未达到预期效果。

◆经验◆

1. 健全河湖长制制度体系。

（1）市级河长主动开展巡河工作，2022 年度市总河长和市河长开展巡河 20 人次，县、乡、村三级河湖长巡河湖 3 万余人次，共发现和解决问题 1 800 余个。

（2）丹东市两位总河长共同签发了《关于加强河湖水域岸线管理保护保障河湖防洪安全生态安全的决定》（丹东市总河长令第 3 号），要求在全市范围内加强河湖、海湾水域岸线保护和污染防治，维护河道采砂秩序，保障河道行洪畅通，推动河湖海湾面貌持续改善。

（3）连年签订任务书，连续两年提请市总河长与各县级总河长签订河湖长制工作任务书，分级明确具体工作要求，压实各级党委政府、河长湖长和相关部门责任。

（4）近两年"河长制考评"与"大禹杯竞赛"深度融合，通过"四位一体"的考核方式，推动政府、河长办、河长、部门依法履职，全面做好年度河湖长制工作，纵深推动河湖长制"有能有效"，促进河湖长制和河湖治理保护工作迈上新台阶。

2. 完善河湖长制组织体系。

（1）目前，丹东市共有市、县、乡、村四级河长 1 263 人（包括各级总河长、副总河长及河长），其中市级河长 6 人，县级河长 36 人，乡级河长 454 人，村级河长 767 人。2022 年在丹东市政府门户网站更新并公告 2 次河长名录，2023 年已完成 1 次河长名录更新公告，及时落实好了河湖长动态调整和责任递补机制。

（2）丹东市河长制办公室日常工作机构设在市水务局，市河长办设有主任 1 名，由分管水利工作副市长担任；负责日常工作副主任 1 名，由市水务局局长担任；副主任 3 名，由生态、公安、水务副职担任；河长制成员单位 14 个。丹东市水务服务中心河长制工作部具体负责市河长办日常工作，现有工作人员 6 名，工作经费主要来自市水务服务中心。

（3）跨部门联动保障河长制工作。丹东市持续推进"亮剑斩污""蓝天碧水净土"等专项行动，护好绿水青山。一是各级农业农村、生态环境、住建、水利、公安、交通等部门协同开展畜禽养殖污染监测、农村垃圾集中整治、城市农村黑臭水体排查整治、文明城市创建、入河入海排污口整治、港口码头管理、美丽乡村建设、河流划界确权等工作，对河湖问题进行了集中整治，维护河湖健康与稳定，充分发挥了河湖长制的部门联动作用。二是丹东市河长制办公室各成员单位充分履行各自职责，通力合作，在省市总河长令宣贯、任务书落实、河长制考核等工作上，相互配合，形成全市强大合力，共同推进河湖长制工作全面开展。

（4）行政执法与刑事司法紧密衔接。丹东市深入推进"河长＋警长""河长＋检察长"协作机制，积极构建"河长＋法院院长"工作机制。2022 年市级河湖警长捆绑式巡河 6 次，发现并解决问题 5 个，河长、警长、检察长三长共治"四乱"问题 1 次，各级河湖警长累计巡河 3 696 次，发现和解决各类河道乱象和安全隐患 336 件。

（5）全市江河保卫系统共破获非法采砂类刑事案件 6 起，采取刑事强制措施 15 人，移送起诉 12 人；破获非法捕捞类刑事案件 24 起，采取刑事强制措施 37 人，移送起诉 81 人；破获污染河湖水质案件 5 起，采取刑事强制措施 5 人，移送起诉 10 人。公安部门联合水行政执法部门执法 12 次，巡查 40 次，办理 12 起行政案件，罚没款 64.82 万元。

3. 部门联动取得显著成效。

（1）扛起主体责任，建设幸福宜居城。近年来，东港市先后启动大东沟水系生态景观综合治理工程和城市内河综合治理工程 PPP 项目，坚决打好污染防治攻坚战。项目总投资 12.99 亿元，随着污水处理厂二期工程正式完工并投入使用，城区污水处理率达到 95％以上，彻底消除了大东沟"黑臭"现象，建成区内河流域水环境大幅提升。昔日的"臭水沟"，如今已蜕变为环境优美的生态景观长廊。

（2）政府购买服务，集中清理农村垃圾。东港市在农村垃圾清理工作中采取政府购买服务形式，统一对农村垃圾进行清理，并且在每个乡镇设立一名监督员，对存在垃圾现象进行监督，发现问题及时上报，发现一起，清理一起。宽甸县青椅山镇通过政府购买服务的方式，将全镇的环境卫生（包含河道垃圾）清理交由具备条件的企业承担，通过集中住户设置一个垃圾箱，垃圾专用收集车负责日常收集、转运，最终运输到垃圾场综合处理，这种环境整治的有偿服务切合时宜，成果明显。

（3）充分发挥部门联动作用。

①在农村垃圾集中整治方面，为推动各级河湖长和相关部门履职尽责，建设健康美丽幸福河湖，有关部门下发了《丹东市河长制办公室关于开展 2023 年河湖垃圾清理专项行动的通知》，制定了《丹东市河湖垃圾清理专项行动工作方案》，要求各县（市）区对河湖管理范围内垃圾进行彻底分类清理，按照"可回收"和"不可回收"分别建立转运体系，建立沿河乡镇、村屯垃圾清运管护长效机制，确保河道内无垃圾，明确水利部门负责牵头做好实施方案编制、检查督导、总结验收、信息报送等工作；财政部门负责做好专项资金落实等工作；住建部门负责做好河湖周边乡镇垃圾日常收集与处理等工作，并协助做好城市河湖保洁工作；农业农村部门负责做好沿河畜禽养殖污染防治等工作。

②在黑臭水体整治方面，根据丹东市人民政府印发的《丹东市城镇污水处理提质增效三年行动实施方案》文件要求，五条城市内河（花园河、五道河、白房河、九道河、北部山区截洪沟）配备市级河长 1 名，县区级河长 5 名，乡镇级河长 11 名，均已实现每条黑臭水体配备河长的计划。近 3 年来，市级总河长、副总河长针对黑臭水体问题进行了 10 余次专题巡查，目前，城市内河黑臭水体已基本消除。同时以考核为抓手，加大整治力度，"处理城镇生活污水""治理城市建成区黑臭水体"两项工作均已纳入了 2019 年、2020 年《丹东市河长制年度考核方案》。近 3 年"污水处理提质增效"工作不仅列入了考核任务，更是纳入了市县总河长签订的河长制工作任务书中。

③在入河排污口整治方面，丹东市河长制办公室组织生态环境、住建、农业农村、水利等部门制定《丹东市入河排污口规范整治工作实施方案》，成立丹东市入河排污口规范整治工作领导小组，明确工作职责和工作任务，生态环境部门负责提出规范整治

清单及要求，并具体指导企事业单位排污口整治工作；住建部门负责配合排污口整治单位做好所辖市政雨污混合排污口整治工作；农业农村部门负责指导畜禽养殖和水产养殖排污口整治工作；水利部门负责就入河排污口对取水、防洪等影响提出整治意见，指导整治工作；财政部门负责配合整治主体，通过申请专项资金、市场化运作等多渠道筹措资金；其他部门按照职责范围做好配合。按照"查、测、溯、治"的工作步骤，对全市流域面积 10 km² 以上河流的入河排污口实施"一口一档、一口一策"管理，切实做到"封堵一批、规范一批、治理一批"，推进从污染源到排入水体的全链条管理和山水林田湖草系统治理，努力实现水环境安全、水资源清洁、水生态健康的良好局面。

④在协作机制方面，深入推进"河长＋警长""河长＋检察长"协作机制，积极构建"河长＋法院院长"协作机制，市河长制办公室与市人民检察院共同签署《关于充分发挥检察公益诉讼职能协同推进河（湖）长制工作的意见》。"河长＋检察长＋警长"协作，"江"保护进行到底，共同针对丹东市部分河流进行了联合巡查，运用检察公益诉讼监督职能，助力河湖监管治理的新模式，共同守护河湖生态环境。联合巡查，以发现违法围垦河流、在河道内违法种植阻碍行洪的高秆作物、擅自填堵，破坏江河的故道、旧堤、原有工程设施及擅自调整河湖水系、河道垃圾等情况为重点，对凤城市边门镇饮马河、草河城镇草河、大堡镇爱河及八道河、东汤镇民生河的具体情况进行巡查。联合巡查不仅是对往年市检察院与市水务局联合开展的河道垃圾整治专项活动进行了一次"回头看"，也是对即将到来的汛期安全进行的风险隐患排查；这为今后"河长＋检察长＋警长"护河长效机制发挥作用，为共同推动形成检察公益诉讼参与河道生态治理和保护的工作新格局奠定了协作基础。立足"河湖长＋检察长"协作机制，深入开展"我为群众办实事"，争当创城"排头兵"。丹东市人民检察院联合市水务局，开展以"保护河湖生态，助力全国文明城市建设"为主题的创城志愿服务活动。在活动现场，市检察院和市水务局志愿者分成若干个小组，对五道河沿岸垃圾进行清理。志愿者们不怕脏、不怕累，捡拾河道垃圾，部分志愿者对附近居民进行了关爱河湖、珍惜河湖、保护河湖的宣传。通过此次志愿者服务活动，让群众进一步了解了创建文明城市以及生态环境公益保护的重要性与必要性，引导营造"人人关注、人人支持、人人参与"的河湖环境保护氛围，让市民积极参与到河湖生态环境保护与文明城市创建中来，携手共建"河畅、水清、堤固、岸绿、景美"的美好水环境，共同推动形成河道生态治理保护与检察公益诉讼监督工作新格局。

⑤在专项执法方面，组织开展打击非法采砂专项行动。丹东市公安机关江河保卫战线以开展"昆仑行动"为支点，强力推进非法采砂专项整治行动，持续开展了丹东市公安机关江河湖"清四乱"攻坚行动、打击整治"沙霸""矿霸"等自然资源领域黑恶犯罪专项行动、严厉打击黑恶势力的"四霸"专项行动，推进了辽宁省河道非法采

砂专项整治行动及辽宁省严厉打击非法取用地下水专项执法行动、"守山护水"打造生态宜居城市专项活动，推动丹东法治化营商环境建设，统筹推进江河保卫工作，守护丹东绿水青山。2022 年度，全市江河保卫系统共破获非法采砂类刑事案件 3 起，打掉涉恶团伙 1 个，采取刑事强制措施 6 人，其中移送起诉 3 人。联合水行政执法部门办理 2 起行政案件，罚没款 7 万元。组织开展打击非法捕捞、盗窃水产品等违法犯罪，水务治安分局结合全地区水域地理特点和工作职责，认真研究渔业方面的法律法规和地方性规定，坚持"以打开路，以打保稳"的工作思路，积极组织开展打击非法捕捞、盗窃水产品等违法犯罪专项行动。每年 5 月份，丹东会迎来鳗鱼苗从入海口洄游入内河，届时丹东市公安局联合市农业农村局在鸭绿江开展"护鳗"专项行动，全面保护丹东市江河湖天然水域水产资源。连年开展"护鳗断链"行动，严厉打击非法买卖、收购野生鳗鱼苗的活动，以"零容忍""零懈怠"的姿态，实现丹东地区非法捕捞鳗鱼苗"零发案"。行动期间，全市各级公安机关共出动警力 2 700 余人次，警车 1 000 余台次，在重点地段开展巡逻"护鳗"工作。"护鳗"期间，共劝阻驱离在禁捕地段捕鱼钓鱼人员 253 名，现场嘱教 21 人，并移交农业农村局处置，放生各类鱼类 700 余尾。2022 年度，全地区公安机关共破获 6 起非法捕捞、盗窃水产品类案件，打掉犯罪团伙 2 个，采取刑事强制措施 11 人。严厉打击污染河湖水质违法犯罪行为，全市公安机关江河公安部门充分发挥在打造"生态宜居"方面的主力军作用，加大对河湖水生态环境的治理保护力度，积极开展打击污染水环境犯罪活动。

◆**亮点**◆

（1）丹东市不断提升生态治理体系和治理能力建设水平，颁布了《丹东市河道管理条例》，建立实施以排污许可制为核心的"一证式"固定污染源监管制度体系，严格落实风险评估、生态补偿、生态环境损害赔偿等制度，为推动河道砂石规模化、集约化统一开采，以丹东市人民政府办公室名义印发《丹东市河道砂石统一经营管理实施方案》。

（2）依托视频专网，助力精准打击。目前丹东水务公安的水务战线视频监控平台建设全部完成，同时制定并完善了相关制度，设置专人值守，实现 24 小时网上巡查。其中，重点河、湖、库、砂场及重要路口视频探头 1 230 个为网上日巡逻必查点位。如案件需要，可借助指挥中心平台随时调取其他相关探头，以追查案件相关车辆轨迹。自网上巡逻以来，发现可疑线索 320 余条，为侦查破案提供有价值线索 18 条，尤其在护鳗专项行动、打击非法采砂专项行动方面起到了调度监控作用。视频监控网上巡查使得公安数据应用更贴近实战、服务实战，同时也延伸了针对涉水违法行为的监管触角。

（3）构建立体化巡逻防控。为解决地点偏远、交通不便、人车难以到达、常年处于盲点盲区的江河湖流域的巡查问题，实现对全地区河道问题的"早发现、早处理、早解决"和主要江河湖能够被全覆盖、无死角的巡查，市局及各县区局（除受空中管制的区局外）通过购买服务的形式或使用本部门专用无人机全部实现无人机巡河，每月至少巡查两次，全地区无人机巡查 42 次，多次发现有价值线索并移交相关部门处理，为侦查破案提供有价值线索 3 条。

◆未来安排◆

丹东市河湖长制工作虽然取得了一定成效，但还应在跨区域河流监管、强化考核激励机制、提升基层河长和部门责任意识等方面，下力气统筹研究解决存在的问题。下一阶段，丹东市将严格按照《辽宁省河长湖长制条例》《河长湖长履职规范（试行）》开展工作，压紧压实各级河湖长和相关部门责任。充分发挥好河湖长制协作机制作用，推动相关流域上下游、左右岸、干支流联防联控联治。完善基层河湖管护队伍，健全河湖巡查管护体系，打通河库保护的"最后一公里"。不断完善河长制考评机制，优化河长制工作激励措施，不断探索河长、政府、部门、河长办"四位一体"考评模式，发挥好"指挥棒"和"风向标"作用。未来将继续围绕"持久水安澜、优质水资源、健康水生态、宜居水环境、先进水文化"目标，推动城市水系连通等水利基础设施建设，实现涉水事务监管法治化、常态化、规范化、智慧化。预计到 2025 年，水旱灾害防御能力明显提升，水资源配置格局明显优化，水资源节约集约安全利用水平明显提高，重点河湖水生态环境状况明显改善，涉水事务监管体系不断完善，丹东水安全保障能力明显提升，初步建成以水旱灾害防御、水资源优化配置、河湖健康、农业农村水利、水治理现代化为支撑的水安全保障体系。

（1）重点区域防洪问题基本解决。一是全面提高防洪减灾能力，提高防洪能力的同时兼顾改善和促进河道生态环境，努力恢复河道健康。爱河、大洋河主要河段农村段防洪标准达到 10 年一遇，重点中小河流主要河段防洪标准达到 10 年一遇；丹东城市老城区、新城区涉及的鸭绿江及内河防洪标准达到 100 年一遇以上；三个县（市）城市防洪标准达到 20～100 年一遇。坚持防汛抗旱两手抓，完善防旱减灾体系，强化防汛抗旱应急管理，完成一村一井抗旱应急备用水源工程建设；加强防汛抢险队伍专业化建设，组建专业人员与群众相结合的防汛抢险队伍和抗旱服务队；加强防汛抗旱物资储备及管理，及时维护及清点抗旱物资储备；洪涝灾害年均损失率控制在当年 GDP 的 0.55% 以下，干旱灾害年均损失率控制在当年 GDP 的 0.45% 以下。二是全面开展防汛抗旱非工程措施体系建设。建成以水情、雨情、工情、旱情、灾情信息采集为基础，通信传输为保障，计算机网络为依托，决策支持软件为核心的全市防汛抗旱指挥系统；以提高江河泄洪能力和全市抗旱能力，编制河道、水库、城市洪水风险图和山洪灾害、干旱风险图，建立完善的洪旱预警系统和科学的防汛抗旱预案方案体系等为主的洪旱风险管理体系；以防汛抗旱责任、制度、素质、能力、办公现代化等组成的防汛抗旱组织机构能力体系；以及标准体系、安全体系、建设管理体系、运行维护体系相结合的保障体系。到 2025 年，全面建成丹东市防汛抗旱非工程措施体系，形成防汛抗旱非工程措施与工程措施共同支撑的现代化的完整的综合减灾体系，全面提升丹东市防汛抗旱减灾能力。

（2）水资源节约集约利用水平与保障能力显著提升，全社会节水护水惜水意识明显增强，水资源与人口经济均衡协调发展的格局进一步完善，重点供水工程向产业所在地延伸。继续进一步加强最严格水资源管理，实行用水总量控制，统筹城市发展、农业灌溉及生态环境用水需求。2025 年全市用水总量控制在 11.38 亿 m^3 以内。全市万元 GDP 用水量下降 12%、万元工业增加值用水量较 2020 年下降 8%，农田灌溉水有效利用系数提高至 0.593。推进工业节水工作，积极推进重点行业、重点企业的节水工作，有计划地对造纸业、纺织业、印染业高耗水企业的用水改造，做到一水多用，提高工业用水的重复利用率、回用率。以提高水资源的可持续利用能力和利用效率为核心，到 2025 年初步建立节约为先、保护有效、配置优化、开发合理、利用高效的水资源供给保障体系，水资源供给满足工业化、城镇化、农业现代化的发展需要，城镇和农村饮水安全得到保障；基本建立城市备用水源体系，进一步提升突发性水污染事件应对能力；节水总体水平接近或达到中等发达国家水平；水资源得到有效管理和保护。

（3）加快河（湖）长制度体系建设，全面推进水生态环境保护和修复。继续深化河长制建设，根据水利部《关于推动河长制从"有名"到"有实"》的要求，将持续发挥好河长巡河的强大作用和各级河长办综合协调、监督考核职能。继续集中开展河湖"清四乱"行动，深化河流清洁行动，"十四五"期间逐步实现从"清河"到"治河"转变。继续做实"一河一策"，统筹开展系统治理，探索生态河道整治，划定河道管理范围，形成一套接地气、可复制的治理模式，进一步推广完善河长制信息平台。将继续营造全民监督氛围，以东港市南部地区平原河流为落脚点，兼顾湿地自然保护区特色，以宽甸县、凤城市山区段河流及自然保护区为着力点，以鸭绿江水生态保护、大洋河水系保护治理为先行示范，打造亮点，力争"十四五"期间河道"四乱"问题全部解决，形成一套行之有效的先进河道管理模式。

（4）农村水利设施保障升级。进一步加强农业节水，围绕乡村振兴战略，加强农业农村水利建设，保障供水安全、粮食安全。在巩固脱贫攻坚成果的基础上，通过提质增效与乡村振兴有效衔接，基本实现城乡供水同质同标、服务均等。持续推进大中型灌区续建配套与现代化节水改造，加强灌排工程体系改造，改善耕地灌溉条件，提高灌溉供水保障率，增强粮食综合生产能力。基本完成全市大中型灌区农业水价综合改革工作。有效解决小水电生态环境突出问题，促进小水电科学有序可持续发展，全面推进绿色水电改造。做好水库移民后期扶持工作，到 2025 年全市水库移民人居环境显著改善，基础设施和基本公共服务进一步完善，移民村社会治理能力得到提升，移民产业升级发展深入推进，收入水平持续增长，移民平均生活水平达到所在县级行政区农村居民平均水平，实现库区和移民安置区的经济社会与当地农村同步发展。

（5）涉水事务监管体系基本建成。以建立现代化水治理体系、提升水治理能力为目标，进一步健全水法规体系、水规划体系、计划及组织保障体系、水监督与考核体系、智慧水利信息化辅助体系，行业监管法治化、规范化、常态化、智慧化基本实现。河长制湖长制法治化、长效化推进，主要河湖水域岸线得到有效管控，重要河湖（库）水域岸线监管率达到 80％。水文水资源、河湖生态、水土流失、水灾害等监测预警体系基本建立，实现生产建设项目水土保持监管全覆盖。最严格水资源管理考核体系逐步完善，完善取用水监测信息系统建设，水资源节约、保护、开发、利用、配置、调度等各环节得到全面加强。大中型水利工程安全监测全覆盖，水工程运行管理安全规范，水工程安全风险防控能力明显提升。推进水权水价水市场改革，建立用水权初始分配和交易制度，推进市场化交易。政府主导、金融支持、社会参与的水利投融资机制进一步完善。水利人才队伍进一步优化，人才发现培养体制机制基本建立。探索创建水利科技平台，水利数字化智慧化水平显著提升。加强文化传承，构建以界河为主题的水文化体系，推进界河水文化建设。纤纤不绝林薄成，涓涓不止江河生。2023 年，是实施全面振兴新突破三年行动的首战之年，丹东市将以贯彻习近平总书记在辽宁考察时重要讲话精神为契机，坚持学习党的二十大精神，进一步提高思想认识，扛起生态文明建设的使命担当，以人民为中心，以更大决心、更大力度，不折不扣把河长制各项工作任务落实到位，全方位保障丹东水安全，努力为江城人民创造更优质的水生态环境。

（6）加强河长制办公室建设，构建区域流域治理的协同机制，建议河长办在业务方面，从具体的管理事务中剥离出来，专注于"组织、协调、分办、督办"主业，这是发挥好河长办职能的根本所在。

（7）建议针对乡村河湖管理保护开展专题培训，详细讲解全国村级河湖管护典型案例，并对村级河湖长、巡河员如何履职尽责进行阐释说明，同时希望上级政府能够加大资金投入，早日成立乡村级专业巡河队伍。

（8）建议上级部门能够加大资金投入，在下达工作任务的同时，给予一定的资金支持。

（9）河湖本身并不生产污水和垃圾，造成水质污染、环境破坏的主要根源在河外，因此河道保护管理工作必须立足"固本清源、由表及里"方能事半功倍、长治久安。河道垃圾清理之后的下一步工作就是避免农村居民再次向河道中倾倒垃圾。显而易见，村民过去之所以向附近河道中倾倒垃圾，是因为村庄中的垃圾收集设施和设备还不够完善。农村生活垃圾产生比较分散，近年来为了加强农村地区生活垃圾治理，国家推出了"村收集、镇转运、县市处理"模式，但有很多地区仅在一村设置了一个垃圾收集点，有的居民因为距离较远还是会采取往常的丢弃方式，效果并不好。因此，市河长办在结合全市农村人居环境整治工作及"千村美丽、万村整洁"行动上，与有关部门商议，坚持以人为本的原则，在征求广大村民意见的基础上，适当在沿河两岸多设置一些垃圾收集点或垃圾桶。同时结合河长制工作安排，市河长办计划在沿河两岸人口密集地方设置警示牌及宣传牌，争取早日形成百姓爱河、管河的氛围。

(作者：杨晓晨)

4.7 锦州市问题、经验及亮点

◆**问题**◆

(1) 锦州市水资源供需问题凸显，锦州市人均水资源量 454 m^3，是全省人均量的56%、全国人均量的 1/5。地下水超采致使水源地海水入侵，威胁锦州市城区供水安全。

(2) 锦州市水资源水质受到人为污染，主要有工业废水、生活污水、固体废物和农业污染等。

◆**经验**◆

(1) 健全河长制制度体系。全面推行河长制，是以习近平同志为核心的党中央从加快推进生态文明建设、实现中华民族永续发展的战略高度做出的重大决策部署，是促进河湖治理体系和治理能力现代化的重大制度创新，是维护河湖健康生命、保障国家水安全的重要制度保障，也是党中央、国务院赋予各级河长的光荣使命。锦州市委、市政府全面贯彻落实《关于全面推行河长制的意见》，自 2017 年开始全面推行和实施河长制，全市 240 条河流、24 座水库全部设立了河长、警长，实现了河长制"有名"。各级河长履职担当，自觉护河，做到守河有责、守河担责、守河尽责，实现了河长制"有实"。每年召开总河长会议、河长办会议、河长会议和联席会议，发布总河长令，签订河长制工作任务书，部署重点工作，解决重大问题，形成了重要情况亲自调研、重点工作亲自部署、重大方案亲自把关、关键环节亲自协调、落实情况亲自督导的良好局面，着力破解河长制落实过程中存在的巡而不问、巡而不作、巡而无方、巡而无效问题。以三年为设计周期，两次编制"一河一策"治理和管理保护方案，上线河长制信息管理系统，不断完善"一河一档"，复核公示四级河长信息，设立河长制公示牌，加大培训宣传力度，开展重点河湖健康评价等，基础工作开展扎实有效。锦州市相继制定了《锦州市实施河长制工作方案》《锦州市河长制实施方案》《锦州市河长制考核方案》《锦州市河长制工作管理办法》《锦州市全面推行河长制建设美丽河库三年行动计划》等指导性文件，建章立制工作全面完成。

（2）完善河长制组织体系。按照省委、省政府统一部署，先后成立了市县两级河长制办公室、警长制办公室，实现了河长警长联动，建立了"河长＋检察长""河长＋法院院长"创新机制。经水利部中期评估，锦州市率先在全省完成了"四个到位"，即工作方案及相关政策落实到位、组织体系和责任落实到位、相关制度和政策措施到位、监督检查和考核评估到位。不断完善组织体系，优化河长制工作机构，将政府直属的锦州市水利事务服务中心调整为市水利局所属，整合执法队伍，在全省率先完成河长制办公室"提格"，由市政府分管水利工作副市长担任办公室主任。

（3）推进河湖综合治理。坚持以人民为中心的发展思想和"绿水青山就是金山银山"的发展理念，大力推进"三河共治、三山共建、两环一带建设"。自 2014 年 4 月治理工程启动以来，对小凌河及其支流女儿河、百股河实施全面生态治理，现已成为辽西地区规模最大、标准最高、功能最全的生态带、文化带、旅游带、休闲带、安全带"五带合一"的城市水景区，沿河建有 88 座运动广场、43 座健身广场、21 座亲水平台等休闲场所和宪法广场、锦州历史文化墙暨"锦州赋"文化景观墙、地域文化景观区、市民讲堂、万人水上文化演艺广场等沿河文化景观。滨河路五期工程、辽西北供水配套工程、锦凌水库移民及验收等工作逐步完成。通过几年的不懈努力，把生态优势逐渐转化为百姓看得见、摸得着、感受得到的绿色福祉。

（4）取得显著成效。经过多年治水管水，锦州市河库管理保护成效显著：

①水资源保护。实行最严格水资源管理，全市用水总量控制在 10 亿 m³ 以内。

②水域岸线管理保护。统一谋划、统一划界，全市 10 km² 以上河流全部完成划界工作，形成"水利一张图"。累计清理河库"四乱"问题 340 个，完成东沙河、西沙河、女儿河、细河 4 条重点河流岸线保护利用规划。

③水污染防治。完成全市 372 个入河排污口信息数据收集和台账建立，近两年累计查处取缔"十小"企业 19 家；畜禽养殖环境监管率达到 20％以上；锦州市城区第一、第二、第三污水处理厂及凌海市、北镇市、黑山县、义县、沟帮子经济技术开发区污水处理厂稳定运行；港口数量不再增加；继续运行船舶污染物接收、转运及处置联合监管制度；规模养殖场粪污处理设施装备配套率达到 100％，畜禽粪污资源化利用率达到 92.61％；全市测土配方施肥技术覆盖率达到 95％以上；主要粮油作物病虫害统防统治覆盖率达到 43％以上，绿色防控示范区覆盖率达到 46％以上，农药减量化持续推进，主要农作物农药利用率达到 41％以上。

④水环境治理。全市 9 个国考河流断面优良水质比例为 66.7％；17 个"千吨万

人"以上饮用水源地水质全部达标；已建农村生活污水处理设施的 50 个村运行率达到 82%。

⑤水生态修复。巩固辽河、凌河流域 17.4 万亩封育成果，确保封住、管得严。

⑥执法监管。近两年累计打击涉河、涉水刑事犯罪 67 起，与行政执法部门联合执法 81 次；完成河长制管理信息系统一期、二期建设，实现省市互联互通，不断完善考评机制。

⑦水源地管理保护。锦凌水库工程是省政府"十二五"期间建设的重大水利基础设施项目，也是事关锦州防洪安全、供水安全和可持续发展大局的重大民生工程。锦凌水库目前已逐步实现锦凌水库防洪、供水及生态多重效益。一是锦凌水库积极发挥了防洪、削峰和调节洪水泄量的作用，保证了水库工程安全和下游人民生命财产安全。二是实现了工业供水，日供水量为 1.2 万 t。随着锦凌水库净水厂工程建设完工，供水能力逐步达到 25 万 t/d，大大缓解锦州市用水问题，进一步发挥供水效益。三是锦凌水库每年向下游放水约 3 000 万 m³，为小凌河流域下游生态用水提供保障，有效改善下游生态环境。

（5）制度创新建设。除按照省河长办统一部署，出台了《锦州市河长制工作管理办法》，建立"河长＋警长＋检察长＋法院院长"工作模式外，锦州市在制度机制创新上也有所突破。一是经市委、市政府研究决定，出台了《关于加强小凌河、女儿河、百股河河道综合管理的意见》，进一步明确了"三河"管辖范围划定和部门工作职责，建立了"三河"境内全域长期有效的生态环境安全管理措施和机制，保障人民生命财产安全和改善城市生态环境。二是《锦凌水库饮用水水源保护条例》于 2019 年 11 月 20 日锦州市第十六届人民代表大会常务委员会第十八次会议通过，2020 年 3 月 30 日辽宁省第十三届人民代表大会常务委员会第十七次会议批准，根据 2020 年 11 月 10 日锦州市第十六届人民代表大会常务委员会第二十四次会议精神，建立水源保护目标责任制和考核评价制度，实现了"让锦城人民喝上放心的水、纯净的水"的要求。三是建立了河长制联防联控机制，不断加强了各部门间的联系沟通和协调配合，更好地整合各部门职能，形成治水合力。

◆**亮点**◆

（1）利刃出鞘，守护好锦城百姓的"生命之源"。2023 年 2 月，锦州市河长办、河湖警长办组织市生态环境保护综合行政执法队、市公安局江河保卫支队、市水利局综合行政执法队对锦凌水库一级保护区内小凌河上正在动工的违建便桥进行了集中拆除，由于拆违工作反应迅速，最大限度减少了水面污染，给锦城百万人口饮用水安全提供了强有力的保障。此次行动得益于锦州市河长办、警长办集中办公、河库信息共享的巨大优势，同时为今后联合处理河库违法行为起到震慑作用。

（2）护航"市场主体"，助力"三年行动"，锦州江河在行动。为全面贯彻落实省委实施"全面振兴新突破三年行动"和全市"市场主体年"，锦州市河长办、警长办开展了一系列活动，用实干护航"市场主体"，用实绩助力"三年行动"，为了确保锦凌水库安全运行，市河长办与河湖警长办共同对坝区开展巡逻和安全隐患大排查。春季河流冰面逐渐开化，为严防坠冰溺水事故的发生，锦州市河长办与河湖警长办共同对沿河公园进行巡逻，对冰钓和滑冰人员及时劝离，共同守护好人民群众的生命安全。2023 年 6 月，市河长办、河湖市警长办在凌海市公安局和开发区公安分局的配合下，开展小凌河"清网行动"，对河道中的"绝户网"、地笼子等违规渔具进行集中清理销毁。本次联合行动共出动公安民警和行政执法人员 25 人，执法车辆 8 辆，橡皮艇 1 艘，共清理并销毁禁用渔具地笼网 145 串，1 015 延长米。本次行动得到了现场群众的一致好评，对违规捕捞人员形成了有力震慑，为打击淡水水域违规捕捞行为、保护锦州市淡水渔业资源起到了积极作用。锦州市将积极发挥河湖警长网格化管控作用，继续加大对淡水水域违规捕捞行为的打击力度，为加强锦州市生态文明建设贡献力量。

（3）义县河长制工作亮点。

①开展打击水事违法行为宣传活动。2023 年 3 月，县河长办、县水利局开展打击水事违法行为宣传活动。出动宣传车辆 10 辆、宣传人员 15 余人。前往大凌河、细河流域沿线的各乡镇村屯进行宣传，并利用大喇叭循环播放《关于对河道管理范围内妨碍行洪的建筑物、构筑物进行清除的通告》《关于严禁在大凌河、细河封育区内开荒种植的通告》《关于开展打击盗采砂石违法行为专项行动的通告》，让宣传内容深入人心。工作人员还在各村委会公开栏、主要道路两侧、重点河段等区域张贴通告，向百姓发放宣传单，讲解相关法律法规，大力营造保护水土资源和生态环境、开展节约用水、全面推行河长制的良好氛围。

②昼夜巡河全力打击整治盗采砂石违法行为。义县水利局深入贯彻落实党的二十大精神，积极践行习近平生态文明思想，针对当前河道治理中存在的问题，从 2023 年 3 月起，开展为期三个月的专项治理行动，全力守护大凌河生态安全，向盗采砂石、破坏封育、拦河违建等阻碍行洪行为宣战。工作中，县水利局组建 30 人的水政执法巡逻队伍，分片开展昼夜巡河，及时发现问题、处理问题、解决问题，依照《中华人民共和国水法》及义县人民政府《关于对河道管理范围内妨碍行洪的建筑物、构筑物进行清除的通告》《关于严禁在大凌河、细河封育区内开荒种植的通告》《关于开展打击盗采砂石违法行为专项行动的通告》，严厉打击涉河违法行为。此次专项行动秉承增加巡逻密度、扩大巡逻维度、加大打击力度原则，全力维护义县河道顺畅、河岸整洁、水域安全，整治各种违法行为，打造优美生态环境。截至目前，共办理非法采砂案件 5 起，破坏水土保持案件 1 起，其中 3 起已结案，共罚款 5.65 万元；3 起正在依法依规

办理中。发现疑似违法案件 3 起。

③水管员培训会议。2023 年 3 月，义县水利局分别在城关街道、七里河镇、大榆树堡镇、高台子镇、头道河镇五个乡镇设立会场，召开义县 2023 年乡镇水利站、村级水管员培训会议，对全县水利站长、244 名村级水管员进行了全方面的业务培训，会议收到了较好的效果。在培训会上，县水利局副局长田华就河长制工作进行了培训，明确了水管员在应对河道清理"四乱"、河长制公示牌管护、日常巡河、担任乡镇河长、担任村级河长等工作中的职责。县水利局副局长马宇就水管员选聘条件及程序、农村供水工作中水管员的职责与任务，何为涉水违法行为以及与涉水违法相关的法律条文进行详尽的解读，对水管员在发现涉水违法案件线索及案情发生时应该如何处理和如何履职进行了明确阐述。县水利事务服务中心副主任王连军就防汛抗旱、移民、水保工作进行培训，强调了水管员在汛期的值班值守、巡堤查险、组织抢险转移救灾，抗旱工作中的旱情调查、水源工程巡查，移民工程和水保工程的日常养护等工作中的职责。

④增设河道监管公示牌，制作巡河手册。在全县 85 条中小河流新设立河道监管公示牌 262 块，明确职责分工，发挥社会监督作用，为解决涉水问题提供了有力的支撑。县河长办为增强各级河长以及河长制工作人员履职能力，为义县 239 名巡河员"量身定制"巡河工作手册。

⑤重拳出击河库"清四乱"，打胜垃圾清理保卫战。按照《辽宁省河长制办公室关于开展 2023 年河湖垃圾清理专项行动的通知》（辽河长办〔2023〕3 号）、《锦州市 2023 年河库垃圾清理专项行动方案》（锦河长办〔2023〕1 号）要求，为充分落实河长库长制监督管理作用，推进水污染防治，改善水环境，维护河湖健康，切实解决河道脏乱差等突出问题，不断提高河道生态环境整体状况，义县河长制办公室制定了《义县 2023 年河库"清四乱"及垃圾清理整治专项行动方案》，结合实际情况，县水利局抽调各股室的 12 名业务人员，分成 4 个组，分两次于 2023 年 4 月、5 月对全县 18 个乡镇（街道）的 85 条中小河流河库垃圾及河长履职等问题进行全面排查。截至目前，义县开展河库垃圾专项整治活动，累计清理河道垃圾 7 万 m³ 左右，河道垃圾存量逐年减少。做到发现一处、清理一处，做到"河道无漂浮物废弃物、河岸无垃圾、河中无阻碍"的河道常态化。

◆未来安排◆

一是加强河长制日常管理。推动各级河长履职尽责，强化河长警长检察长联动和部门协同，紧抓河长制基础性工作，完善上下游、左右岸联防联控机制，增强基层河库管护队伍力量，打通河库保护的"最后一公里"，逐渐形成群管群护、群防群治的工作格局。二是强化河长制督导检查。采取明察暗访相结合、以暗访为主的方式，强化常态化监督检查，跟踪督促河库问题整改。借助纪检监察，政府督查，人大、政协监督等力量，畅通公众反映问题渠道，形成监督合力。三是完善河长制考评机制。优化河长制工作激励措施，不断探索河长、政府、部门、河长办"四位一体"考评模式，发挥好"指挥棒"和"风向标"作用。四是持续加大治水力度。既要注重当前需求创造"显绩"，更要注重为长远发展创造"潜绩"。推动河长履职尽责，按照"行政区域全覆盖、大小河库全覆盖、责任落实全覆盖"原则强化四级河长巡河。着力破解历史遗留问题，防范重大风险，按照省委、省政府统一部署，持续开展河库"清四乱"攻坚行动和辽河流域综合治理。巩固水污染防治攻坚战成果，制定并实施重点河段断面水质"保三控劣"整改方案，抓好入河直排口、畜禽养殖粪污直排入河、河道内无序建坝截水等问题整治。全力保障供水，落实全省水资源配置。推进涉河设施和工程建设，加强城镇（园区）污水处理环境管理和污水处理提质增效，协同推动区域再生水循环利用试点。全力推动涉河工程建设管理规范化、标准化、现代化，保障工程高效优质建设实施。

（作者：张弛、高阳、刘延山）

4.8 营口市问题、经验及亮点

◆**问题**◆

（1）责任意识仍需强化。各级河长履职还不够规范到位，考核激励与问责机制仍需强化，区域协同部门联动机制尚需完善。

（2）防洪隐患尚未根除。河道管理范围内的阻水片林、企业、房屋、桥梁等历史遗留问题较多，情况复杂，妨碍河道行洪突出问题清理整治难度大。

（3）岸线管控仍需加强。河湖岸线保护利用规划约束仍不到位，侵占河道、非法采砂等违法违规行为仍时有发生。尤其是妨碍河道行洪突出问题排查整治工作进展速度缓慢。

（4）水环境治理任务艰巨。河湖水环境仍不稳定，城镇生活污水处理能力不足，排污口整治任务还很艰巨，化肥使用量仍然较大，农村生活垃圾入河现象仍然普遍。

◆**经验**◆

1. 水资源保护

完成"强化水资源刚性约束作用，用水总量、用水效率控制目标达到年度考核要求"目标任务。用水总量控制指标 9.05 亿 m^3，非常规水源利用量 0.1 亿 m^3，万元地区生产总值用水量较 2020 年下降率 4.98%，万元工业增加值用水量较 2020 年下降率 4.13%，农田灌溉水有效利用系数 0.521，控制目标达到年度考核要求。完成

"2022 年全国重要水功能区水质达标率达到年度控制目标"任务。

2. 水域岸线管理保护

（1）完成"开展妨碍河道行洪突出问题排查整治工作"目标任务，严格按照时间节点要求完成清理整治任务。持续清理整治河湖"四乱"问题，推进"清四乱"工作常态化、规范化。水利部通过卫星遥感图片发现营口市存在相关疑似问题共 419 处，后经营口市复查核查，积极向上沟通协调，最终认定问题 186 处，认定问题已全部完成整改，严格按照时间节点要求完成清理整治任务。自查"四乱"问题 48 处，全部整改完成销号，推进"清四乱"工作常态化、规范化。

（2）完成"强化河道采砂管理"目标任务。落实河道采砂管理责任制，推进河道采砂规划审批，加快采砂计划审查，严格采砂许可。推动河道砂石规模化、集约化统一开采，推进政府统一经营管理。加强河道疏浚砂综合利用管理。开展河道非法采砂专项整治，推动建立河道采砂管理长效机制。持续开展采砂专项行动，市水利局、公安局、生态环境部门联合实施涉水案件联防联控工作机制，通过联合巡查、调查、办案、审查，强化涉水行政和刑事司法衔接，强化河流水域岸线管理保护。

（3）完成"复核完善河湖管理范围划界成果"目标任务。超省进度完成全市 140 条流域面积 10 km² 以上河流划界工作，委托第三方机构，复核划界成果工作，积极配合省机构落实"水利一张图"标注工作。营口市自然资源局充分利用已有河湖划界成果，开展本辖区内水流自然资源确权登记；配合完成辖区内由国家、省直接开展的登记项目。

（4）完成"强化岸线分区管控，严格依法依规审批涉河建设项目和活动，加强事中事后执法监管"目标任务。深入贯彻执行《辽宁省河道管理条例》，依法依规审批涉河建设项目和活动，对已批复的涉河建设项目加强水利工程施工及验收管理岸线监管工作。对已建水利工程严格按照省厅时间节点要求进行完工验收，并加强工程后期管理工作，从而更大发挥工程效益。

（5）完成"加强水库除险加固和运行管护"目标任务。完成石门水库除险加固项目前期初步设计批复工作，项目于 2022 年 9 月开工建设，已完成 4 500 万元年度建设任务目标。完成泉大、杨屯水库除险加固建设和竣工验收任务，完成 24 座小型水库雨水情测报和大坝安全监测设施建设任务，辖区内小型水库全部实现专业化管护覆盖率 100%，形成运行管护长效机制。

（6）完成"流域面积 3 000 km² 以上主要支流治理、流域面积 200～3 000 km² 中小河流治理、山洪灾害防治等防洪工程建设年度目标任务"。营口市碧流河（大寨—宋堡桥段）河道治理工程、熊岳河（背阴寨—黄哨段）河道治理工程、太子河（含大辽河）营口市城区营口港上游东端至大兴村段防洪治理工程、盖州市大清河（石门西—

英守堡段）河道治理工程、大石桥西大清河（刘家沟桥至盖州交界）河道整治工程、营口市碧流河（靠山屯至苇塘）段河道治理工程，共完成治理河长 50.84 km，落实资金 33 508.38 万元。完成 12 个重点城（集）镇山洪灾害调查评价工作、鲅鱼圈区危险区动态管理清单编制、3 处自动雨量站改造、13 处自动监测站（RTU）改造、15 处简易雨量站建设等山洪灾害防治非工程措施项目。

3. 水污染防治

（1）完成"加强入河排污口监督管理，持续推进入河排污口排查整治，完成入河排污口'一口一策'整治及规范化试点年度任务"。营口市固定污染源排污许可证核发：排污许可证质量抽查比例达到 40% 以上。

（2）完成"开展工业园区污水整治"目标任务。完成省级及以上工业园区污水集中处理设施建设，污水集中处理设施稳定达标运行。营口市 10 个开发区均已建设污水集中处理设施或依托城镇生活污水处理厂处理废水。目前月监测数据显示，污水处理厂在线监控设备运行正常且无超标排放。

（3）完成"推进城镇污水处理提质增效"目标任务。完成排水管网建设改造 48.21 km，其中市级 11 km，鲅鱼圈区 5.33 km，站前区 26.3 km，盖州市 5.58 km。

（4）完成"防治畜禽养殖污染"目标任务。一是制定印发《营口市农业农村局关于做好 2022 年畜禽粪污资源化利用工作的通知》，积极指导畜禽养殖废弃物综合利用，并提供行业服务。二是联合市生态环境局印发了《营口市畜禽养殖污染专项整治工作方案》，配合生态环境部门开展重点环节专项整治工作。三是开展专项督导，并将发现的问题通报市生态环境局。四是加强粪污处理和利用台账管理，印制发放资源化利用台账、明白卡 4 000 份。五是全市直连直报系统畜禽粪污资源化利用率达到 87.93%，规模养殖场粪污处理设施建设率达到 100%。

（5）完成"控制农业面源污染"目标任务。实施统防统治和绿色防控，推广测土配方施肥技术，提高科学用药和施肥水平。一是农药减量化工作情况：全市设立 5 个省级植物疫情监测点，大石桥市建设 0.3 万亩省级水稻绿色防控示范区、0.3 万亩市级水稻绿色防控示范区，盖州市建设 0.05 万亩苹果绿色防控示范区。全年完成实施科学安全用药技术面积 0.5 万亩次，农药利用率提升至 41%。二是化肥减量增效工作情况：全市共开展 10 个化肥减量增效田间试验，实施化肥减量增效"三新"升级示范推广面积 8 万亩次，科学施肥促进节本增效。新增测土配方施肥技术推广面积 0.4 万亩次。

（6）完成"控制水产养殖污染，推行健康养殖方式，积极推进水域滩涂养殖证发证登记工作，实现应发尽发"目标任务。营口市推广绿色生态的农渔发展模式，新增稻渔综合种养面积 5.5 万亩。建设完成海水尾水污染治理试点 1 处，推进尾水治理试点示范。恢复渔业资源，持续开展渔业资源增殖放流，有效恢复了营口市渔业资源。

推进水域滩涂养殖证发证登记工作，实现应发尽发，营口市发证面积 8 522 hm²，发证率为 91％。依托营口市大石桥南美白对虾及其他水产养殖科技特派团项目，完成旗口、沟沿、虎庄、石佛、高坎、水源 6 个实验点及示范点建设工作。

（7）完成"落实港口规划、控制港口数量，落实好涉河码头的污染物接收转运及处置设施运行等工作"目标任务。一是贯彻落实《营口港港口、码头和船舶污染物接收转运及处置设施建设方案》《营口市港口船舶污染物接收、转运及处置联合监管工作机制》，强化营口港口船舶污染物接收转运相关工作的监督管理，扎实开展港口船舶污染物接收、转运监管工作。2022 年，作业船舶 19 艘次，接收转运生活垃圾 3.54 m³；接收转运生活污水 1.6 m³；接收转运含油污水 1.8 m³。每次转运开始前，均向海事机构进行申报，接收转运工作由专人专车负责，全程严格执行船舶污染物接收相关规定。二是 2022 年度，出动航道工作船完成水上沿海、内河航道巡查共计 6 次，巡查里程 483 km；出动执法车辆完成航道陆上巡查 8 次，巡查里程 850 km；线上网络视频巡查 39 次。通过多种方式航道巡查的开展，保障辖区航道通畅。

（8）完成"河流水域继续运行船舶（渔业船舶除外）污染物接收、转运及处置联合监管制度并按要求组织联合执法检查，加强对内河船舶防污染设施设备配备使用、防污染证书文书及船舶污染物接收作业现场的监督检查"目标任务。一是认真贯彻落实船舶污染物接收、转运及处置联合监管制度。修改完善《船舶污染物接收、转运和处置监督管理工作须知》，进一步明确工作职责、工作程序、工作要求等，不断提升管理能力。向《营口市港口船舶污染物接收、转运及处置联合监管工作机制》编写牵头单位发送了《营口海事局关于建议修改〈营口市港口船舶污染物接收、转运及处置联合监管工作机制〉的函》，积极推动并协助开展机制修改完善工作。二是定期组织开展船舶污染物接收、转运及处置联合监督检查。每季度组织生态环境局、交通运输局及住房和城乡建设局开展联合检查，通过系统核查、现场检查等方式对辖区船舶污染物接收单位落实联单机制情况进行监督检查。2022 年度，共开展联合检查 4 次，发现并督促纠正问题 5 项；共开展系统报告核查 39 次、月度备案核查 12 次，发现问题 4 项，已督促相关单位整改。三是加强内河船舶防污染设施设备配备使用、防污染证书文书及船舶污染物接收作业现场的监督检查。重点关注船舶防污染证书配备、防污染作业人员操作程序、防污染设备设施状况等，对存在的问题进行及时整改。组织开展内河船舶水污染防治专项整治行动，摸排调研了辖区内河船舶的基本信息、防污染设施设备配备情况、船舶常规动态等，组织开展了集中检查。2022 年度，共开展内河水域船舶防污染现场检查 21 艘次、纠正问题 3 项，船舶污染物接收作业现场抽查 13 艘次，查处违法行为 1 起。

4. 水环境治理

（1）完成"河湖考核断面水质达标"目标任务。营口市涉及国考断面共 8 个，1—11 月监测数据均值，达到或优于Ⅲ类水体比例为 100％，劣Ⅴ类水体比例为 0，完成考核目标。国家地下水环境质量考核点位水质达标，点位水质不恶化，总体保持稳定。

（2）完成"巩固提升饮用水安全保障水平"目标任务。营口市 7 个县级及以上集中式饮用水源，水质状况均达标，达标率为 100％。

（3）完成"巩固地级城市建成区黑臭水体治理成果，开展县级城市建成区黑臭水体排查整治"目标任务。营口市建成区七条黑臭水体已全部治理完成，按照河长制工作要求，加强日常巡河检查，并定期开展水质检测，各项水质指标均合格，无返黑返臭现象；开展农村黑臭水体常态化排查，省生态环境厅通报的 15 条黑臭水体，已按照省生态环境厅要求全部完成治理。

（4）完成"加强农村水环境综合整治"目标任务。营口市 10 个开发区均已建设污水集中处理设施或依托城镇生活污水处理厂处理废水。目前月监测数据显示，污水处理厂在线监控设备运行正常且无超标排放；配合美丽示范村建设完成全部 45 个美丽示范村农村污水的有效治理和管控，45 个村已全部实施了管控措施。

5. 水生态修复

（1）完成"开展辖区内重点河流（湖泊）健康评价，推进河湖健康档案建设；持续推进水利风景区建设和高质量发展"目标任务。开展完成营口市大清河重点河流（湖泊）健康评价，因地制宜，推进河湖健康档案建设，持续推进水利风景区建设和高质量发展。

（2）完成"以提升水土保持率为目标，科学推进水土流失综合治理、系统治理、精准治理"目标任务。2022 年营口市 8 个小流域水土保持综合治理工程治理控制面积 53.1 km^2，总投资 2 814.3 万元，其中，中央投资 274 万元，省财政 2 066 万元，其余 474.3 万元为地方配套。截至目前，完成投资 2 788.5 万元，占省以上投资的 100％，达到省厅要求的 95％目标。

6. 执法监管

（1）完成"深入推进'河长＋警长''河长＋检察长'协作机制，强化公益诉讼和行刑衔接"目标任务。一是不断提升巡河巡视打击整治力度。在整合视频探头基础上实行网上日巡逻制度，对非法采砂重点河段进行反复巡查，防止出现滥挖、滥采现象，保证了地区涉河涉水领域的社会治安稳定。积极调动各地完善"河长＋警长""河长＋检察长"协作机制，加大常态化打击整治力度，充分发挥信息员、网格化管理员、情报员的作用，利用信息化手段为打击整治提供有力支持，充分调动各地派出所参与河湖警长制工作的积极性，目前已取得良好效果。二是进一步深化河湖警长制工作。河湖警长完成巡河任务，按规定解决相关问题。仅 2022 年全市共出动警力 600 余次参加巡河巡视活动，破获刑事案件 6 起、刑拘 3 人、取保候审 3 人、打掉非法采砂团伙 1 个；无人机参加巡河共计 100 架次；会同各级水利、林业、环保等主管部门联合巡视巡查 80 余次；移交行业主管部门查处涉河涉水安全隐患 20 处。

（2）完成"严厉打击涉江河湖库内非法采砂、非法捕捞水产品、污染河湖水质、盗窃水库养殖产品、盗窃及毁坏水利水文设施等违法犯罪行为"目标任务。营口市特制定《营口市公安局严厉打击非法盗采、非法倒卖、非法使用、污染地表地下水资源专项整治行动方案》《营口市公安机关打击整治部分重点地区非法盗采砂石等矿产资源行动方案》。重点针对地表水、温泉水的安全管理整治工作和以 20 个派出所为责任单位的保青山护绿水涉河涉水违法乱象的重点整治工作。有效遏制涉河涉水违法乱象的发生，全力开展守青山、护绿水，坚决打赢营口碧水蓝天保卫战，打造生态宜居自然环境。持续深入开展打击整治"沙霸""矿霸"等自然资源领域黑恶犯罪行为，深挖细查其背后"保护伞"，全力维护河湖治安秩序稳定。

（3）完成"继续完善、应用河长湖长制管理信息系统，按时完成国家河长湖长制管理信息系统填报工作"目标任务。一是持续推行河长信息化巡河，组建工作专班，以乡镇为单位，对基层河长信息化巡河进行培训。二是强化河长制微信公众号使用，及时公布河长制信息动态，实现公众投诉举报功能，搭建公众参与河长制的渠道。三是根据国家、省工作要求，准时填报国家河长制湖长制管理信息系统，并完成数据审核和上传。

（4）完成"严格执行河湖长制考核制度，建立政府、部门、河长和河长办'四位一体'考核机制，按有关规定进行问责和奖励"目标任务。一是严格落实目标任务，制定印发了《营口市河湖长制考评实施细则的通知》，要求各县（市、区）结合自身实际，制定本级考评方案。二是通过召开全市总河长会议、部门联席会议营口市"大禹杯（河长制）"工作推进会议，安排部署全市河长制考核工作，同时邀请省河长制工作专家对考核内容进行指导讲解，推进工作落实。三是及时将河长制考核结果报送至市级总河长，根据考核情况，报请市总河长实施问责和奖励。经验总结有以下五点：

①明确责任分工。各级党委、政府是实施河长制湖长制和辽河流域综合治理的责任主体，认真落实《辽宁省河长湖长制条例》《河长湖长履职规范（试行）》，为河湖长制和辽河流域综合治理实施提供人员、经费等保障。省河长制办公室会同省直有关部门加强指导、协调、监督、服务和检查等工作。

②加强组织领导。各地要建立党委政府领导、河长负责、部门联动、属地落实的工作机制，抓住时间节点，统筹资金和力量，确保全面完成年度目标任务；于每年 12 月 31 日前将任务完成情况报省河长制办公室。完善河湖长动态调整、责任递补机

制，加强跨行政区域河湖的协同管护。完善河湖长制及河湖管理保护日常监管体系，推动采取政府购买服务、设立巡（护）河员岗位等方式加强日常巡查管护。

③依法履职尽责。完善市、县、乡、村四级河长湖长组织体系，落实河长湖长责任和各项制度，严格按照《辽宁省河长湖长制条例》要求开展巡河，组织编制、实施"一河（湖）一策"方案，协调解决河流治理及管理保护重大问题；落实相关部门工作责任，合力推进河湖长制和辽河流域综合治理各项任务；落实各级河长制办公室工作职责，提高组织协调、分办督办、监督检查工作能力。

④宣传舆论引导。各地要充分利用电视、广播、报刊、网络等新闻媒体加大河湖长制宣传力度，树立典型，曝光问题，提高全社会对河湖保护工作的责任意识、参与意识；聘请社会公众担任河湖监督员，鼓励和引导企业、公众担任志愿河长，参与河湖保护。

⑤严肃工作纪律。各地要强化责任制和责任追究制度，对工作不力的河长、部门负责人，按有关规定进行问责；对河湖保护做出贡献的单位和个人，给予表彰。严格绩效管理，将考核结果作为领导干部综合考核评价以及自然资源资产离任审计的重要依据。严守财经纪律，确保各项资金及时足额到位，最大限度发挥资金使用效果。

◆亮点◆

（1）深入开展河道非法采砂专项整治行动。深入落实中央扫黑除恶常态化暨加快推进重点行业领域整治的决策部署及水利部、省水利厅的工作要求，各县（市、区）、各级河长、各相关部门严格按照《辽宁省河长制办公室、辽宁省水利厅、辽宁省公安厅关于印发〈辽宁省河道非法采砂专项整治行动方案〉的通知》《营口市河长制办公室、营口市水利局、营口市公安局联合印发关于〈营口市河道非法采砂专项整治行动方案〉的通知》的工作安排，强化责任意识和底线思维，持续深入推动专项整治工作，确保专项行动取得实效。县区通过全面排查、日常巡查、暗访检查、监督检查抓落实，及时发现和依法查处各类非法采砂行为。水利、公安、纪检监察、检察等相关单位加强协调联动，充分运用"河长＋河湖警长""河长＋检察长"协作机制，推动行政执法与刑事司法有效衔接，及时向公安机关移交涉黑涉恶线索、向纪检监察机关移交干部违法违纪线索，严厉打击"沙霸""矿霸"背后的腐败和"保护伞"。及时总结专项整治行动经验，进一步完善河道采砂监管长效机制，鼓励政府按照政企分开原则依法实行统一经营管理，推进集约化规模化统一开采、销售模式，推动河道采砂秩序持续向好。

（2）全力推进妨碍河道行洪突出问题排查整治。省河长办反馈排查第二批妨碍河道行洪问题 161 处，其中大石桥市 58 个、盖州市 73 个、站前区 18 个、西市区 8 个、鲅鱼圈区 4 个。各县（市、区）政府对照问题清单、任务清单、责任清单（以下简称

"三个清单"），进一步细化实化整改措施，落实属地责任。县（市、区）级河长履行第一责任人的职责，全力组织开展集中清理整治工作。县（市、区）级河长制办公室排查整治情况向同级人民政府进行专题汇报，及时提请相应河长协调解决重点、难点问题。完成补办涉河审批手续类问题整改；完成迁移拆除类问题整改；完成市级督导检查组验收；完成妨碍河道行洪突出问题资料备案。各地区立行立改、边查边改，在集中整治阶段继续加强问题排查，及时将新增问题纳入"三个清单"，发现一处、解决一处。各级河长制办公室和水利、公安、住建、交通、农业农村、自然资源等相关部门要按照职责分工，加强协作，形成合力，确保排查整治工作顺利推进。

（3）深入开展全市入河排污口排查整治。全面贯彻落实《中共中央、国务院关于深入打好污染防治攻坚战的意见》、《国务院办公厅关于加强入河入海排污口监督管理工作的实施意见》、辽宁省生态环境厅关于印发《辽宁省 2022 年入河排污口规范整治工作方案》的通知（辽环综函〔2022〕98 号）要求，深入开展全市入河排污口排查整治。本着"谁污染、谁治理"和政府兜底的原则，逐一明确入河排污口整治和监管责任主体，生态环境、水利、住建、农业农村等相关部门按职责分工组织具体实施；在前期排污口整治工作的基础上，针对整治现场核查发现的问题，遵循"实事求是、因地制宜"的原则开展整改。制定完成入河排污口整治方案及重点整治任务清单，基本完成年度重点整治任务；完成入河排污口整治结果复核及问题整改。以美丽海湾建设为牵引，实施陆海统筹综合治理。加快推进渤海入海排污口整治，完成 23 个排污口整治任务，强化海水养殖尾水排放口监测监管，实施省控入海河流消劣和 3 条国控入海河流总氮削减，推动船舶、港口、码头、渔港、海水浴场污染治理。

（4）全面加强河长履职尽责。以河长巡河检查为工作抓手，全面加强河长履职尽责。各级河长通过巡河检查，切实解决好河道乱堆、乱建、乱采、乱占"四乱"问题。按照《辽宁省河长湖长制条例》定期开展巡河，各级河长落实市总河长部署的工作。协调解决跨县（市、区）河湖管理保护的重大问题，组织研究全市流域规划治理工作。对下级总河长、河长开展河湖管理保护工作进行督导检查。协调推进取用水管理、妨碍行洪问题整治、排污口整治、农业面源和畜禽养殖污染防治、采砂管理、黑臭水体治理、涉河项目建设等工作。牵头开展对侵占河道、堆放垃圾等问题整治的具体工作。及时发现垃圾倾倒、非法采砂、违规排放、河滩地种植高秆作物等影响河湖环境和行洪安全的行为，并及时制止、上报。在村（居）民中开展河湖保护宣传。组织村水管员、护林员、防火员等人员协助村（社区）级河长开展巡河检查，构建基层网格巡河体系。各级河长对负责河段开展全程巡河，监督检查到位、解决问题到位、协调督导到位，接收并处理群众举报，形成工作日志，报各级河长制办公室备案。通过强化河长巡河检查，全面推动河长制向"有能有效"的转变，实现"五清、双达标"治理保护目标，即岸线清、排污口清、垃圾清、水域清、水质清，以及水资源管理考核达标、河湖断面水质考核达标。

（5）以强化河湖长制带动各项工作有效落实。把河湖长制作为推动河道非法采砂专项整治、妨碍河道行洪突出问题排查整治、入河排污口排查整治的重要抓手，压实责任，明确任务，强化措施，确保取得实效。各级河长当好河湖管理保护的"领队"，按照全面推行河湖长制工作部门联席会议及市委、市政府的部署和水利部《河长湖长履职规范（试行）》、《辽宁省河长湖长制条例》等规定要求，通过巡查河湖、签发总河长令、召开总河长会议等形式，部署开展专项整治行动，跟踪调度工作进展，协调解决重点难点问题。各级河长制办公室和水利、生态环境、住建、农业农村、交通、自然资源、公安、检察等相关单位加强协调联动，加强对分管领域的监督和指导，形成河湖管理保护整体合力，推动各项任务有效落实。各地区将确保河道防洪安全、生态安全作为落实河湖长制的重要内容，将妨碍河道行洪突出问题排查整治和非法采砂专项整治等工作纳入河湖长制考核激励，切实发挥导向作用，推动工作落实落地。

◆未来安排◆

营口市将立足服务高质量发展大局，充分发挥河长制平台作用，统筹抓好河长制六大任务，一体化推进山水林田湖草沙系统治理，重点加强三方面工作。

（1）提高认识，进一步压实各级河长的领导责任。深入贯彻落实党中央决策部署，认真贯彻《辽宁省河长湖长制条例》《河长湖长履职规范（试行）》，进一步压实各级河长的领导责任，按照"一河一策"方案确定的问题清单、目标清单、任务清单、措施清单、责任清单，结合本地实际和阶段工作重点，确定河湖管理保护和治理的年度任务，组织相关县（区）和部门逐项落实，将河湖管理保护的目标、责任、措施落到实处。

（2）突出重点，解决好水生态保护突出问题。坚持问题导向和目标导向，聚焦群众反映强烈、直接威胁河流生态安全的突出问题，突出抓好水污染防治、水环境整治、水生态修复、水资源保护、水域岸线管理等方面工作，确保全市水环境质量持续改善、水生态系统稳步恢复。

（3）严格考核，促进河长制工作再上新台阶。对各县（区）河长制改革落实情况、工作推进情况、任务完成情况、问题整改情况和群众获得感满意度等工作情况进行监督检查，畅通公众反映问题渠道，完善举报机制，主动接受社会监督；持续开展对县（区）政府、河长制部门及总河长、河长的河长制工作考核，探索实施将部门考核与综合考核相结合，日常考核与年终考核相结合，考核结果报送市总河长，探索实施将河长制考评结果作为对县（区）党委政府主要领导和领导班子综合考评的重要依据；进一步完善考核方案，优化考核方式，提高考核质量和效率，切实发挥好"风向标"、"指挥棒"和"助推器"作用，推动各项工作任务全面落实。

（作者：王顺、魏英杰、魏毅）

4.9　阜新市问题、经验及亮点

◆**问题**◆

（1）农村生活垃圾治理难。由于河道管理工作战线长，群众环境保护意识弱，且阜新市多为季节性河流，除汛期外，大部分河道为枯水状态，部分村民环保意识不强，致使河道生活垃圾随清理随产生，"四乱"问题时有反弹。

（2）阜新市水环境质量基础差。"十三五"期间阜新市只有一处国考断面即细河高台子断面，水质极不稳定，2018 年为劣 V 类水体，氟化物超标 0.08 倍，2019 年最后一个月才勉强恢复为 V 类水体，实现考核达标。2021 年，阜新市国考断面增加到 8 处，以"巩固水"为主要目标，城市水质指数 5.38，全省排名第 11，同比改善 1.4%，全省排名第 10。2022 年，在"巩固水"的基础上进一步突破，水环境质量创历史最优，8 处国考断面全面达标，除养息牧河外全部实现优良水体，比例达到 87.5%。细河从有监测数据以来首次均值实现三类优良水体，全年水环境质量全省排名第 10。

（3）雨污分流比例不高，低于全省平均水平，管网老化严重，冬季仍存在溢流风险。2022 年阜新市推进主城区排水防涝三期、海州区站前交通基础设施改造工程等排水管网改造工程，新建主城区雨水管线 19.15 km，改造雨水管线 26.31 km，改造污水管线 16.88 km，雨污分流率提高至 31.5%；阜蒙县新建污水管线 7.099 km、雨水管线 2.184 5 km、中水管线 22.326 5 km、一体化中水提升泵站 2 座，雨污分流率提高至 23%；彰武县新建污水管线 6.559 km、雨水管线 6.657 km，雨污分流率达到 10%。

◆**经验**◆

（1）垃圾分类处置：颁布《阜新市农村垃圾治理条例》，印发《阜新市生活垃圾分类工作实施方案（2021—2025）》，印发《阜新市 2022 年生活垃圾分类工作推进方案》，加强组织领导，积极推进分类立法工作，拟制定出台《阜新市城市生活垃圾分类管理条例》，依法开展生活垃圾分类工作。强化源头分类管理，提高分类收运能力，提高终端处置能力，广泛宣传强化监督。一是开展集中整治行动。在农村垃圾"清洁月"活动中，清理村屯垃圾约 10 万 t，出动车辆约 1.9 万台次，出动人员约 4.3 万人次。在"百日攻坚"整治行动中，住建局督导 65 个乡镇共发现问题点位 600 余个，限期完成了整治。二是督导农村生活日常管护机制落实。建立了由 57 位县区领导包保 65 个乡镇、621 位乡镇领导包保 621 个行政村的领导包保体系，确保日常生活垃圾管护机制责任到人。三是推行农村生活垃圾分类。制定下发了《阜新市农村生活垃圾分类试点工作方案》《阜新市农村生活垃圾分类减量工作督察考核细则》，将城市水系上游 14 条支流所流经的"一县三区" 39 个行政村列为第一批试点村，并完成绩效考核工作。四是推进处置设施建设及规划编制。完成了 8 处农村生活垃圾处置设施建设主体工程建设，指导阜蒙县、彰武县制定了未来 5 年农村生活垃圾处置设施（23 座转运站、16 处填埋场）建设规划。

（2）农业面源污染防治：大力开展农药化肥减量增效。大力实施化肥、农药使用量零增长行动，强化技术指导服务，突出抓好减肥增效和减药控害任务措施落实。一是建设全市农业绿色发展示范区，减少农业面源污染。在全市开展农业绿色发展示范区建设，重点实施十大工程，建设面积 26.55 万亩，主要在全市 6 条主要河流 8 个国考断面实施。制定全市实施方案并已下发至各县区，正在落实实施地块。二是开展化肥减量增效行动。全市通过实施喷施生物菌剂，减少化肥使用量，实施面积 45 万亩，目前已招标采购生物菌剂 308 t，稳定性肥料 262 t，生物有机肥 201 t，开展肥料利用率试验 42 个，施肥入户调查 510 户。三是开展农药减量增效行动。计划全市实施统防统治病虫害防治面积 10 万亩，建设绿色防控示范区 3 个，面积 1 万亩。目前已经制定了《全市病虫害统防统治实施方案》和《全市绿色防控示范区建设实施方案》，部分物资采购已完成。今后将继续实施管理好有机肥替代化肥、耕地质量保护与提升、测土配方施肥、统防统治及病虫害绿色防控示范等项目，落实农业绿色发展示范区项目建设，使项目真正发挥实效。

（3）小流域综合治理：阜新市水土流失治理坚持以小流域为单元，针对水土流失特点，实施山水田林湖草沙综合治理，科学配置各项水土保持措施，实行工程措施、植物措施和农业耕作措施相结合。先后实施了柳河流域治理、大凌河流域治理、经济转型水土保持生态建设、坡耕地水土流失综合治理等国家重点水土保持建设项目，水土流失综合治理取得了丰硕成果。特别是"十三五"以来，通过水利牵头，统筹组织协调林业、自然资源、农业农村等相关行业开展水土保持生态建设，实施坡耕地治理项目、国家农业综合开发水土保持项目、中央和省财政水利发展资金小流域综合治理项目以及生态清洁小流域综合治理项目等一系列水土保持工程，累计完成水土保持生态建设任务 1 022.19 km^2。

（4）划定洪水淹没线："三区三线"是根据城镇空间、农业空间、生态空间三种类型的空间，分别对应划定的城镇开发边界、永久基本农田保护红线、生态保护红线三条控制线。"三区三线"是国土空间规划的核心要义，是维护粮食安全的重要底线，是作为调整经济结构、规划产业发展、推进城镇化不可逾越的红线，是辽宁省社会经济发展的基础。水利行业各项活动都必须以"三区三线"为基础，如将未来规划的水利工程用地范围与"三区三线"的划定完美衔接，对耕地、永久基本农田、生态保护红线等进行避让，则后续推进水利工程前期工作将可减免永久基本农田报国务院审批、耕地占补平衡、生态保护红线不可避让专题研究等要件审批环节，大大缩短前期工作周期，为后续争取资金、建设工程都创造了良好条件。阜新市制定了《"三年一遇洪水淹没线"划定工作技术方案》，本次阜新市水旱灾害风险普查——"三年一遇洪水淹没线"划定工作技术方案市管河道中流域面积在 1 000 km² 以上河道共 5 条（本次只计算绕阳河、柳河、细河）。3 条河流均设有水文观测站，其中绕阳河干流上设有韩家杖子、东白城子水文站；柳河干流上设有闹得海、彰武水文站；细河干流上设有阜新（原海州）、复兴堡水文站。此 3 条河流洪峰流量以水文站数据为参证，采用水文比拟法推求各河段洪峰流量。本次阜新市水旱灾害风险普查——"三年一遇洪水淹没线"划定工作技术方案市管河道中清河、九营子河、高林台河均为细河右岸一级支流；鹦鹉河为绕阳河左岸一级支流。

（5）水污染防治方面采取的措施。

①在管理工作方面。一是高位驱动，组织保障坚强有力。市委、市政府主要领导高度关注并亲自推动水污染防治工作。市委书记多次巡河，督导河长制工作落到实处，推进"净河""净岸"行动常态化；市委书记、市领导深入细河、绕阳河、养息牧河源头，实地考察河源现状，对河流"源头治理"做出重要部署；分管副市长牵头推动，多部门协作，制定河流源头治理方案并推进实施。对水生态环境问题突出的彰武县，分管副市长直接约谈县政府主要领导及分管领导，严肃指出问题根源，跟踪督促整改。二是开展细河水质氟化物溯源监测排查工作。氟化物是细河高台子断面的特征污染物，常年居高不下。2020 年 2 月，经市政府批准，市生态环境局克服疫情带来的重大风险，同时也借助疫情期间工业企业、个体工商业停产，交通静止的契机，采取"整体分割、区间加密、徒步到底、锁定根源、严格督改"的工作方式，持续 20 天，共出动 100 余人次，布设 64 个点位，采集 120 余个样品，锁定污染源 3 处，全省首次确定供热企业高氟废水排放案例。督促整改后成效显著，受到省厅的高度认可，经验在全省进行推广，沈阳、鞍山等市先后借鉴，均在氟化物排查治理上取得突破。三是强化对县区水环境质量考核。印发《阜新市流域河流断面水质目标考核修订办法》，在全省首个实施"市对县区"的河流超标补偿金扣缴制度。在国考 8 个断面基础上，细化 29 个县区考核断面，2021 年全年共扣缴补偿金 1 478.4 万元，2022 年全年共扣缴补偿金 696 万元，倒逼县区开展小流域治理工作，自觉提升区域水环境质量。四是实施"互联网＋"工程。组建细河智慧化管理系统（中央资金 350 万元，补偿金 318 万元），在细河全流域

建设 50 套视频监控设备，开发 APP 软件，建设预警平台，与辽宁水质在线平台、污染源在线平台实现数据共享，实现了细河流域污染源和水环境质量实时动态监控、监管。系统使用至今为监控水厂溢流，监督罐车偷排、私自向河道丢弃病死畜禽等现场发挥了重要作用。五是推进入河排污口规范化治理工作。印发《阜新市加强入河排污口监督管理工作方案》（阜政办〔2023〕15 号），对全市入河排污口开展溯源排查工作，建立了"一口一策"治理方案。跟踪督促推进，到目前为止，231 个排污口已治理215 个，计划 2023 年年底前全部完成治理。六是强力推进阜新市集中式饮用水水源地污染防治工作。持续开展集中式饮用水源风险隐患排查工作，制定印发《关于加强汛期饮用水源环境安全隐患排查整治工作的通知》，建立了风险源（重点污染源）清单。与内蒙古通辽市签订了《内蒙古自治区通辽市辽宁省阜新市跨市流域上下游水污染事件联防联控框架协议》，完成 12 个乡镇水源保护区的划定工作。

②在工程治理方面。一是突出解决了细河两处最大风险隐患。在中央和省级生态环境保护督察的推动下，氟产业开发区碧波污水处理厂投入 7 000 万元实施优化改造，已连续稳定运行 526 天；皮革产业开发区第一污水处理厂投资 9 300 万元实施提标改造，排水达到一级 A 标准，于 2021 年底实现稳定运行。二是城镇污水溢流问题得到有效控制。北控污水处理厂扩能 2 万 t/d，彰武县第二污水处理厂、海州区污水处理厂建成投运；九营子河截污管网改造工程监测，主城区雨污分流管网一期项目即将实施，城区雨污分流管网比例进一步提升，预计到 2023 年年底雨污分流比例可达到 40%。清源及彰武城镇污水溢流问题得到有效控制，基本实现了非较大降雨情况下无溢流。三是河流生态治理工程稳步推进。细河流域高台子断面封禁工程、韩家店河综合治理一期工程发挥效益；细河城市段防洪及景观水体提升工程正在实施；四官营子河湿地治理工程、海州区王营子河污水综合治理工程即将动工；柳河辽宁段综合治理方案入选国家第二批流域水环境综合治理与可持续发展试点工程，部分子工程将获得国家专项资金支持；省供水集团牵头的柳河彰武段综合治理工程于 2023 年开工。

（6）畜禽养殖污染防治需要进一步加强。采取措施：全市畜禽规模养殖场粪污处理设施装备配套率达到 95.8%，畜禽粪污综合利用率达到 77%以上。一是支持和鼓励以村为单位建设科学适用的贮粪场、污水贮存池或暂存池，让经济实用的发酵腐熟方法成为主要处理方式，让低成本的就近就地还田方法成为主要利用方式。组织养殖户就近与粪污处理中心、有机肥厂、粪污收集经济人签订代处理协议，实施分户收集、集中处理。二是以大型养殖场、规模养殖场为重点，持续推行粪污处理和利用台账，已有 330 余家规模养殖场建立粪污处理和利用台账。三是积极推进阜、彰两县畜禽粪污资源化利用整县推进项目，项目主体工程一级粪污处理中心、生猪洗消中心、规模养殖场粪污处理配套装备设施已建设完毕并投入使用，截至目前，阜蒙县已完成县级验收，彰武县正在组织开展县级验收。

◆**亮点**◆

（1）源头系统治理："三河源"保护工程是市委、市政府实施的重点工程，在养息牧河源建设以"百花齐放"为主题的沙地植物园，在绕阳河源建设以"万紫千红"为主题的生态植物园，在细河源建设以"锦绣山河"为主题的山地灌木园，最终把"三河源"保护工程建成生态保护片区、科普教育基地、休闲打卡热点地，培育全民生态环境保护意识，实现生态、人文、环境、社会、旅游多效益共生。

（2）河长制纳入领导干部审计：阜新市清河门区审计局加大自然资源资产审计力度，对本地区河长制执行情况开展审计调查，对重点河流水域环境质量现状进行摸底掌控，并促进其持续改善，推动经济与生态协调发展。一是明确审计目标、制定工作方案。通过对重点河流水域进行实地审计调查，根据中央、省、市下发的生态文明建设方针和河长制政策要求，明确审计目标，并依次制定工作方案。二是突出审计重点、分解工作任务。依据方案，对审计组成员进行分工；对河长制工作责任执行情况，重大政策措施贯彻情况、水污染防治情况、水生态环境修复治理情况和资金使用情况分门别类进行审计调查。三是依法审计监督，开展绩效评估。通过实地审计调查，揭示河流水域保护和利用及河长制执行过程中存在的问题和缺陷，客观地将污染防治措施建设情况、对废物管理处置情况和环保项目的资金投入及推进情况如实上报党委、政府和上级审计机关，公平公正地评价评估河长制执行情况的效果与成绩。

◆**未来安排**◆

按照全面振兴新突破三年行动总体部署，"全域海绵化·水润阜新"建设是调节全市水资源均衡发展，补齐城市建设短板的发展工程、生态工程和民生工程，是实现阜新长远发展的必然要求，要全力打好"全域海绵化·水润阜新"攻坚战，为实现"双千双百"目标提供支撑保障。

（1）高质量完成《全域海绵化"水润阜新"规划》编制工作，形成主要河流治理、水系连通、水库群联合调度、农村供水保障等一张网，围绕建设防洪减灾、节水供水、生态修复、智慧水利、新能源五大工程体系，系统布局全域海绵化"水润阜新"建设目标任务。

（2）实施重点工程。建设河道治理、农田排涝、水土保持、农村供水、海绵城市、废弃矿山生态修复、高标准农田建设、水生态治理、城乡供水一体化、涝区系统治理共10类25项工程，年度计划完成投资12.3亿元。

（3）储备重点项目。全力推进韩家杖子水库、绕阳河系统治理、中小河流治理、农村规模化供水、侵蚀沟综合治理、灌区建设、伊玛图河综合治理、雨洪资源利用、水生态治理共 9 类 20 个项目的前期工作，持续做好项目谋划储备工作，加快项目落地进程。

（作者：王俊、朱秀茹、张丹丹、芦珊）

4.10　辽阳市问题、经验及亮点

◆**问题**◆

（1）组织领导尚需加强。一是部分县（市、区）政府缺乏对河长制工作的部署，部分领导干部对河长制工作认识不到位，对相关法律法规和上级要求理解不到位；二是河长办人员配置不足，各县（市、区）从事河长制的具体工作人员大部分是兼职，缺少专职人员，工作上顾此失彼，不能满足工作需要；三是部分乡、村两级河长履职不到位，乡、村两级河长巡河流于形式，不能及时发现问题、解决问题。

（2）协同配合机制还需完善。一是农村垃圾治理与河道垃圾清理未有机结合，没有形成管护长效机制，部门间、水管员与保洁员间缺乏配合；二是部门联动机制不够完善，清理在河道管理范围内历史遗留的"四乱"问题（包括设施农业、养殖、生产企业和经营场所等）的进展缓慢。

（3）缺乏考核奖惩机制。河长制考核成果运用不明确，没有建立有效的奖惩机制，考核手段不强、措施不力，导致各县（市、区）政府、市直各成员单位、各级河长以及各县（市、区）河长办工作压力不足、主动性不强。

（4）河湖建设管理资金投入不足。涉河工程建设项目前期工作经费投入严重不足，导致工程项目储备严重不足。已建设和在建项目资金配套（落实）率低，过分压缩工程建设资金，表面上看是节省了资金，实际上是以工程建设质量为代价，难以建成高质量工程，部分县（市、区）实施的工程普遍缺少生态修复环节，达不到"美丽河湖"的要求。各县（市、区）工程竣工后资金拨付普遍滞后 2～3 年，影响省对市整体的考核成绩，也影响资金和项目的争取。

◆**经验**◆

（1）组织体系和责任全面落实。一是全市流域面积 10 km² 以上河流共 131 条，设立市、县、乡、村四级河长（包括总河长）共 800 余人，实现河长全覆盖。二是市及 7 个县（市、区）都组建了河长制办公室，并实施了河湖警长制，机构基本健全，职责明确，工作正常开展。

（2）完善各项制度，夯实基础工作。一是制定印发了《辽阳市实施河长制工作方案》《辽阳市河长制实施方案》，落实了牵头部门和配合部门，明确了部门工作任务和职责。二是建立了会议管理、河长述职、信息管理、河长巡查、督查督办、河长制评估、监督执法、考核问责和激励等制度，建立了河长制联席会议、联合执法工作制度。三是编制印发了新一轮的2021—2023年河流"一河一策"治理及管理保护方案。四是完善河长制信息平台、微信公众号、巡河手机APP等。

（3）积极组织协调，完成水域岸线治理保护工作。一是推进太子河上游河道生态治理，实施周边生态景观建设，河流水质明显改善。二是实施了太子河、浑河、汤河等防洪治理工程，提高了河道行洪及防洪能力。三是全面完成了131条河流划界工作，总长度为1 821.25 km。四是实施河道禁采工作，市公安局、水利局联合执法，严厉打击非法采砂行为。五是积极开展河湖"清四乱"工作，清除部分非法侵占河道行为；开展河湖垃圾清理专项行动，河道管理范围内生态环境得到极大提升。

（4）强化河流治理，保护水生态环境。一是完成南沙河、柳壕河、南地河、葛西河、长沟河、兵马河等河流水污染治理工程，全市河湖考核断面达到国家考核要求。二是完成县级以上地下水型水源保护区环境问题整治，完成农村"千吨万人"水源保护区环境问题整治，实现水质达标。三是全市化肥、农药使用量形成逐年下降趋势，农村面源污染得到有效控制，农村环境明显提升。

◆亮点◆

（1）建立层层抓落实机制。一是在各县（市、区）政府层面，要严格落实《辽宁省河长湖长制条例》，完善河湖长制组织体系。二是在各级河长、河警长层面，要强化巡河履职，真抓实管，解决实际问题；在水管员、保洁员层面，各县（市、区）要加强培训和监督检查，制定奖罚措施，督促尽职尽责，杜绝形同虚设。初步形成"市、县、乡、村四级河长＋市、县、乡三级河警长＋水管员、保洁员、监督员"的"4＋3＋3"巡、管、护、清、督的河湖管护机制，坚决杜绝新的"四乱"问题发生。三是在市、县两级河长制办公室及成员单位层面，要加强督导检查和工作指导，定期通报工作情况，不断压紧压实责任。四是在乡镇级党委政府和乡镇级河长层面，要加强巡河，及时处理问题，加强对村级河长培训和考核，同时做好对居民的宣传教育，提高居民的守法意识和公民素质，形成爱护公共环境的良好习惯。五是各级政府要落实河长制工作经费和工程建设前期费，做好各项工作的基础性工作，为争取河湖建设项目打好基础，同时要筹集工程建设资金，高标准开展工程建设项目。

（2）建立综合协同调度机制。一是通过向社会购买服务的方式，利用无人机航拍、手机APP巡河等技术手段，加强对河湖"四乱"、河道垃圾、河道排污等突出问题的排查力度，市县两级河长办及时交办、督办。二是切实提升河湖管理能力，在重要部位、节点安装视频监控，并实现与公安监控系统联网，实现数据信息互联互通，提高联合执法效能，有效解决违法侵占河道、影响河湖形象面貌功能等问题。三是在河道划界和水利空间规划的基础上，有序推进国土空间规划和河流、水利工程确权登记工作。四是推广宏伟区农村村屯与河道垃圾一体公司化管护模式，有条件的县区可以全域推进，不具备全域推进条件的县区，可以乡镇为单元推进。逐步实现城乡垃圾、农村垃圾、河道垃圾的收集、转运、处理一体化管理。五是河长制办公室成员单位间要信息共享，相互通报发现的问题，开展联合专项行动，建立执法联动机制，联手解决问题。六是各县（市、区）政府要通盘考虑水利、自然资源、生态环境、农业农村等部门的山水林田湖草生态环境规划，统一规划标准，减少工程重复建设，提高建设资金的使用效率。

（3）建立奖励激励和惩罚机制。一是表彰先进。在河长制工作年度考核中，以市政府或领导小组名义对成绩突出的总河长、河长通报表扬，并分别颁发"辽阳市优秀总河长"证书和"辽阳市优秀河长"证书；对河长制工作突出的单位和个人分别颁发"辽阳市河长制工作先进单位"奖牌和"辽阳市河长制工作先进个人"证书。二是实行正向激励。以市政府名义，每年安排一定额度资金，用于奖励河长制年度考核成绩优秀和良好的县（市、区），奖励资金专项用于补助河长制工作业务经费，鼓励进一步提升县级河长制工作水平。三是政策支持。对年度河长制工作开展突出，在省市考核中取得优异成绩的县（市、区），在下一年度项目资金安排上予以优先考虑。四是实行负面清单管理。各级河长办要强化考核，对年度考核不合格档次的，在各专项行动中组织不力的县（市、区）政府、各级河长办及其成员单位、各级河长要进行通报批评。

（4）强化执纪问责。一是按照《辽宁省河长湖长制条例》、水利部《河湖管理监督检查办法（试行）》的规定，要根据问题的发生数量、问题的性质、问题的严重程度，各级政府、河长制办公室应会同纪检监察部门对涉河违法违规单位、组织和个人，各级河长、河流所在地各级有关行政部门、河长制办公室、有关管理单位及其工作人员给予责令整改、警示约谈、通报批评的责任追究。二是对各级河长和各级政府的有关部门、各级河长制办公室的直接负责主管人员和其他直接责任人员，在河长制工作中，造成严重后果的，根据情节轻重，按干部管理权限，依法给予停职、调整岗位、党纪政纪处分或解除劳动合同。三是对村级河长及其他人员履职不力的，按照其与乡镇政府（街道办事处）的约定承担相应责任。四是加强与纪委监委的协调配合，对因工作不作为、慢作为导致发生突出问题，造成严重社会影响的河长及有关工作人员要严肃追究责任，并将相关问题移交纪检监察部门调查处理。五是建立"河长＋检察长"协作机制。实行行政执法与检察监督的有效衔接，开展联合检查督办，由检察机关通报涉河法律监督和刑事犯罪、公益诉讼案件办理情况，并按照法定权限和程序办理有关涉河案件。

（5）强化舆论监督。一是畅通信息渠道。及时公布河长名单，设立河长公示牌，开通相关工作的公众号。二是巩固舆论阵地。加强政策宣传解读，加大新闻宣传和舆论引导力度，增强社会公众对河湖保护工作的责任意识和参与意识，形成全社会关爱河湖、珍惜河湖、保护河湖的良好风尚。三是有效利用社会媒体，监督各级政府及河长履职尽责情况。

◆未来安排◆

1. 制度化推进河长制工作

（1）强化河湖长制制度建设。完善河长制相关制度，科学推动制度落实落地，持续发挥河长制的优势和作用，推进全市水生态文明建设。一是提请总河长签发总河长令，安排部署年度重点工作；二是协调市法院联合印发市级"河长＋法院院长"协作机制指导意见，构建各司其职、协调有序的行政执法与环境司法新格局；三是推进"副市长包县"责任制，以问题为导向，开展巡河检查，高位推动涉河问题整改；四是完善信息宣传报送制度，加大河长制宣传力度，利用微信提醒、文件通报、现场督导等方式，推进各县工作信息发布进度，组织各县（市、区）在《中国水利报》等中央媒体以及《辽宁日报》等省级媒体发表文章宣传报道。

（2）推进各级河长履职尽责。全力推动河长制工作从"有名有实"到"有能有效"的转变。推进四级河长履职尽责，推进乡村两级河长切实发挥探头与哨兵的作用，将"四乱"问题消灭在萌芽状态。一是规范履职形式。要求各级河长按照《辽宁省河长湖长制条例》与《河长履职规范》规定的巡河频次进行巡河，巡河时使用"河长通"APP上传巡河记录，发现问题及时处理或上报。二是定期全市通报。每月对河长制信息管理系统的后台数据进行梳理统计，定期对各级河长的巡河情况、问题处理情况进行全市通报。三是强化监督考核。将各级河长的巡河、解决问题等履职情况纳入河长制年度考核内容，纳入市政府对县政府绩效考核。四是强化激励问责。对于目标任务完成且考核结果优秀的河长，给予激励；对于目标任务落实不到位，造成恶劣影响的河长，提请上级河长进行约谈问责。

（3）科学评测河流健康状况。评估河流健康状态、科学分析河流问题、强化落实河湖长制，对全市主要河流编制完成"一河一策"（2024—2026年），在2025年底前完成河流健康评价，建立河流健康档案。分级负责。省负责大型河流及跨省、跨市河流；市负责中型及跨县、县际河流，其余河流由县级负责。市县两级河长办及时向本级总河长、河长汇报河湖健康评价工作有关情况，提请协调解决过程中的重大问题；积极协调各相关部门，建立数据共享机制。四是评估公布。河流健康评价结果经相应最高河长同意后，向社会公布，并整理形成健康档案，指导幸福河流建设。

2. 清单化实施岸线专项整治

（1）大力开展岸线整治专项行动。全面查清全市河湖岸线利用现状，建立河湖岸线利用建设项目和特定活动工作台账。完成流域面积 1 000 km² 以上河流排查问题清理整治任务；完成所有问题清理整治任务，实现全市岸线管控规范化目标。一是县级自查，由市水利局组织各县水利部门开展自查，全面摸清岸线利用建设项目和特定活动情况，建立排查清单、问题清单；二是市级核查，市级水行政主管部门要对列入清单的问题进行抽查核查，比例不低于 50%；三是清理整治，对照问题清单，提请市级河长牵头，市河长办协调督办，宜批则批，宜拆则拆，高位推动各县（市、区）整治违法违规问题。

（2）加强河湖水域岸线空间管控。一是系统管理数据。巩固和完善全市主要河流管理范围以及堤防管理保护范围划定成果，在全市"一张图"基础上，进一步系统化管理矢量数据。二是加强岸线管控。以"十四五"规划、岸线利用规划、防洪规划为依据，加强岸线分区管控，严格依法依规审批涉河建设项目和活动，加强涉河建设项目信息化管理，提高管理水平，提升管理效能。三是严格采砂管理。辽阳市实施禁止采砂。对有砂石资源河道实施禁止采砂，逐河逐段落实采砂管理"四个责任人"，建立河道巡查工作制度，积极开展河道采砂巡查工作。四是合力执法监管。联合水政支队与江河公安，常态化、规范化开展"清四乱"工作，严厉打击非法采砂行为，推进河湖面貌持续向好。

3. 项目化推进河道工程建设

（1）主要江河治理：①辽阳市太子河（钓水楼村至江官村段）治理工程，已完成投资 2 727 万元，新建护岸工程 11 段，长 9 087 m；重建右岸护脚工程 1 段，长 415 m。②辽阳市浑太河综合治理工程，已完成投资 4 963 万元，浑河新建险工防护工程 1 350 m，太子河新建护岸工程长 7 628 m，河道疏浚 2 处，总长 4 305 m。

（2）山洪灾害防治：辽阳市山洪灾害防治项目，已完成投资 157.3 万元，完成山洪灾害重点集镇调查评价、危险区动态管理清单编制、雨量站标准化升级，配置预警设施设备。

（3）农村饮水安全巩固提升工程：农村饮水安全巩固提升工程项目已完成投资 2 992.81 万元，建设包括水源井、电气工程、给排水工程、采暖通风工程、电气工程、自动化控制、设备安装及配套工程、建设配水主干管网等。

（4）节水型社会建设：节水型社会建设项目完成投资 54 万元，包括灯塔市水利局办公楼和兆麟小学节水器具与管网改造、辽阳县节水器具改造、节水宣传、雨水收集池等。

（5）大型灌区续建配套与现代化改造：灯塔灌区续建配套与现代化改造，已完成投资 19 897 万元，灯塔灌区一期工程已基本完工；二期一、二、六、七、九标段已基本建成，三、四、五标段由于占地问题暂有 4 800 m 无法施工，八标段为安全防护栏警示标识等，目前正在施工，可按预计时间完工。

（6）中型灌区续建配套与现代化改造：

①辽阳灌区续建配套与现代化改造，已完成投资 15 163 万元。a. 渠首工程：对渠首进水闸前蓄水池进行清淤和整形。b. 输配水工程：衬砌渠道 2 条，其中改造三分干渠 15 809 m（钢筋混凝土挡土墙＋钢筋混凝上护底 2 700 m，钢筋混凝上护底 13 109 m）；新建四分干全断面衬砌长度 5 953 m（钢筋混凝土挡土墙＋钢筋混凝土护底 2 397 m，钢筋混凝土矩形槽 3 556 m）。对总干渠两侧堤顶路铺设混凝土路面，路宽 4 m、长 425 m。c. 渠系建筑物：改造水闸 21 座，其中分水闸 19 座，节制闸 2 座；改造倒虹吸 1 座，渡槽 1 座。d. 用水量测、管理设施及灌区信息化：信息采集系统包括 38 处监测站共 46 个监测点。视频监控系统包括 5 处 8 个视频点、闸门监控系统 3 处、网络通信系统互联网专线 1 条、数据专线 5 条、GPRS 通讯点 41 处、4G 通讯点 6 处。监控中心建设包括 1 个监控中心、5 个监控分中心。信息化决策支持平台包括综合数据库、综合信息化平台、移动端信息化平台。田间监测示范区建设包括田间水位监测站 4 处、流量监测 2 处、墒情监测站 2 处、视频点 1 处、一体化闸门试验点 3 处。对灌区管理处进行维修改造，包括更换彩钢屋顶、更换门窗、铺设沥青路面等。

②柳壕灌区续建配套与现代化改造，已完成投资 873 万元。a. 渠道改造部分：本次渠道改造 7 条，总长度 5 595 m。b. 建筑物部分：新建节制闸 3 座，斗渠进水闸 45 座，新建涵 11 座，新建盖板涵 8 座。c. 渠道改造配套建设、机电设备及金属结构设备维修更换，更新铸铁闸门及启闭设备 45 套。d. 完成信息化中心建设 1 套，搭建信息化系统平台，支渠流量监测系统 4 套，斗渠流量监测系统 3 套。

（7）水生态保护与修复：小流域综合治理工程，已完成投资 2 793 万元，治理措施有梯田、水土保持林、经济林、种草、封禁治理、山洪沟治理、植物谷坊、石笼谷坊、沟头防护、柳编护沟、秸秆填沟、护岸、造林等。

（作者：李恩壮、韩伟、赵健、李迎威、孙继伟、翟彦波、白祥龙、王琦、赵莹）

4.11 铁岭市问题、经验及亮点

◆问题◆

（1）部分基层河长巡河履职不严、不细，发现并解决问题不多，一些突出问题直至被省、市暗访检查发现，才被动去整改；日常巡查管护不及时，导致中小河道特别是临村穿村、临镇穿镇的河段"四乱"问题时常反弹。

（2）农村生产生活垃圾收集、处理、转运设施还不健全，向中小河道倾倒垃圾现象时有发生。

（3）畜禽散养户粪污收集处理还不到位，向中小河道倾倒粪污现象仍然存在。

（4）部分乡镇污水处理设施收集能力不足、不能常态化运行，农村生活污水不能及时有效处理。

（5）河道管理范围内耕地较多，农业面源污染防治任务依然艰巨。

◆经验◆

1. 河长制工作成效

（1）各级河长巡河履职水平逐步提升。近年来，随着河长制工作不断强化，各级河长管河护河责任意识不断增强，能够按照规定频次开展巡河，巡河率基本保持在99%以上；巡河质量不断提升，大多数河长特别是基层河长能够通过巡河推动解决实际问题。

（2）各成员单位综合治理成效逐步显现。全面完成 1 197 项取用水管理专项整治任务，累计封闭非法取水自备井 344 眼。水利部交办的 340 个妨碍河道行洪突出问题全部按期整改销号。坚持入河排污口动态管理，完成 320 个入河排污口规范化整治。全市 600 家畜禽规模养殖场粪污处理设施配套率达到 100%，畜禽粪污综合利用率达到 80%以上。强力推进凡河新区水环境污染典型案例整改，完成凡河新区污水管网、污水处理厂维修改造工程，实现了凡河新区污水全量收集、有效处理。近两年来，全市 13 个地表水国考断面持续达标，水质优良（达到或优于Ⅲ类）比例达到 84.6%，全面消除劣Ⅴ类水体。

2. 河长制工作经验

（1）组织体系方面。在全省率先成立市河长制办公室，由市政府分管领导兼任河长办主任，加强河长制工作统筹协调；在市水利局机关和水利中心（防汛办）分别设立河长制工作科和河长制工作服务科，明确日常工作机构职责。及时印发河长制工作方案和实施方案，围绕河长制"六大任务"，明确各成员单位工作职责和工作目标，河长制启动工作在全省率先一次性通过省河长办验收。设立市、县、乡、村四级河长体系，实现了全市 301 条流域面积 10 km² 以上河流和 616 条微小河流管护责任全覆盖，及时落实河长动态调整和责任递补机制，目前全市各级河长共 1 600 名，其中市级河长 9 名，县级河长 48 名，乡级河长 445 名，村级河长 1 098 名；同时设立 1 279 名巡河员、保洁员，加强日常巡查管护。

（2）制度体系方面。市河长办创新性制定了河长制暗访检查、分办督办、河库治理保护联防联控、强化河长制工作细则等文件，加强制度执行，督促各级河长提高巡河履职水平，着力解决问题。在全省率先推行"河长＋检察长＋河道警长"联动工作机制，探索案件线索移交和办案协作，促进行政执法和刑事司法的有效衔接。在全省首创市级河长助手单位制度，提高了巡河工作效率，加强了部门间协作配合。在全省首创河长制"六化工作法"和"6＋5＋4＋3＋2＋1"工作新模式，率先在全省乡镇成立"河长制工作委员会"和"河长制工作办公室"，聘请人大代表、政协委员、社会团体成员等166人担任民间河长，积极推动全民参与水生态环境管护。

（3）责任体系方面。市河长办及时督促、提醒各级河长特别是基层河长巡河履职，及时发现并解决突出问题。市双总河长每年签发总河长令，高位推动河长制年度重点任务，目前已签发至第5号。省、市、县三级总河长每年逐级签订河长制工作任务书，及时分解细化目标任务，明确牵头单位和责任单位，定期调度工作进展情况，确保各项任务目标按序时进度完成。将河长制工作纳入市委、市政府24项重点工作之一，市总河长多次就妨碍河道行洪突出问题清理整治、暗访检查发现问题整改等重点工作作出批示，推动各级河长、有关部门履职尽责。

（4）工作推进体系方面。市河长办结合成员单位工作职责，对各类影响水安全、水环境、水生态的突出问题及时分办督办，严格闭环管理。各有关成员单位加强协作配合，水利、公安部门联合管控，遏制非法取水、非法采砂、非法占河行为；水利、交通等部门共同推进碍洪问题清理整治；水利、财政部门联合实施取用水违法行为举报奖励，倡导全民参与水资源保护；生态环境、农业农村部门加强联合惩戒，合力管控畜禽养殖环境违法行为；农业农村、公安部门联合执法协作，严厉打击涉渔涉水违法行为。

（5）督查检查体系方面。市河长办牵头组织市政府督查室、市纪委监委、生态环境、农业农村、公安、检察院开展联合暗访检查，对发现的各类突出问题及时交办，切实发挥部门间联动管控作用。2022年以来，执行"日周旬月季"督查检查机制，持续加大暗访检查频次和力度，委托第三方机构常态化开展暗访检查，强化源头管控，暗访重点向中小河流特别是临村穿村、临镇穿镇、生产经营活动频繁的河段和部位延伸，采取"一问题一清单"的形式，通报相关地区、河长、部门限期整改，做到问题整改见地、见人、见事。典型问题制成专题片在全市大会上予以曝光，个别养殖粪污直排、污水直排重点问题由市级河长分别约谈相关县级河长，督促问题整治到位。目前累计暗访检查发现的300余个问题全部完成整改，一批河道"四乱"、养殖粪污直排、污水直排等重点难点问题得到有效解决。

（6）考评体系方面。在全省率先建成了PC端、河长巡河APP、微信公众号"三位一体"的河长制信息管理系统，系统功能和数据不断丰富完善，与省信息系统实现了数据互联互通。通过信息管理系统实时掌握各级河长巡河履职动态，将河长巡河履职、河道"清四乱"、妨碍河道行洪问题整治、生态封育管理等重点工作纳入全市乡村振兴实绩考核指标，每季度进行打分排名；扎实开展对县（市、区）政府、河长办、河长和市直成员单位的"四位一体"年度考评，开展县、乡级河长年度工作述职，实现了考评见人、见事。通过考评的激励约束，涌现出了一些河长履职的先进典型，其中昌图县马仲河镇镇级河长王敏被水利部评选为"全国优秀基层河长"，西丰县陶然镇太平村村级河长郑婷婷被水利部评选为"全国最美巾帼河湖卫士"。

◆亮点◆

以生态治理为主，工程措施为辅，在确保不降低河道防洪安全的前提下，采取河道生态带建设工程、险工险段修复、河道清理等措施，逐步对西丰县 312 条流域面积 5 km² 以上的河流进行治理。

1. 组织保障

西丰县成立中小河流生态治河工程领导小组，组织结构及分工如下：副县长为组长；水利局局长、财政局局长、市生态环境保护局西丰分局局长、自然资源局局长、公安局副局长为副组长；西丰县水利局负责提供技术支撑及组织验收；市生态环境保护局西丰分局负责对工程实施过程中出现的河道污染问题进行监管；西丰县自然资源局负责项目所在地的土地确权问题；西丰县公安局负责对工程实施过程中出现的非法采砂现象进行查处；18 个乡（镇）政府负责组织乡（镇）、村具体实施及施工监管。

2. 工作要求

（1）尊重自然河形河势，采取生物防护和工程措施相结合的方式，弯段、险工段、重点段采取工程措施，平顺段以生物措施为主。工程栽植树种，由各乡（镇）自行解决。

（2）在桥头、村口等地段，有条件的可实施部分河道封育，防止生活垃圾等污染河流。

（3）各乡（镇）视河道宽度、河床位置等开展对应治理措施。河道实施岸坎填筑、堤脚压柳等措施。

（4）工程设计与概算。水利局、设计院按照规范提出指导意见：主要工程措施为岸坎清基、岸坡整形及堤脚压柳，栽植完成后实施沟槽注水，提高成活率。

（5）实施步骤与管理验收。各乡（镇）根据实际情况，实施 2022 年度中小河道生态治理工程项目，现提出几点要求：①制定并上报本乡镇的中小河道生态治理实施方案［包括治理河长（不少于 5 km）、组织机构、实施步骤、实施时间（春季或秋季）、地点等相关内容］，工程施工前，提前报备县财政局农财股及水利局河道股，两个部门将派专业人员现场勘察，并在施工过程中（前、中、后）全程留下影像资料。②本年度中小河道生态治理工程必须按 2022 年度县生态治河方案要求组织实施。③年底前，

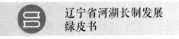

水利局将组织相关单位进行验收。

（6）做好工程管护工作。充分利用各级河长、水管员、护林员，对生物措施进行管理防护，提高生物成活率，逐步恢复河道自然生态系统。工程施工过程中由各乡（镇）政府安排专门负责人及具体工作人员全程监管并上报监管责任人，砂土料全部用于治河，禁止外运及出售，由乡（镇）、村级河长及乡（镇）执法队负责监管，如出现砂土料外运情况，将依法查处并追究相关人员责任，构成刑事犯罪的移交司法机关。

（7）做好宣传工作。充分利用各种媒体，组织开展西丰县河道生态治理专题宣传工作，定期发布工作信息，加强河道保护宣传，营造全社会关心河道、珍惜河道、保护河道的良好氛围。县政府将采取以奖代补的形式对完成任务的乡（镇）兑现资金政策，对表现突出的乡（镇）及单位给予奖励。

◆**未来安排**◆

（1）强化河长履职尽责。持续发挥河长办组织协调、分办督办职能作用，健全完善工作制度，加强督查检查和考评约束，推动各级河长持续压实管河护河责任。坚持问题导向，提高河长巡河质量，加强中小河流和农村微小河流管护，注重解决河道"四乱"、妨碍行洪、粪污直排、农村黑臭水体等突出问题，从流域源头推动全市水生态环境持续改善。

（2）强化部门协调联动。充分发挥河长办成员单位联席会议机制作用，以落实省、市总河长令和任务书为抓手，加强成员单位间信息共享和工作协作，凝聚工作合力，共同解决实际问题，一体推进河长制重点任务落实到位。深化河长、河道警长、检察长、法院院长联动监管，推动行政执法与刑事司法有效衔接。

（作者：孙怀军、王玉刚、王洪哲、李凤杰、李爽）

4.12 朝阳市问题、经验及亮点

◆**问题**◆

（1）部分河长职责履行不到位。2022年水利部推送朝阳市涉河问题图斑368个，虽然全部整改销号，但是在整改过程中，一些河长履职表现出缺乏积极性、主动性，解决问题避重就轻，方式方法有待加强。

（2）河道垃圾治理存在短板。各县（市、区）垃圾清运体系仍不完善，农村居民的生活习惯未彻底转变，河道垃圾"前治后乱"的问题时有发生。

（3）推进河长制创新能力不足。各级河长在推动河长制工作过程中，面对重点难点问题时，存在畏难情绪，认为"兜里无钱，手中无权"，不能以开拓的精神寻找解决问题的措施办法。

◆经验◆

（1）建立副市长包县责任制。朝阳市在原有河长体系基础上，建立副市长包县责任制，每一位副市长包保一个县（市、区），围绕河道重点、难点问题，现场协调、现场督办，强力推进责任县（市、区）"四乱"问题整改。

（2）建设"空＋地"河道影像档案。各级河长牵头，在"一河一策"基础上，探索建设河流影像档案。出动无人机，对大中型河流自上游至下游进行全河段影像拍摄，结合各级河长拍摄的河道照片，形成"空＋地"的影像河档。利用影像河档，瞄准河流问题，列入整改清单，推进问题整改。

（3）试点建设"智慧河长指挥中心"。喀左县用133个摄像头对出入境河段、敏感水域、水质监测断面、重点涉河工程等重点河段进行实时监控，与"河长通APP"相结合，实现了河长巡河智能化全过程监管。形成问题发现、问题报送、问题督办、问题整改、问题存档全过程处置体系。

（4）强化"河长＋检察长＋河道警长"联动。在出台《"河长＋检察长＋河道警长"联动工作机制的实施意见》以后，朝阳市三长联动，积极发挥检察机关公益诉讼作用，并整合视频资源，将6个视频巡河模块、135个视频点位接入警务大厅，实现了河湖警务实时调度，全面加强河道监控。

◆亮点◆

1. 齐抓共管标本兼治——喀左县部门分工合作创河湖治理保护新成效

为推动河长制湖长制工作取得实效，切实维护河湖健康生命，喀左县深入推进河湖"清四乱"常态化、规范化，啃下"硬骨头"，解决"大块头"，打一场结结实实的河湖"清四乱"攻坚战，各部门多管齐下，严治理，重保护，积极创新管理模式，推行"道德银行"新理念，全力推动河湖长制从"有名有责"到"有能有效"的转变，实现绿色发展之路。

（1）背景。多年来喀左县不断对乱占、乱采、乱堆、乱建等河湖管理保护"四乱"突出问题开展专项清理整治行动，成果显著，取得实效，但仍存在历史遗留的"硬骨头"、"大块头"以及河湖垃圾"前治后乱"的突出问题，亟待解决。由于历史遗留问题涉及时间长、问题多、人员广，整治难度大，各级河长都存在畏难情绪，难以落实整治任务。2021年8月10日，喀左县接到《水利部松辽水利委员会关于对辽宁河湖管理检查发现较严重问题及整改意见的函》（松辽河湖〔2021〕149号），县委、县政府高度重视，下定整治决心，坚决啃下"硬骨头"，解决"大块头"，深入推进河湖"清四乱"常态化、规范化，打一场结结实实的河湖"清四乱"攻坚战，彻底铲除喀左县根深蒂固多年的"四乱"顽疾，实现喀左县健康发展新局面。

（2）河湖治理态度坚定——啃下"硬骨头"，解决"大块头"。喀左县坚持政府主导、部门联动、多措并举、共同发力，以河道综合治理为抓手，确保了此次强制清障有序实施。

①深入实地调查摸底。2021年8月17日，喀左县政府有关领导组织召开了喀左县大城子街道吉辰养殖场清理整治工作会议，研究部署整治工作，安排大城子街道牵头，会同喀左县水利局、公证处、凌河公安分局、房产处等第三方工作人员，对大凌河西支小城子村河道管理范围内的房屋、鱼塘及其他地上附属物进行了统计和调查。调查发现，该违法地点位于大凌河西支喀左县大城子街道小城子村河南右岸河段。2017年2月21日，该厂取得营业执照，全称为喀左县大城子街道吉辰养殖场，经营者苏某，经营范围为鱼、鸡、鹅的饲养。违章建筑及设施分别为彩钢房 199.13 m² （2 栋）、彩钢棚 39.16 m² （3 栋）、简易棚 58.31 m² （4 栋）、极简简易棚 21.69 m²、钢架（6 cm×4 cm 方钢） 115.94 m²、塑料罩棚 31.05 m²、铁丝栅栏 20 m、冷棚 75.81 m²、蓄水池 169.45 m³、厕所 11.12 m²、渗水井 1 眼、电机井 2 眼（6 m 深）、鱼塘 137.4 亩，以及其他动产。

②建立整治领导组织。此次清障，喀左县成立了强制清障领导小组。强制清障总指挥由喀左县政府副县长担任，副总指挥由大城子街道办事处党工委书记和县水利局局长担任。清障现场指挥由大城子街道办事处主任担任，副指挥由喀左县水利局副局长、大城子街道办事处副主任、公安局副局长、住建局城市管理综合行政执法大队大队长担任。清障成员由县水利局、公安局、住建局（城市管理综合行政执法大队）、司法局（公证处）、卫健局、应急管理局（消防大队）、朝阳市生态环境局喀左分局、林业和草原局、自然资源局、大城子街道办事处、朝阳电力公司喀左分公司等相关部门负责人及其他工作人员组成。

③制定支撑实施方案。2021年8月23日，喀左县大城子街道办事处向喀左县防汛抗旱指挥部提出了《关于大凌河西支小城子村河段南岸河道清障的申请》，同日，喀左县防汛抗旱指挥部向大城子街道办事处下发了《清障令》（喀汛字〔2021〕27 号），并由大城子街道办事处向苏某和张某进行了送达。8月27日，大城子街道办事处向苏某和张某送达了《关于对张某苏某垂钓园及房屋进行防汛强制清障的通知》。8月30日，喀左县政府有关领导组织召开了大凌河西支大城子街道小城子村右岸河段河道强制清障工作会议，会中拟定了《大凌河西支大城子街道小城子村右岸河段河道强制清障实施方案》。

④明确部门责任分工。本次强制清障，各相关部门明确了工作任务。喀左县水利局工作人员20人，负责找钩机（3台）、铲车（1台）、搬家公司（人员、车辆）、录像师、捕捞鱼塘鱼人员；公安局警察30人，负责依法维护现场秩序；住建局（城市管理

综合行政执法大队）执法人员 50 人，负责安全管控；司法局（公证处）公证人员 6 人，负责现场公证；卫健局负责安排救护车及医务人员；国网朝阳供电公司喀左分公司负责现场供断电；应急管理局（消防大队）负责消防车辆及应急事件处置；朝阳市生态环境局喀左分局执法人员 4 人、林业和草原局执法人员 4 人、自然资源局执法人员 4 人，负责配合有关部门拆除违法建筑物；大城子街道办事处工作人员 20 人，负责宣传教育和周边群众维稳及相关清除物品的暂存，以及建筑垃圾的处置。

⑤精准配合取得成效。2021 年 9 月 1 日，依据《大凌河西支大城子街道小城子村右岸河段河道强制清障实施方案》的安排部署，在政府副县长、县级副总河长、河长的现场指挥下，喀左县水利局、公安局、住建局（城市管理综合行政执法大队）、司法局（公证处）、卫健局、应急管理局（消防大队）、朝阳市生态环境局喀左分局、林业和草原局、自然资源局、大城子街道、国网朝阳供电公司喀左分公司等相关部门负责人及其工作人员，对大凌河西支大城子街道小城子村右岸河段河道内违法建设的垂钓园及房屋实施了清理整治工作。共先后出动清理整治人员 230 人，出动工程车辆 6 台。截至 2021 年 9 月 4 日，清理整治工作已全部完成。

（3）河湖保护方法创新——"道德银行"治根本。治理是标，管护是本，唯有标本兼治，才能实现河湖生态环境健康发展。喀左县为找到一条标本兼治的治理新路径，近年来积极探索"乡风文明、治理有效"的新型管护模式，喀左县公营子镇首当其冲开展公营子镇乡村"道德银行"工程，开展"道德银行"管理模式建设，仿照银行储蓄卡的形式，设立"思想进步、实用技能、律己守法、移风易俗、清洁卫生、创业致富、敬老爱亲、热心公益、政策明白、扶助感恩"十个方面的积分评比内容。把村民的道德行为规范，予以细化量化，以积分的形式作为本金存入，村民凭借道德积分可兑换生活用品，到邮储银行办理免抵押、免担保贷款等。近年来，随着河长制工作的全面开展、河湖"清四乱"工作的持续推进、河湖治理保护意识的不断提高，"道德银行"也将河湖治理保护纳入其中，作为群众积分评比的重要依据，大大提高了人民群众参与河湖治理保护的积极性，成功将人民群众由垃圾制造者变为垃圾清理者，由原来的冷眼旁观者变为积极参与者，由原来的河湖破坏者变成河湖守护者，彻底解决了河道垃圾清理难这个多年难以解决的问题，营造了全民爱河护河、乱扔垃圾可耻的浓厚氛围，河道垃圾治理保护工作取得了良好效果。随着模式越来越成熟，现已于2019 年 8 月成立道德银行志愿者服务队，镇机关、14 个村、两个社区共成立 18 支分队，队员人数 2 056 人，"道德银行"建设已经在喀左县 22 个乡镇街区、75 个行政村全面推开，参与群众达 3.7 万户、11.2 万人，全民争当道德标兵。同时，2019 年10 月，喀左县公营子镇以乡村"道德银行"推进扶贫扶志经验做法被国务院扶贫办作为典型案例收录。喀左县将继续创建新理念、新思路、新举措，积极探索推进智慧水利建设。实现对出入境河段、敏感水域、重点涉河工程等典型区域和重点领域的监管，扫除管护盲区，构建管护类型丰富、监测手段多样、信息传输稳定、控制安全可靠的管护体系，实现精准管护、信息共享、部门合作顺畅，助力河湖治理，造福人民群众。

2. 河长护凌水，生态惠利州——辽宁省喀左县深入推行河长制，探索河湖治理管护新路径

喀左县自实施河长制工作以来，坚持从全面建成小康社会、实现喀左经济社会高质量发展战略高度出发，不断创新工作思维，充分发挥河长制制度优势，坚持以政府为主导，多部门联防联动，多措并举、共同发力，及时发现问题，切实解决问题，以保护水资源、防治水污染、改善水环境、修复水生态、发展水经济、传承水文化为主要任务，确保河长制工作取得明显成效。

1）时代背景。

（1）河湖概况。喀左县，古称利州，全称喀喇沁左翼蒙古族自治县，素有"塞外水城、龙源喀左"之称，地处辽西，属大凌河流域，流域总面积 2 238 km²。境内流域面积 10 km² 以上河流 67 条，其中流域面积 10～50 km² 河流 45 条，50 km² 以上河流 22 条，河流总长 874.52 km，其他微小河流 294 条。全县共有水库 8 座，其中中型水库 1 座、小（1）型水库 6 座、小（2）型水库 1 座，水力发电站 4 座。大凌河喀左县段先后于 2018 年和 2021 年进行了两轮"一河一策"编制工作，2022 年开展了大凌河健康评价工作，大凌河综合评价等级为二类河流，同时，大凌河喀左县段水质达到 Ⅱ 类水质标准，属于健康级别。

（2）区域发展定位。2022 年，全县经济持续稳定恢复，稳中向好。全县地区生产总值完成 111.6 亿元，一般公共预算收入完成 6.7 亿元，固定资产投资完成 70.4 亿元，农村居民人均可支配收入达到 17 318 元。2023 年，喀左县把推行河湖长制作为推进生态文明建设的重要举措，重点推进致力人居环境改善和生态环境治理项目。持续开展村庄清洁行动，加大农村环境治理力度。扎实推进农村厕所革命，新建农村无公害化卫生厕所 500 个。建立农村人居环境长效管护机制，加强农村生活污水和生活垃圾治理。整体提升村容村貌水平，新建村庄口袋公园 8 个，公共绿地 21 处，每个乡镇建设 1 个重点示范村。严格落实河湖长制责任体系，积极探索和推进生态治河理念，实施大凌河流域生态治理扩面提升工程、喀左县河槽雨洪资源化利用项目等涉河综合治理工程。

2）发展变迁。

（1）河湖治理过程。近年来，喀左县先后共实施重点河道治理工程和湿地建设工程项目 24 项，项目总投资超过 20 亿元。2006 年开始，喀左县实施了大凌河西支城区段综合治理工程，经两期综合治理，形成水面 2 000 km²，建设两岸滨河景观路

10.28 km。2011 年，实施了大凌河干流源综合治理工程。2012 年，实施了大凌河干流源回水区综合治理工程。2016 年，实施了大凌河南支城区段综合治理二期工程。此外，还实施了南哨生态蓄水工程、第二牤牛河湿地工程、大凌河西支张家窑护岸工程、大凌河吉利生大桥至第一湾段险工治理工程、大凌河第一湾生态示范段工程。2020 年，实施了辽西干旱地区河槽雨洪暗蓄资源化利用研究与应用喀左公营子试点工程。同年，又实施了水系连通及农村水系综合整治示范区建设工程，水利工程部分投资 2.22 亿元。涉及 6 个乡镇，治理河流共 21 条，治理河道总长 148.68 km，完成清淤疏浚工程113.86 km，水系连通 38 处，河道清障 83 处，水源涵养与保持工程 11 处。在此基础上，又实施了喀左县老爷庙河（十二德堡镇段）治理工程，新建护岸共计 14 249 m。2021 年，实施了喀左县大凌河（水泉镇段）河道治理工程及其他河道综合治理工程。

（2）面临的形势。随着全县河长制工作的深入推进和县政府水污染防治战略的实施，一系列强有力的治水措施和治理工程扎实推进，喀左县地下水、主要河流水生态环境得到了一定改善，水环境质量逐步向好。但形势依旧不容乐观，其中存在的一些问题也须引起政府及有关部门的高度重视，比如部分河长履职意识和责任意识淡薄。推进河长制，核心是责任，关键是落实。部分河长对河长制工作对于生态文明建设、实现经济社会可持续发展的重大意义认识不到位，履职意识和责任意识不强。基层巡河力量薄弱，巡河不能保证日常化和经常化，难以及时发现问题。对自己负责的河道未能真正做到底数清、问题明、措施实，巡查不全面、不彻底及频次不足，巡河质量难以保证。河湖"四乱"问题亟待解决。河湖"清四乱"整治是一项系统性工程，县乡两级政府在出重拳、下大力推进河湖长制各项工作的同时更需要注重疏堵结合、标本兼治。比如，对已划定的河湖管理范围，大部分土地已被沿河两岸群众耕种或违建占用。部分涉河群众护水意识还不够强，存在垃圾污水随意倾倒、排放入河的问题。乡镇街区环卫等配套设施不足，普遍缺少垃圾填埋场、垃圾池等。上级虽然在河湖"清四乱"整治上补助了部分资金，但由于历史遗留问题较为严重，后期整治工作难度大，资金需求量增多，县乡政府很难拿出资金对河湖"清四乱"工作进行系统整治，存在资金缺口，导致整治工作落实缓慢。究其原因，有一些乡镇思想重视不够、河长履职不到位，有河湖治理不到位问题，也有"九龙治水""部门分割"的体制机制原因，倒逼朝阳市通过更强有力的改革，把河长制进一步深化、健全、完善，才能对症下药、解决问题根源。

3）主要做法和取得成效。

（1）主要做法。河长制开展以来，喀左县积极推进河湖长制相关配套机制，并将治理成果纳入政府考核范围，明确权属，清除"四乱"问题，创建智慧河湖，治理与生态共赢。通过多平台宣传，积极引导公众参与河湖长制治理和保护，营造全民治水的氛围，进一步完善了政府水污染控制的能力，为全县经济健康、可持续发展奠定了坚实的基础。

①有制可依，建立有效机制规范化。喀左县委、县政府高度重视河长制工作，先后研究制定了《喀左县实施河长制工作方案》《喀左县河长制工作考核办法（试行）》《喀左县河长制县级会议制度（试行）》《喀左县河道垃圾清理专项行动实施方案》《喀左县河长制实施方案》《喀左县河长制工作考核方案》《喀左县河道采砂专项整治行动方案》《喀左县河库管理与保护范围划定实施方案》等相关方案和制度。依托河长制三级河长责任体系的同时，发挥各相关行政执法部门的职责，建立案件线索移交和联合执法机制。2020年，重新修订印发了《喀左县县级河长制部门联合执法工作制度》，成立了全县河道非法采砂专项整治行动领导小组和全县河道非法采砂专项整治行动县级督导组，进一步完善了联合执法制度化建设，实现了联合执法有制可依、有章可循。

②夯实责任，使河长制考核详尽化。考核监管是确保河长有效履职的必要环节。河长制考核工作开展以来，喀左县逐步建立了政府考核、成员单位考核、河长考核"三位一体"考核机制。根据上级年度考核指标要求，每年度结合实际分别细化《河长制工作考评方案》，由县各牵头单位会同有关单位结合日常监督检查及重点抽查、现场检查等情况，对各乡镇街区本年度全面实施河长制工作情况有关内容进行考核评审，确定考评得分，形成书面意见，报县考评办作为各乡镇街区本年度综合位次考评的重要依据。同时，由县河长办对乡级总河长和河长及河长制县直成员单位进行考核，根据掌握的日常工作完成情况及年终报送的年度工作总结和实际完成情况进行综合评分，并上报本年度的《河长制工作考评报告》。考核工作的详尽实施，鞭策与激励了各乡镇街区和成员单位，增强了乡村级河长对河长制工作的主动性和能动性。

③统筹规划，使河湖划定精准化。为明确河湖管理范围、加强河库管理保护，喀左县结合区域实际，在2019年河库管理范围划定工作基础上，开展了2020年河库管理范围划定工作，根据《喀左县2020年河库管理与保护范围划定与全县一张图工作计划》的报告，完成了流域面积50 km²以上河流的划定工作。结合河湖划定的工作经验，于2021年度完成了10～50 km²的45条河流划定工作，并于2022年对10 km²以上67条河流的河湖划定的管理范围线进行了复核和调整。通过河湖划定工作，明确了河湖管理范围，保障了河道管理工作有"线"可依。

④智慧创新，使河道监管智能化。随着大数据时代的到来，喀左县对河道设施进行可视化管理，实现河道管护智慧化、精准化、高效化。2021年，经县委县政府同意，建设完成了喀左县智慧河长指挥中心。该中心整体装修36.3 m²，配备了9块49寸DID/LCD显示单元、会议桌、会议椅等各项设备。2022年，继续加大建设力度，完善

配套设施建设，结合县城东片 6 个乡镇水系连通及农村水系综合整治试点县项目，投入资金 500 余万元，在出入境河段、敏感水域、重点涉河工程等河段设立 65 个监控点位、130 个摄像头，涵盖了 20 条河流。通过 LAN 专线接入喀左县智慧河长指挥中心，进行统一管理，实现对东片区域全覆盖。同时，在全县河湖显著位置设立 280 块河长公示牌，分别向社会公布了水利部、省、市、县、乡五级举报电话，有效地实现了对重点河段的实时监控，做到了第一时间发现问题、解决问题，为打击涉河违法违规行为奠定了坚实的基础。

⑤部门联合，使"清四乱"常态化。为推动河长制湖长制工作取得实效，喀左县深入推进河湖"清四乱"常态化、规范化，啃下"硬骨头"，解决"大块头"，打一场结结实实的河湖"清四乱"攻坚战。县委县政府高度重视，成立了喀左县妨碍河道行洪突出问题整治工作专班。对每一个强制清障问题，通过现场调查、制定方案、明确职责、部门协作的"四步走"，保障了强制清障工作的有序实施。各部门多管齐下，强制清障现场成立强制清障组织机构，强制清障总指挥由县政府副县长、县级河长担任，副总指挥由所在乡镇党（工）委书记，县水利局、公安局和住建局等主要领导担任。清障现场指挥由所在乡镇街区主要领导担任，副指挥由所在乡镇街区副职和凌河公安分局及住建局相关领导担任。清障成员由所在乡镇街区，县公安局、住建局、司法局、卫健局、应急管理局、水利局、林业和草原局、自然资源局等相关部门负责人及其他工作人员组成。先后强制清障了违法占河养殖场（喀左县大城子街道吉辰养殖场、喀左县岩淞养鹅专业合作社等），整治了涉河"四乱"违法违规问题。

⑥政群合力，使河道清洁自觉化。除行政力量外，喀左县还注重调动社会力量，推动全民共治共建，发展壮大群防群治力量，建设"人人有责、人人尽责、人人护河、人人享有"的社会治理共同体。近年来，喀左县积极探索"乡风文明、治理有效"的新型管护模式。公营子镇首当其冲开展了公营子镇乡村"道德银行"工程。"道德银行"即比照银行储蓄形式，以家庭为单位建立账户，围绕思想进步、律己守法、环境卫生、门前河道、敬老爱亲、热心公益、扶助感恩等方面内容，将村民道德行为予以细化量化，以积分的方式存入账户，"一月一评比，一季度一兑现，年终一表彰"。村民获得的"道德银行"积分可到指定合作单位兑换相应生活用品、就医买药、洗浴理发，以及在邮储银行喀左支行享受免抵押、免担保、低利率的贷款。该项建设资金主要来源于县财政配套、包扶单位、社会捐助、村集体经济收入、镇财政支持、水利河湖"清四乱"资金等。其中，2020 年度县财政为 17 个乡镇街区各配套专项资金 20 万元；2021 年 3 月，为 22 个乡镇街区各配套专项资金 10 万元。截至目前，"道德银行"建设在全县 22 个乡镇街区、114 个行政村推开，参与群众达到 3.7 万户、11.2 万人，累计兑换积分 167 万余分。

⑦建设与经济共赢，使水域治理景区化。喀左县委、县政府高度重视水利事业发展，积极推进河流滩区生态封育，巩固凌河流域 21 617 亩退耕（林）还河生态封育成果。落实补助资金，做到及时足额发放到户。强力打击偷种抢种、非法放牧等违法行为，确保封得严、管得住。喀左县水系连通及农村水系综合整治示范区建设工程打造了 11 个"一河一村一景一韵"区域连续景观带，同时结合"全景喀左、全域旅游"的发展目标，以凌河第一湾、龙源湖国家水利风景区为重要节点依托，系统治理后恢复农村河湖基本功能、修复河道空间形态、提升河湖水环境质量，建成河畅、水清、岸绿、景美的新农村。后续利用水系连通及农村水系试点工程的成功经验，继续抓好全域综合整治任务，真正实现全域水系的系统治理，把喀左水域打造成"水清岸绿"的幸福河，造福喀左全县人民，为喀左经济发展和社会进步提供有力的水利支撑和保障。

（2）取得成效。喀左县正确把握生态环境保护和经济发展的关系，不断创新工作思维，开创新理念、新思路、新举措、新机制。以积极探索推进智慧水利建设、解决根深蒂固的"四乱"顽疾、治理保护标本兼治的新路径，构建管护类型丰富、监管手段多样的河湖治理新模式。

①智慧河长建设日渐完善。喀左县智慧河长指挥中心与喀左县水系连通及农村水系综合整治工程的有机结合，解决了对东片 6 个乡镇 20 条河流重点河段的实时监控问题。第一时间发现问题，解决问题，扫除了传统监管的空间、时间障碍，极大程度地杜绝了乱堆、乱建、乱采、乱占的"四乱"问题，揭开了河长制工作与现代化、科技化、智能化河道管护相融合的全新篇章。

②"清四乱"与联合执法显效果。河湖"清四乱"与联合执法工作开展以来，喀左县始终坚持政府主导、部门联动、多措并举、共同发力，不断层层传递工作压力，明晰工作责任，各成员单位密切配合，联合行动，深入实地督查调度，以乡镇为单位，通过自查、巡查形式，实施不间断摸底排查、边查边改，确保"四乱"整治措施严谨，联合执法有序实施。目前，共清除、整改"四乱"问题 120 余处，出动清理整治人员 550 余人次，出动相关工程车辆 600 余台次，投入资金 300 余万元，联合执法行动 150 余次，查处涉河违法案件 50 多起，涉河罚款 30 余万元，下发移交、督办、交办 90 余次。通过规范、有序、运行高效的部门联合执法机制的建立，有效地制止了涉河违法行为的发生，取得了"清四乱"与联合执法工作的预期效果。

③生态治理荣膺"国字号"殊荣。喀左县围绕实施乡村振兴战略的总体要求，结合水系现状存在的主要问题，统筹兼顾上下游、左右岸的治理紧迫性、工程实施可行性及示范带动性。实施了大凌河干流源综合治理一、二期工程，生态治理总面积 9 km²。修建两岸堤防 16 km，湖中岛 5 座，两岸生态绿化 1 500 亩，配有水上栈道的蒙古族特色广场、游园 15 个，雕塑、园林小品 30 余处，荷花塘 1 处，大型音乐喷泉

1 处。大凌河干流源工程形成了水面和湿地 5 000 多亩，与大凌河西支城区段形成的水面浑然一体，总水面和湿地达到 10 000 多亩，相当于杭州西湖水面面积，堪称"塞外水城"。正是由于喀左水域"景区化"治理模式，喀左县南哨敖木伦湿地被省林业厅评为省级Ⅱ级湿地。龙源湖先后被授予辽宁省水利风景区、国家水利风景区和国家 4A 级景区称号。2021 年，喀左县被国家生态环境部命名为"第五批绿水青山就是金山银山实践创新基地"。2022 年，喀左县被国家生态环境部命名为"第六批生态文明建设示范区"。

④首创"道德银行"引领新路子。"道德银行"的建设，全力推进了全县农村人居环境整治，引导群众主动参与美丽乡村建设，大大地提高了人民群众道德素养，彻底解决了河道垃圾清理难这个多年难以解决的问题，营造了全民爱河护河、乱扔垃圾可耻的浓厚氛围，在河道治理保护工作中取得了良好效果。在开展"道德银行"建设的过程中，上级领导也给予了极大的关注。其中，2019 年 3 月 7 日，全省已退出省级贫困县，脱贫成效巩固工作现场会在喀左召开，时任副省长王明玉对乡村"道德银行"的具体做法和实际工作成效给予充分肯定和高度评价。5 月 23 日，喀左县乡村"道德银行"工作做法和成效被省政府办公厅政务信息刊物《信息参考》采用，报送省政府领导审阅。6 月《辽宁宣传》对喀左县道德银行建设工作做法予以刊载。12 月公营子镇道德银行推进扶贫扶志的经验被国务院扶贫办收录为典型案例，收录在《中国减贫奇迹怎样炼成》一书中，并在全国推广。2020 年 1 月、10 月、12 月，喀左县道德银行建设工作成效先后在学习强国平台报道。2021 年 6 月，县委将道德银行建设工作模式作为全县制度创新成果之一报送市委改革办。截至目前，全县建成省级美丽示范村11 个、市级美丽示范村 10 个，垃圾分类行政村比例达到 87%，形成了农村人居环境整治工作"公众参与、全民共治"的良好氛围。在全县开展的"星级文明户""最美家庭""文明家庭"等评选活动中，共评选出各级文明乡镇（村）109 个，"幸福家庭""文明家庭"987 户，各级各类道德模范及提名奖 127 人，"最美人物"589 名，由此走出了一条以"道德引领"加强农村精神文明建设的新路子。

4）经验启示。

作为一项重大制度创新，河湖长制不断丰富着治水的内涵、载体，并将其融入城市转型升级、乡村振兴总体进程中，提升了城市品质和人文品位，提高了区域可持续发展能力，增强了百姓对美好生活的获得感和成就感。

（1）强化领导是核心。近年来，喀左县历届领导班子始终坚持"一张蓝图绘到底"，始终将河道综合治理作为重点工作进行推进。特别是在河长制工作开展以来，县委、县政府主要领导高度重视、亲自部署，实现高位推动，并且每年多次召开会议专题研究河长制相关工作。各级河长和各相关部门高度重视、狠抓推进，各项任务抢前抓早、积极落实，多次代表省、市迎检，得到充分认可。

（2）部门联动是支撑。河道综合治理是涉及多部门的工作，喀左县委、县政府积极整合资源，统筹推动，各部门团结一心，协同作战，形成了工作合力。在推进河湖长制工作的同时，优化区域经济发展和人居环境，维护河道管理秩序，提升河湖长制各成员单位履职尽责的主动性。《喀左县县级河长制部门联合执法工作制度》的印发，完善了联合执法制度化建设，实现了联合执法有制可依、有章可循。

（3）多措并举是关键。喀左县通过实施退田还河、沿河造林绿化、生态示范区（段）建设等生态建设工程，并结合国家农业可持续发展试验示范区建设，有效杜绝了农业面源污染问题。通过加强入河湖排污口监管和凌河两翼矿山生态治理、加大污水处理厂建设力度，防治了工业点源污染。通过实施畜禽禁养区和限养区划定、规模养殖场升级改造等措施，有力防治了畜禽养殖污染。通过中小河流治理等工程，有效涵养了水源，增加了旅游景点。通过河道垃圾清理、河道疏浚工程，保证了河道环境改善和行洪畅通。通过统筹抓好县境内生态环境保护管理规划，不断健全完善河湖长制管理的体制机制，确保了河湖长制工作取得更好成效。

（4）后期管护是保障。治理是标，管护是本，唯有标本兼治，才能实现河湖生态环境健康发展。通过喀左县智慧河长指挥中心的130个监控设备，全县各级河长、巡河人员和各执法部门的相互配合，做到及时发现问题，解决问题，严厉打击涉河违法行为，发现一处，关闭一处，重罚一处，涉及刑事责任的移交司法机关，确保"查一件、影响一片、震慑一方"的整治效果，从严抓好落实，确保"河长制"到"河长治"取得实效。

◆未来安排◆

1. 制度化管理河长制工作

（1）强化河湖长制制度建设。不断完善河长制相关制度，科学推动制度落实落地，持续发挥河长制的优势和作用，推进全市水生态文明建设。一是提请总河长签发总河长令，安排部署年度重点工作；二是协调市法院联合印发市级"河长＋法院院长"协作机制指导意见，构建各司其职、协调有序的行政执法与环境司法新格局；三是深入落实"副市长包县"责任制，以问题为导向，开展巡河检查，高位推动涉河问题整改；四是完善信息宣传报送制度，加大河长制宣传力度，利用微信提醒、文件通报、现场督导等方式，推进各县工作信息发表进度，组织各县（市、区）在《中国水利报》等中央媒体以及《辽宁日报》等省级媒体上发表文章。

（2）推进各级河长履职尽责。全力推动河长制工作从"有名有实"到"有能有效"的转变。组织推进四级河长履职尽责，推进乡村两级河长切实发挥探头与哨兵的作用，将"四乱"问题消灭在萌芽状态。一是规范履职形式。要求各级河长按照《辽宁省河长湖长制条例》与《河长履职规范》规定的巡河频次进行巡河，巡河时使用"河长通"APP 上传巡河记录，将发现问题及时处理或上报。二是定期全市通报。每月对河长制信息管理系统的后台数据进行梳理统计，定期对各级河长的巡河情况、问题处理情况进行全市通报。三是强化监督考核。将各级河长的巡河、解决问题等履职情况纳入河长制年度考核内容，纳入市政府对县政府的绩效考核。四是强化激励问责。对于目标任务完成且考核结果优秀的河长，给予激励；对目标任务落实不到位、造成恶劣影响的河长，提请上级河长进行约谈问责。

（3）科学评测河流健康状况。评估河流健康状态，科学分析河流问题，强化落实河湖长制，对全市 131 条 50 km² 以上河流，编制完成"一河一策"（2024—2026 年），在 2025 年底前完成河流健康评价，建立河流健康档案。一是制定计划。2023 年全面启动河流健康评价工作，编制完成三年滚动的"一河一策"；2024 年底前完成流域面积 1 000 km² 以上河流健康评价工作；2025 年底前完成 50～1 000 km² 河流健康评价工作，同时建立河流健康档案。二是分级负责。省负责大型河流及跨省、跨市河流；市负责中型及跨县、县际河流，其余河流由县级负责。三是统筹协调。市县两级河长办及时向本级总河长、河长汇报河湖健康评价工作有关情况，提请协调解决过程中的重大问题；积极协调各相关部门，建立数据共享机制。四是评估公布。河流健康评价结果经相应最高河长同意后，向社会公布，并整理形成健康档案，指导幸福河流建设。

2. 清单化实施岸线专项整治

（1）全力开展岸线整治专项行动。全面查清全市河湖岸线利用现状，建立河湖岸线利用建设项目和特定活动工作台账以及许可信息数据库。2023 年 12 月 31 日前，完成流域面积 1 000 km² 以上河流和所有湖泊排查问题清理整治任务；2024 年 5 月 31 日前，完成所有问题清理整治任务，实现全市岸线管控规范化目标。一是县级自查，由市水务局组织各县水利部门开展自查，全面摸清岸线利用建设项目和特定活动情况，建立排查清单、问题清单；二是市级核查，市级水行政主管部门要对列入清单的问题进行抽查核查，比例不低于 50%；三是清理整治，对照问题清单，提请市总河长牵头，市级河长包县负责，市河长办协调督办，宜批则批，宜拆则拆，高位推动各县整治违法违规问题。

（2）加强河库水域岸线空间管控。一是系统管理数据。巩固和完善全市 517 条河流管理范围以及堤防管理保护范围划定成果，2023 年 12 月末前形成全市一张图，系统化管理矢量数据。二是加强岸线管控。以"十四五"规划、岸线利用规划、防洪规划为依据，加强岸线分区管控，严格依法依规审批涉河建设项目和活动，加强涉河建设项目信息化管理，提高管理水平，提升管理效能。三是严格采砂监管。严格执行河道采砂规划计划和日常管理，推进 2023 年建平县、喀左县、朝阳县 18 处砂场的许可与

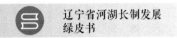
监管。四是合力执法监管。联合水政支队与江河公安，常态化、规范化开展"清四乱"工作，严厉打击非法采砂行为，推进河湖面貌持续向好。

3. 项目化推进河道工程建设

（1）推进河流整河治理、整河销号。深入推进河湖综合治理、系统治理、源头治理，推进河流治理整河销号，打造人民群众满意的幸福河湖。2023—2025 年推进实施24 项河道治理项目，其中 16 条中小河流完成整河治理、整河销号。2023 年全力推进十家子河综合治理工程；2024 年计划实施中小河流治理工程 10 项，大江大河 1 项；2025 年计划实施中小河流治理工程 10 项，大江大河 1 项。2023 年朝阳市河道建设续建项目共 15 项，其中，大江大河 7 项，中小河流 8 项。2023 年年末 5 项大江大河项目要求完成全部投资计划，10 项工程要求完成竣工验收。2023 年重点推进古山子河、热水河、顾洞河及十家子河整河治理工作，达到整条河销号。

（2）推进十家子河综合治理工程。全面推进市本级负责的新建中小河流治理项目十家子河综合治理工程。在 2023 年 5 月 31 日前，完成十家子河拦河坝基础施工，完成湖底防渗、主槽防护、截洪沟桥梁基础施工；9 月 30 日前，完成堤防工程 60％以及截洪沟桥梁主体施工；12 月 31 日前，完成堤防主体、矮堰主体、道路路基施工，完成景观绿化土方工程、广场园路基础工程、部分绿化栽植。2024 年完成十家子河综合治理项目的所有水利工程。

（作者：张秀春、刘延辉、刘扬扬、孟庆彪、马景健、吕朋辉、鲁薇、钱彤、黄丹、佘玉奇、田福来、孙悦婷、王福佳、王继飞、万树奎、安立军、刘强、刘立云、李春光、周龙暄、蔡晟萱、王雅慧）

4.13 盘锦市问题、经验及亮点

◆问题◆

（1）河道整治问题。由于历史成因，妨碍河道行洪安全的突出问题整治任务重，压力大，不易推动。如强制拆除，需要进行大量经济补偿，地方财政压力巨大。一些涉河湖"四乱""碍洪"问题，有的群众在里面居住生活，有的在进行正常的生产活动，整治势必影响一部分人的利益，抵触情绪很大，涉及人员众多、成因复杂，可能存在一定的社会稳定风险。

（2）河长履职问题。镇、村级河长没有充分发挥指导本级河湖管理保护工作的作用，巡河、护河、管河队伍尚未完全建立。目前，各级生态环境、河湖"清四乱"、水体达标等督查、检查、巡查、暗访监管工作已经全面开展，基层河长畏难情绪和观望心理有所出现，责任意识和担当意识不强，对一些历史遗留问题调查不深不透，处理问题治标不治本。

（3）协调机制问题。部门之间协调配合不紧密，部门之间推诿现象仍有发生。部分地区上下游割裂、水陆分离、左右岸不协调，县区之间、乡镇之间、行业之间缺乏有效沟通和落实。

（4）资金投入问题。河长制工作资金投入仍然以各级政府财政投入为主，各县区没有将河长制工作资金纳入本级财政年初预算。特别是基层乡镇，河道保洁治理、垃圾处理等各项治理资金难以落实。

◆经验◆

1. 持续推进河长湖长制落地生根

（1）强化政治担当，坚持高位推动。党政总河长多次组织召开市级总河长会议，先后签发了《关于开展河长巡河行动的命令》（盘锦市总河长令〔第 1 号〕）、《关于全面实施河流治理保护三年行动方案，推进河湖"清四乱"专项行动等工作的决定》（盘锦市总河长令〔第 2 号〕）、《关于全面推进水污染防治工作的决定》（盘锦市总河长令〔第 3 号〕）、《关于加快推进幸福河湖美丽海湾建设的决定》（盘锦市总河长令〔第 4 号〕）、《关于推进妨碍河道行洪突出问题专项整治和排污口排查整治保障河湖安澜的决定》（盘锦市总河长令〔第 5 号〕），推动河长湖长制落地见效。市级河长牵头挂帅、高位推动，协调处理重大涉河湖水污染防治，中央环保督查反馈和水利部、松辽委进驻式暗访及省直各部门督察问题，有力推动了河长制务实、协调、高效运转。

（2）强化河长责任，抓好问题解决。市河长办印发《关于进一步规范各级河长巡河工作的通知》，明确了 18 项河长巡河重点任务清单。组织策划开展集中巡河行动，推进解决河湖管理范围划定、"四乱"问题清理、防汛抗旱、退耕封育、水污染防治、辽河流域综合治理等工作中的突出问题。2018 年以来全市各级河长开展巡河达55 000 余人次，督促整改的全市河湖问题总计 4 000 余个。

2. 持续夯实河长湖长制工作基础

（1）强化河湖长制体制机制建设。将河长制四级河长、三级警长体系与水利基层服务体系、社会综合治理体系、城乡一体化垃圾清运收集保洁管理体系有机结合，确定了"四级河长、三级警长＋基层水管员、保洁员＋网格员"模式的河湖管理保护体系。确保每段河流均有党政领导作为河长，每个行政村均有水管员、保洁员，落实巡护管理职责；并依托市委、市政府社会综合治理精细化管理网格化体系建设，赋予2 345 名网格员开展河道、渠系、水库、湖泊监管职责，实现河长制管理"行政区域全覆盖"。以问题为导向，根据河流对区域经济、生态环境影响程度，分级编制河长制"一河一策"治理及管理保护方案，共完成 38 条河流 2018—2020 年度"一河一策"治理及管理保护方案，并按照方案开展治理保护工作，2020年底已完成效果评估。依据评估成果开展新一轮2021—2023年度"一河一策"治理及管理保护方案编制工作。

（2）强化河湖长制部门联动。市河长办组织召开部门联席会议，加强部门协调联动，积极建立"河长＋河长办＋部门"的问题协调解决机制和"河长＋警长＋检察长＋法院院长"联合执法机制，形成管水治水的强大合力。在日常工作中，水利、生态环境、农业农村和公安等部门逐步建立了河流日常监管巡查制度和联合执法机制，落实人员和设备，实行长效巡查管理机制，有效震慑涉河湖违法行为。

（3）强化河湖长制检查暗访督导机制。以检查暗访作为发现问题、推进解决问题的重要抓手，建立河长湖长制工作检查暗访制度，按月检查、督导河湖"清四乱"、垃圾清理等工作。为了全面压缩管理层级，打通"中梗阻"，建立了7个市级河长微信办公平台，充分发挥微信关注度高、沟通快捷高效的优势，市级河长直接监督县、乡、村三级河长履职情况。市河长办暗访发现的河湖管理问题第一时间发布至办公平台，每个问题做到现场定位精准、拍照固定证据、责任主体清晰、整改标准及时限明确，市级河长直接批示，县区河长办快速分办，市河长办按时督办，河湖治理的工作效率和反应速度得到极大提升，基本实现了快速派件以分钟计，现场查认以小时计，整改销号以天计。

（4）持续发挥样板河湖建设引领作用。全面落实辽宁省总河长令第3号，从盘锦实际出发，切实加强市级层面的统筹规划和顶层设计，制定出台了《盘锦市样板河湖建设方案》，2021年每个县区至少打造一条样板河湖。盘山县将样板河湖创建与水系连通及农村水系综合整治试点县紧密结合，建设水美乡村，恢复河湖健康生命，努力打造"水韵盘山·辽河水乡"。兴隆台区、双台子区充分利用城市段河湖基础条件好的优势，加强景观绿化美化和公共设施配备，挖掘文化底蕴，将河道整治与城市建设融为一体，融于城市风景。大洼区发挥城乡居民亲水近水的特点，坚持共建共享，树立样板河湖人人参与、样板河湖成效全民共享的理念，以实实在在的工作成果提升老百姓择水而居、临水而憩的幸福感和获得感。

（5）持续创新河湖治理管理模式。盘锦市创新河湖长制管理模式，依托河长制智慧管家项目，引进第三方专业团队成立河湖"清四乱"攻坚组，推动全市河湖"清四乱"和妨碍行洪突出问题排查整治，全面提升河湖管理保护能力和水平。攻坚组自2021年10月开展工作以来，通过完善市级河长办公平台和全市河长制指挥调度平台，建立即时交办、限期整改、定期复查、问题销号的工作流程，形成日交办督办、月通报评比、季度整改"回头看"的工作机制，确保层层传导压力、压实工作责任，推动河湖问题彻底整改，整体工作形成闭环管理。攻坚组全程配合市河长办开展督导检查，协助市级河长开展季度巡河，引导市级河长关注和解决重点问题，提高巡河工作质量和效能，为市级河长决策部署提供参考。为了提高科技治河管河能力，攻坚组积极应用高科技手段，借助无人机、无人船、红外成像仪等设备，强化巡查手段，严查河湖"四乱"和妨碍行洪突出问题。截至目前，攻坚工作取得阶段性成效，已累计向县区及有关单位交办督办河湖"四乱"和碍洪突出问题千余处，为下阶段高质量完成攻坚工作奠定了坚实基础。

◆**亮点**◆

（1）强化水资源管理保护。落实最严格水资源管理制度，严格实行区域流域用水总量和强度控制，建立水资源刚性约束。确定盘锦市"十四五"用水总量和强度双控目标，到 2025 年用水总量 14.08 亿 m³，非常规水源利用量 0.29 亿 m³，万元地区生产总值用水量较 2020 年下降 12%，万元工业增加值用水量较 2020 年下降 10%，农田灌溉水有效利用系数 0.561。大力推进辽西北供水盘锦应急支线工程，替代地下水水源，保障全市供水安全。继续开展大中型灌区农田灌溉水有效利用系数实测和农业水价综合改革工作，健全用水统计工作体系。

（2）强化河湖水域岸线管理保护。全力推进绕阳河等河流河道清障工作、妨碍河道行洪突出问题排查整治及河湖岸线利用建设项目和特定活动清理整治工作，对照"三个清单"，进一步细化实化整改措施，落实属地责任，严格按照时间节点要求完成清理整治任务。河道内妨碍行洪建筑物、构筑物和"四乱"历史遗留问题复杂，省河长办复核确认的 254 处碍洪问题已基本全部完成清理整治。水利部挂牌督办的河道清障工作及岸线整治工作有序推进，确保汛前完成清理整治任务，坚决遏制碍洪问题反弹，实现碍洪问题全面清零。

（3）强化水污染防治。加强入河排污口监督管理，完成辽河及一级支流河主要入河排污口溯源，建立全链条污染物排放管理体系，实施完成辽河干支流 26 个重点排污口视频监控和自动监测规范化建设，对 889 个入海排口建立"一口一策"整治台账。全市 6 个省级及以上工业园区全部完成污水集中处理设施建设，污水集中处理设施稳定达标运行，尾水均达到一级 A 排放标准。推进城镇污水处理提质增效，加强城市排水管网改造。全市畜禽规模养殖场粪污处理设施装备配套率稳定在 97% 以上，畜禽粪污综合利用率稳定在 77% 以上。大洼区粪污资源化利用整县推进项目已完成建设，将于近期开展竣工验收。推广科学施肥和测土施肥技术，保护和提升耕地质量，制定化肥利用率、肥效试验方案，落实试验 34 个。实施水产绿色健康养殖技术推广"五大行动"，共遴选了"五大行动"示范基地 18 个。

（4）强化水环境治理。完成河流水环境质量约束性指标考核任务，全面消除劣Ⅴ类水体。截至目前，3 个县级以上集中式饮用水水源水质均达到《地下水质量标准》（GB/T 14848—2017）Ⅲ类标准。统筹推进"三水"治理，落实农村点源整治和畜禽养殖监管，保障干支流水环境质量稳定提升。深入开展乡镇级集中式饮用水水源地规范化建设，对8个乡镇级水源地保护区，制定了《盘锦市乡镇级集中式饮用水水源、保护区标志设立实施方案》。强化农村黑臭水体排查整治工作，印发了《盘锦市农村黑臭水体排查治理、畜禽养殖污染防治监管等相关工作方案》，持续巩固螃蟹沟、六零河黑臭水体整治成果，开展了环卫保洁、河流水质检测、生态补水等工作，检测结果均已达标。推进农村环境综合整治，盘锦市城乡一体化大环卫体系已覆盖所有行政区域，满足农村生活垃圾处置需要。同时，盘锦市所辖范围的县（区）现有垃圾处理设施能够满足全市生活垃圾处理需求。

（5）强化水生态修复。全市自然封育面积9.1万亩，通过强化封育区网格化管理、立体化巡查、实施生态蓄水等措施，生态封育区水质得到明显改善，行洪安全得到保障，生物多样性得到恢复。对芦苇沼泽湿地进行生态补水，有效解决了部分湿地缺水、破碎化和岛屿化等问题，恢复退化湿地。以"巩固基础、扩大范围、提升效果"为目标，将河道治理和常态化管理保护工作纳入农村环境综合整治工作重点内容，全域实施河道综合治理，规划建设沿河休闲娱乐设施和乡村污水处理设施，建立农村垃圾收集转运处理机制，实施河道清淤疏浚工程和绿化美化亮化工程。进一步落实生态安全和保护责任，实现水清、岸绿、景美的河流生态环境。

（6）强化执法监管。市警长办、河长办、水利局、农业农村局等部门开展联合执法，清理小开荒等"四乱"问题。依托公安系统120处涉河视频探头，实行网上日巡逻制度，并对视频探头不能覆盖点位开展无人机巡河，利用技术手段升级实现对沿河区域动态实时管控。严厉打击涉河涉水领域违法犯罪行为。严格执行河湖长制考核制度，加强考评结果运用，突出河湖长制考核的"指挥棒、风向标"作用。

（7）大力推进中小河流治理。盘锦市目前已经完成了螃蟹沟、清水河、平安河、小柳河、太平河、鸭子河、大羊河、月牙河等防洪治理工程，共投资2.23亿元，以防洪提升工程为主，兼顾河道生态工程，投资分为国家补助，省、市、县配套资金。治理前，河道内垃圾堆积，乱占现象严重；治理后形成了水清、岸绿、景美的美丽健康河湖。

（8）持续推进辽河、凌河生态封育。主要变化包括三个方面：一是水质变化，原来最严重时辽河水质是劣Ⅴ类，现在水质已常年稳定为Ⅳ类，个别时段可以达到Ⅲ类水质。二是风沙变小，盘山县沙岭镇封育区水丰草美，被誉为盘锦的"锡林郭勒草原"。三是封育区的植被和生物多样性得到了有效恢复和保护，通过一系列治理保护工作，极大地促进了水环境、水生态改善。

◆**未来安排**◆

（1）强化责任落实和部门协同。进一步完善以党政主要领导为主体的责任体系，健全一级带一级、一级督一级，上下贯通、层层落实的河湖管护责任链，确保每条河流、每个湖泊有人管、有人护。加强河湖长履职、监督检查、正向激励和考核问责，层层传导压力。明确各县区各部门河湖保护治理任务，完善协调联动机制，形成党政主导、水利牵头、部门协同、社会共治的河湖保护治理机制。

（2）强化水资源集约节约利用。全面贯彻以水定城、以水定地、以水定人、以水定产的原则，建立水资源刚性约束制度，规范取用水行为。全面实施国家节水行动，推进辽西北供水工程建设，加快编制盘锦市水网规划，提高水资源集约节约利用水平，优化水资源空间配置，全面增强水资源统筹调配能力、供水保障能力、战略储备能力。

（3）促进河湖生态环境复苏。深入推进河湖"清四乱"常态化、规范化，将清理整治重点向中小河流、农村河湖延伸。加快划定落实河湖空间保护范围，加强河湖水域岸线空间分区分类管控，实施河湖空间带修复，保障生态流量，畅通行洪通道，打造沿江沿河沿湖绿色生态廊道。坚持源头防控、水岸同治，严控各类污染源，加大黑臭水体治理力度，保持河湖水体清洁，保护河湖水生生物资源。持续开展河湖健康评价，强化地下水超采治理，科学推进水土流失综合治理。

（4）强化数字赋能提升能力。按照"需求牵引、应用至上、数字赋能、提升能力"要求，以数字化、网络化、智能化为主线，以数字化场景、智慧化模拟、精准化决策为路径，加强数据监测和互联共享，加快构建具有预报、预警、预演、预案功能的数字孪生河湖。完善监测监控体系，打造"天、空、地、人"立体化监管网络，及时掌握河湖水量、水质、水生态和水域面积变化情况以及岸线开发利用状况，强化部门间、流域与区域间、区域与区域间信息互联互通，为河湖智慧化管理提供支撑。

（作者：孟超、李勇、孙径明）

4.14 葫芦岛市问题、经验及亮点

◆问题◆

（1）担当作为不够主动。个别县（市、区）、部门落实河长制的工作主动性不强，有的地区工作压力传导不够，导致部分堤防、水库、水闸等防洪隐患没有销号，特别是绥中县仍有 30 个妨碍河道行洪问题没有彻底解决。

（2）资金拨付率比较低。受多重因素影响，各县（市、区）均不同程度地存在挤占项目专项资金问题，导致工程资金拨付率较低，工程进度缓慢，没有按时完成竣工验收。必须要强化资金调度，杜绝占串挪用水利专项资金，确保水利工程建设进度和质量。

（3）"四乱"问题死灰复燃。河道排污、倾倒垃圾等治理"前治后乱""前清后倒""边治边乱"等现象特别突出，特别是有些基层干部、工作人员对"四乱"问题视而不见、习以为常，导致个别地区河道变堵道、变脏道，不仅严重影响了河道行洪，更降低了城乡环境的品质。

◆经验◆

葫芦岛市以习近平新时代中国特色社会主义思想为指导，深入贯彻党中央、国务院和省委、省政府关于河长制工作决策部署，百分百完成取用水管理专项整治，百分百完成重点河道治理项目年度投资任务；全面防治畜禽养殖污染，畜禽粪污综合利用率88.18%、规模养殖场粪污处理设施装备配套率99.83%；11个地表水国控断面水质全部达标，优良水质比例90.9%；清理河湖"四乱"各类垃圾23.45万m³；完成生态修复47.1 km²；办理水事案件34起、罚没款101.2万元，处理水事纠纷214起，有效维护了河湖生态环境，全市水域质量得到明显改善。主要在5个方面取得了新突破：

（1）水利完成投资实现历史性突破。全年水利完成投资9.38亿元，其中省以上投资5.48亿元，市县投资3.9亿元，是2021年的2.6倍，创十年来水利投资新高，为水利事业实现"十四五"良好开局奠定了坚实基础。

（2）猴山水库验收实现攻坚性突破。受综合因素影响，猴山水库长达十余年未完成竣工验收，工程效益没有得以发挥，成为省水利厅着重关注、水利部挂牌督办的一项重点工作。全市水利战线变压力为动力，集思广益，想招数、找路子，对上多次跑省进厅沟通汇报，争取省水利厅专项资金0.27亿元；对下积极协调绥中县，下拨资金0.19亿元，全部调剂用于移民安置，有效化解了移民安置验收瓶颈难题。猴山水库于2022年12月25日顶着疫情影响完成竣工验收，啃下了这块长期制约葫芦岛市水利发展的"硬骨头"。

（3）茅河河道治理实现理念性突破。2022年底完成的茅河（六股河汇河口至下贺汰沟桥段）河道治理工程成为全省典型示范性项目段。相比传统河道治理，茅河治理紧密结合乡村振兴战略和美丽乡村建设，融入文化元素，有选择地建造了亲水平台、休闲旅游、文化节点等设施，将该河段治理成集防洪排涝、自然生态、亲水休闲、旅游娱乐于一体的水文化景观带，打造出了极具流域特色的生态治河效果，生态效益、经济效益、社会效益凸显。

（4）水政执法工作实现震慑性突破。2022年，葫芦岛市水政队胜诉一起水事案件，这是近几年来葫芦岛市通过法院判决胜诉的为数不多的涉水案件。这起违法取水行政诉讼案是水利部、水利厅挂牌督办案件，相关部门多次电话问询，要求尽快出结果。由于该案办理时间长、过程烦琐、更换办案人较多，处理起来非常棘手。市水政队迎难而上，多方调研、翻阅档案、查找实据。经过2次开庭审理，工作人员针对"疏干排水办证缴费及是否属非法取水行为"进行了激烈的法庭辩论，经过地方法院、中级人民法院、高级法院审理全部胜诉，为维护全市水事秩序起到了有力的震慑作用。

（5）防汛抗旱工作取得防御性突破。2021 年全市遭受 5 次区域性暴雨袭击和一次台风影响，有 31 次局地暴雨，总降雨量 701 mm，较往年平均多 2 成。汛期 7 月、8 月份降雨，占汛期降雨量的 75%，较往年平均多 6 成。全市及时启动四级、三级应急响应，转移群众 3 177 人，实现了"不死、少伤、少损失"的防汛目标。同时为抗旱保春播，开展人工增雨 6 次，发射增雨火箭弹 231 枚。

◆亮点◆

（1）市河长制办公室联合市检察院印发《关于建立健全"河长＋检察长"联动工作机制的实施方案》（以下简称《实施方案》），在葫芦岛市全市范围内建立"河长＋检察长"依法治水新模式，强化公益诉讼，促进水生态环境治理效能，推动河湖绿色发展。《实施方案》充分发挥公益诉讼检察监督职能和河长制统筹谋划、协调监督等职能作用，密切检察机关与河长办及河长制成员单位的协作配合，助推河长制各项工作有效落实，逐步探索建立协调有序、监管严格、保护有力的河湖管理新机制，依法打击破坏河湖生态环境的损害公益行为，共同推进水生态文明建设。"河长＋检察长"的联动机制主要包括联合巡查、联席会议、信息共享、案件办理协作 4 项机制，通过工作机制的建立和落实，实现重点工作协同推进、重要案件协同督导、重要工作信息共享、河湖生态环境损害赔偿与检察公益诉讼有效衔接、联合督办和专项整治、联合督促整改等，为葫芦岛市河湖管理提供有力的组织保障和司法保障。

（2）纵深推进河长制：

① "织密"河长制责任网络。葫芦岛市委、市政府把全面推动河长制从"有名"、"有实"到"有效"作为重要政治责任，多次召开市委常委会议、市总河长会议等，部署推进落实措施，增强各级领导干部推动河长制落地落实的政治领悟力、政治判断力、政治执行力。书记、市长担任总河长，带头履责，将河湖"老大难"问题作为自己的责任田，既挂帅又出征，把河湖管理保护责任抓在手上、扛在肩上，细化岗位职责、标准要求、任务分工，带动各级河长巡河，真正做到守河有责、守河担责、守河尽责。葫芦岛市建立了完备的组织体系和四级河长体系，明确市、县、乡、村四级河长 1 708 名。同时，创新设立四级总警长、警长 213 名，建立各级河长与警长"捆绑式"巡河机制。

② 持续发力破解治水难题。累计铺设截污干管 33.1 km，建设入海口湿地 12 万 m^2，种植地被植物约 1 万 m^2；实施排水管网提质增效工程，铺设改造管网约 10 km，累计完成产值近亿元。紧盯河湖问题，采取"四不两直"（不发通知、不打招呼、不听汇报、不用陪同接待、直奔基层、直插现场）的方式，组织开展"四乱"（乱占、乱采、

乱堆、乱建）清理整治，建立"一县一单"限期整改、动态跟进、全程督促、定期分析研判推进的工作模式，促进河湖面貌持续好转。同时，按照"全面规划、分期实施、重点推进"的治理思路，通过控源截污、内源治理、生态修复、活水保质，打赢黑臭水体治理攻坚战，实现长治久清。

③建立健全长效管护机制。葫芦岛市坚持把体制机制作为管长久、打基础的核心关键，围绕标准要求、责任监督、考评奖惩等方面，深入调研座谈，组织专人专班推进建立健全长效机制，出台了开展春季河湖"清四乱"专项行动方案等文件，有效促进河长制工作制度化、体系化、规范化。围绕河湖水资源节约保护，葫芦岛市结合河湖生态水量状况摸底调研，先后制定了 284 个"一河一策"保护与治理方案，建立了 351 个"一河一档"信息档案，并上线运行河长制管理信息系统、葫芦岛市河长制公众号，有效缩短问题响应时间，提升处理问题、解决问题的效率。

◆未来安排◆

（1）聚焦"求突破"理念，打好项目精准牌。水利工作要坚决融入主战场、围绕主旋律，以水利项目、水利经济服务全市经济发展大局，提升城市品质和气质。一方面要全力包装能够根本性改变区域性生态环境、流域环境的大项目，以水利生态拉动城市增值。特别是要善于策划具有经济效益或者衍生经济效益的大项目，提升水利项目的融资能力，积极引导社会资本进入水利工程。另一方面要提高项目谋划的覆盖率和受众面，把项目落实到每个村庄、每条河流，集腋成裘、积沙成塔，把众多的小项目整合为大项目，让每个村屯、市民都在水利项目中受益。要重点强化水利项目的辐射、带动能力，将水利项目从河道延伸到岸边、从公益延伸到产业、从生态延伸到业态。特别是要把水利项目与公路交通、生态环保、乡村振兴、文化旅游、城镇开发等项目衔接起来，实现共建共享。把 2023 年作为全市水利项目谋划年，丰富水利项目库的数量和内涵，让水利项目从过去传统的"纯净水"变成"鸡尾酒"。要建设好建昌县茅河河道治理工程二期（冰沟村至下贺汰沟桥段）、兴城河（高铁桥至狼洞子段）及其支流白塔河（白塔村至入河口段）和兴城河（狼洞子至二道河子段）治理工程、绥中王石灌区续建配套与现代化改造工程。同时，葫芦岛市要抓住"水润辽宁"的黄金机遇期，抢抓投资、争上项目，争取年内实现续建项目完工一批、新建项目开工一批、储备项目完成前期一批的工作目标。

（2）聚力"水源头"动能，兴水增效促发展。要继续强化担当再攻坚，再啃一个"硬骨头"，画好青山水库下闸蓄水验收"竣工图"，绝不让青山水库成为下一个历史遗留问题，争取早日让"全省关注""全市瞩目"的青山水库发挥出应有的生态效益、经济效益、社会效益。市县两级要尽速组建专班、倒排工期、挂图作战。相关地区要提高站位、大局为重、展现担当，主动认领任务，合力攻坚。兴城市要按照时间节点完成移民安置点专项工程验收事宜；绥中县要完成移民安置点专项工程验收、解决大河西村方家沟 1 条出行路建设和大河西 16 亩林地补偿问题；建昌县要完成移民安置点专项工程验收、解决八家子镇沙河哨村汉沟屯 6 户补偿搬迁和高屯村 6 户兑现奖励（拆除房屋）问题。此外，要继续巩固排污口整治成效，强化执法检查。全市范围内要开展入河排污口排查整治"回头看"专项行动，按照"一口一策"进行规范整治，完成现有清单内整治任务，有效管控入河入海污染物排放，坚决防止反弹。

（3）聚合"水环境"治理，河道治理再提质。一是常态长效推进垃圾整治。要把常态化保持最优要素、最佳水质、最好环境"三位一体"作为河长制的基础目标和普遍要求。全市各级政府、各相关部门要树立一个基本的工作理念：不能因为垃圾的问题丢尊严、损形象、降能力。2023 年河道环境必须要有根本性、日常性改变。2022 年省河长办对葫芦岛市进行暗访时，发现河道垃圾问题普遍存在，比如绥中县黑水河大棚薄膜和反光膜垃圾、连山区连山河沙河营子乡段生活垃圾、南票区女儿河建筑垃圾、杨家杖子域内河流生活垃圾仍大量存在。相关地区要采取综合性手段治理河道垃圾。一方面要从源头强化执法、垃圾分类、遏制增量，另一方面要采取规划、政策、激励等手段，将垃圾集中的点位变景观、变节点。同时要提升河道垃圾治理的内生动力，让环境效益变现，植入项目、丰富业态。二是要加强畜禽养殖污染防治。要加强河流管理范围内及饮用水水源地保护区内畜禽规模养殖场及规模以下散养户的污染防治，重点加强兴城河、狗河、连山河、五里河、青山水库上游的畜禽养殖污染防治。2023 年底前，畜禽粪污综合利用率稳定在 78% 以上，加强畜禽养殖环境监管，强化畜禽禁（限）养区管理。三是高标准完成水岸共治。以建昌县茅河治理为标杆，因河施策开展"水岸共治"，打造水清岸绿、四季有景、可亲可享、人水和谐的休闲环境，恢复水岸交互的自然形态。结合上述理念，高质量完成兴城河二期和三期、大凌河二期和茅河治理二期等工程建设任务。

（4）聚能"水生态"管理，合力共治求长效。一是坚决重拳出击打击违法采砂问题。各级河长要加强监督巡查，对于采砂重点河段、敏感水域和重要时段加大巡查频次，及时发现并解决问题。发挥河道警长作用，持续组织检查执法，严厉打击无证采砂、不按许可要求采砂等非法采砂行为，强化行刑衔接，形成强大攻势和威慑力。充分利用辖区河道在线监测设备，对"蚂蚁搬家式"盗采、零星偷采河砂的行为进行动态监测，推动"人工管水"向"数字管水"转变，让数字化管护"河长制"升级为"河常治"。二是强化职能建设，统筹推动"高效治水"。河长制各成员单位要主动认领工作职能、主动编制作战图表、主动晒出量化目标、主动提出工作举措、主动开展督导检查，充实细化河长制的内涵和外延。不要把河长制简单落实为定期到河道看一眼、问一句、留个痕。要真正解决问题、压实责任，推进"一河一策"重点任务分解落实，把工作标准提上去，把治理思路理清楚，把管护措施定精准。三是宣传水文化、水意识，广泛动员"全民护水"。要通过各种新闻媒介、活动载体，大力弘扬"护水、爱水、亲水"的理念，积极引入河库巡查和社会监督，发动志愿者、热心群众等社会力量参与河道清洁、巡河管理等工作，组织开展宣传进社区、进学校、进企业、进乡村等系列活动，形成多方参与、共治共管的良好局面。

（作者：吴迪）

4.15　沈抚示范区问题、经验及亮点

◆问题◆

（1）河长制办公室人员少。沈抚示范区河长制办公室设立在规划建设局水利科。水利科人员少，专职人员更少，影响任务完成时限和完成质量。

（2）长期考核机制不健全，缺乏长效机制。沈抚示范区建立巡河日志，对发现的问题做详细记录，及时反馈、及时处理，争取管理的敏捷、精确和高效；努力实现问题线下交办、巡河轨迹可查。但由于水利科（河长办）人员少，在将河长制工作纳入绩效考核系统、加强河长制工作的日常管理方面仍有欠缺，长期考核机制尚不健全，缺乏长效管理机制。

◆经验◆

1. 强化河湖长制

（1）依法依规，履职尽责。沈抚示范区全面贯彻落实《辽宁省河长湖长制条例》，建立了由沈抚示范区管委会主任担任总河长、副主任担任副总河长的工作模式，按属地管理，分级负责，共设立三级河长，其中示范区级河（库）长 5 人、街道（乡、经济区）级 20 人、村（社区）级 48 人，并设立 11 条河流、1 条运河、4 座水库的 73 位河（库）长公示牌，由各街道（乡、经济区）、村（社区）河长负责所辖河库日常巡查与信息反馈，协调解决本责任区河湖管理、保护和治理的具体问题。

（2）监督检查，考评激励。持续将河湖管理、河湖长制落实情况作为监督检查工作重点，制定了《沈抚示范区河长制考评办法》和《沈抚示范区巡河员考评办法》，明确了会议管理、信息管理、河长巡查、督查督办、河长制评估、监督执法、考核问责激励等办法。按要求召开沈抚示范区总河长会议、河长办公会议，安排部署河长制年度工作，编制印发示范区"大禹杯（河湖长制）"考评方案和沈抚示范区河长制考评管理办法。将河长制工作纳入绩效考核（小考官）系统，加强对河长制工作的日常管理，确保河长制工作有序有力推进。

2. 落实重点任务

（1）高度重视河湖建设、河道治理工程。在用好上级资金基础上，自筹资金 10.88 亿元，开展浑河沈抚示范区段防洪治理、生态修复和小沙河生态修复工程，已完成浑河左岸沈抚示范区段河岸治理约 10 km，使浑河沈抚示范区段防洪标准由 50 年一遇提升到了 100 年一遇。完成了浑河伯官 411 m 气盾坝改建工程，完成了沈抚灌区水田的灌溉任务，保障了沈阳市生态景观水源度汛安全。

（2）持续开展河湖巡查监管行动。研制开发河长制综合信息管理系统，与省河长办数据终端进行实时对接，形成了上下联动、资源信息共享机制。按照《沈抚示范区河长制考评办法》和《沈抚示范区巡河员考评办法》，建立河湖日常监管巡查制度，开展浑河、友爱河、拉古河、杨官河、小沙河等河流水系巡查检查工作，全年完成示范区各级河长巡河 15 699 次，发现和解决问题 224 项。

（3）推进碍洪问题排查整治和河湖"清四乱"行动。开展妨碍河道行洪排查整改及河湖"清四乱"专项行动工作，按照省水利厅要求的任务和时限，整改完成了 19 项碍洪问题。编制《河湖"清四乱"常态化、规范化实施方案》，印发《严厉打击违法行为的通告》，持续开展河湖"清四乱"及垃圾清理专项攻坚行动，累计清理垃圾 2.2 万 m^3。

（4）强化河道采砂管理。严格落实沈抚示范区全域禁止河道采砂的管理规定，积极协调综合执法局和公安局加强日常巡查、暗访检查，及时发现和查处非法采砂行为。

（5）加强水库消隐除患和运行管理。完成了小型水库维修养护工作及雨水情监测设施采购和安装调试，实现水情、大坝、渗流等数据的自动实时监测。统筹部署提前调度友爱水库等关键部位的安全度汛，强降雨期间要求巡河员、库管员全天值守，加强坝体巡查，提前开闸泄洪，保证预留库容、错峰泄洪，确保水库河道联防联调，保证区域和下游度汛安全。

（6）积极完成水利专项资金项目和移民后扶项目工作。浑河综合治理工程已经完工验收，拉古乡大甸村河渠工程、徐家组排水沟工程和高湾大泗水尾水渠工程及深井子小桥涵工程四项移民后扶资金项目已基本完成，同时完成了移民指标的核定工作。

（7）高质量完成"三区三线"划定。按省水利厅时间节点要求，完成上报"三区三线"划定工作。共划定 8 条河流、5 座水库，三年淹没线闭合范围内合计总占耕地 5 370 亩。

（8）加强水环境治理。深入开展入河排污口溯源及规范整治工作，对治理完成的入河排污口进行编码、立牌、归档，形成"一口一档"；推进农村黑臭水体整治排查；推进农村污水治理相关工作，制定《沈抚示范区农村生活污水处理设施运管考核办法》和《沈抚示范区农村生活污水处理设施运管考核办法》，推广建设农村小型生活污水处理设施。

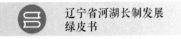
◆亮点◆

（1）积极开展河湖建设，提升防洪标准。在用好上级资金基础上，自筹资金10.88亿元，开展浑河沈抚示范区段防洪治理、生态修复和小沙河生态修复工程，已完成浑河左岸沈抚示范区段河岸治理约10 km，使浑河沈抚示范区段由50年一遇标准提升到了100年一遇的标准。完成了浑河伯官411 m气盾坝改建工程，保障沈抚灌区水田的灌溉任务及沈阳市生态景观水源度汛安全。

（2）创建三级河长制工作体系。沈抚示范区实行"区＋街道（乡、经济区）＋村（社区）"模式，各级党委、政府主要领导担任总河长、副总河长，形成了党政牵头、部门联动、街道（乡、经济区）发力、群众参与的齐抓共管治水责任链，守河有责、守河担责、守河尽责成为共识，工作任务逐级落实到位。

（3）建立河长巡河创新模式。研制开发河长制综合信息管理系统，系统已与省河长办数据终端进行实时对接，形成了上下联动、资源信息共享机制，具体落实全区河流、水库巡河（保洁）任务，并以"水管员＋巡河员＋保洁员＋库管员"联合模式，提升巡查、治理、协作能力。

（4）制定落实各项工作制度。结合沈抚示范区实际情况，因地制宜制定了《沈抚示范区河长制考评办法》和《沈抚示范区巡河员考评办法》，并建立河湖日常监管巡查制度，示范区河长办每月对河湖实行动态监管。

（5）打造"经费保障＋资金整合"治水新模式。将河长制工作经费纳入财政预算，加强联动各部门力量，整合项目资金，实施流域综合治理、水环境整治等项目。通过资金投入，确保河道治理管护常态化、长效化，有效保障河湖长制工作开展。

◆未来安排◆

（1）按期调度，统筹推进河长制工作六项主要任务的开展，全力保障各项任务目标按期完成。

（2）加大河长制的宣传力度，增强群众保护河道的责任意识和参与意识，呼吁并形成全民全社会共同爱河护河的良好氛围，全民参与、共同助力，持续优化河湖生态环境。

（3）严格督查考核。切实加强对各街道河湖管护工作及对村级河长、巡河员、库管员的绩效考核。由河长制办公室按季通报各街道（乡、经济区）河长制考核结果，根据不同河道存在的主要问题，实行差异化绩效评价考核，将完成情况和整改情况作为领导干部考核的重要参考，并形成长效机制，确保河长制工作高质量开展。

（4）完成农村积存生活垃圾清理整治，建立县域2023—2025年农村生活垃圾收运处置设施项目库，健全农村生活垃圾治理监管考核机制。

（作者：林萱、刘元锋）

第5章
典型成效

通过实地调研、交流、座谈，以辽宁省 14 个市及沈抚示范区提供的材料为依据，总结 14 个市及沈抚示范区推行河湖长制典型成效。

5.1 沈阳市典型成效

沈阳市主要依据图 5.1 所示的技术路线图论述河湖长制典型成效。

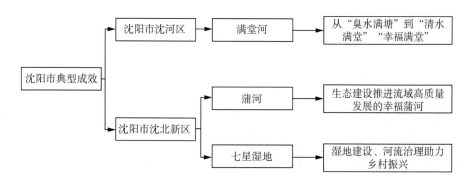

图 5.1 沈阳市河湖长制推行典型成效技术路线图

5.1.1 从"臭水满塘"到"清水满堂""幸福满堂"

满堂河，一条流经辽宁省沈阳市区东部的季节性河流，发源于浑南区满堂街道上木村，自东北流向西南，河道蜿蜒曲折，河流总长 25.2 km，流域面积 62.9 km²。几经变迁，从没有像现在这样引人关注。2018 年，沈阳市实施河（湖）长制，满堂河沈河区段设立市级河长 1 名、区级河长 1 名、街道级河长 2 名、社区级河长 8 名、护河员 8 名，满堂河有了专人负责、专策应对。针对满堂河的水势、水质、河道等因素，市河长办制定了专门的水利维护、水生态修复、水污染治理政策。

针对满堂河枯水期流量很小、汛期洪水来势迅猛的特点，沈阳市水务局在满堂河规划了双河道，在提升防洪、过流能力的同时，增加了湿地面积，为野生动物提供了栖息场所。从堤坝、护脚到滨河慢道铺设"海绵"材质，再到有意营造弯曲河道岛屿湿地，满堂河的沿岸全是能"呼吸"、会收纳的"海绵"元素，确保了河流丰水期留得住水，枯水期不会干涸，岸上岸下、地表地下互相涵养。经过短短几年的生态修复，满堂河流域植被明显恢复，生物多样性明显增多，曾绝迹多年的白鹭、苍鹭等候鸟也会在春秋两季到这里停留觅食。

经过持续打造生态带、景观带，如今，沿满堂河已经形成了一条占地面积约 139 100 m² 的生态廊道、文化展示长廊。古井桥、樱花岛、白鹭栖息地等成为远近游人的好去处。水、岸、路、河形成了有机整体，臭水沟变成了清水河，土泥道变成了林荫大道。每到节假日，伴着鸟语花香、流水潺潺，游人如织。满堂河生态环境的变化也吸引了众多投资者的目光，多家养老机构选择在金家街落户。沿着生态廊道也开业了咖啡厅、书店、游乐场等休闲场所，未来这里将成为沈阳市民生态旅游、亲近自然、放松身心的出行首选。

如今的满堂河，水清、岸绿、路通、景美，鸟飞鱼跃、人水和谐，从曾经的"臭水满塘"到如今的"清水满堂""绿色满堂""幸福满堂"，良好的生态环境让沿河居民得到了最普惠的民生红利，也让人们真正理解了"绿水青山就是金山银山"。

5.1.2 生态建设推进流域高质量发展的幸福蒲河

1. 基本情况

蒲河因两岸生有大量蒲草而得名，发源于铁岭市想儿山，流经浑南区、沈北新区、于洪区、新民市、辽中区，在肖寨门镇黑鱼沟村汇入浑河，流域面积 2 497 km^2，全长205 km，是沈阳市流域面积最大、河道最长的中型河流。蒲河干流沈北新区境内河流长 33.2 km，流域面积 298 km^2，为无堤防过境河，泄洪流量受棋盘山水库控制。东起棋盘山交界处，西至于洪交界处，流经辉山、虎石台、正良、道义四个区域。道义、正良断面为 50 年一遇防洪标准，最大允许泄洪流量为 248 m^3/s，包括九龙河、黄泥河、南小河、马家堡总干渠、大蔡台子河 5 条一级支流，以经济效益和社会效益为主。

2. 蒲河生态廊道建设

2009 年，沈阳市委、市政府作出建设"蒲河生态廊道"的战略部署，以提高生态质量、提升城市品位、做优发展空间、打造生态水系为要求，沈北新区于 2009 年开展蒲河生态景观廊道和水体改造，累计投入资金 50 亿元，实施环保、水利、林业、交通、村镇环境整治及景观建设等工程。共疏通河道 33.2 km，建成 7 座湖泊（春晓湖、夏花湖、秋月湖、冬雪湖、天乾湖、地坤湖、人杰湖）和 2 处湿地（佟古湿地、大望湿地）；建有 6 座橡胶坝、3 座翻板闸、1 座钢坝闸、66 km 滨河路、16 座跨河交通桥、6 个文化休闲广场和 3 座污水处理厂（日处理能力 11 万 t）。蒲河生态廊道水面平均宽度 50～100 m，形成水面面积 5 km^2，两岸绿化带平均宽度 150 m，绿化面积 10 km^2。兴修水利、铺设道路、栽植花木、雕琢景观，蒲河流域实现了"水连、岸绿、路通、河清、景美、宜居"的目标。芳草萋萋、绿树成荫、碧波荡漾、鱼虾欢游、钓叟莲娃、万物蓬勃，展开了一幅人水和谐的生态画卷，蒲河廊道景观带已成为沈阳市居民游乐休闲胜地，成为生态治理典范，曾经几近干涸、污水横流、千疮百孔的蒲河迎来了新生。蒲河生态廊道荣获 2012 年中国人居环境范例奖、2013 年获批国家级水利风景区。蒲河成为沈阳市优化城市空间、统筹城乡发展、涵养都市水源、提升城市品位的重要生态纽带。

3. 推进流域高质量发展

党的十八大以来，沈阳以水生态、水环境治理为抓手，全面实施"碧水工程"，以污染源、支流河道整治及生态修复为突破口，开展全流域治理。蒲河水质、水环境质量得到大幅提升。2018 年，蒲河全面建立市、县、乡、村四级河长制体系，设立了 141 位河长、81 名护河员、61 名监督员、229 名志愿者。按照定格、定责、定人、定时、定量、定论的原则，进行巡查、管护，巩固生态建设成果。贯彻落实辽宁省、沈阳市总河长令，全面实施"建设美丽河湖三年行动计划"，建设河口湿地、实施生态封育、坚持常态化保洁，实行数字化管理、全天候监管，让蒲河之水再续清流，让蒲河之美再添亮色。

如今的蒲河，春有草木萌生、夏有鸟飞鱼跃、秋有瓜果飘香、冬有滑冰戏雪，一汪汪清流滋润着千里沃野、惠及着千家万户，生态建设红利正在显现。蒲河，已经成为景色秀美怡人、文化气息浓郁、高端业态集聚、造福城乡居民的生态之河，也必将成为沈阳向北延展辐射、河流生态建设带动流域高质量发展的幸福之河。

5.1.3 湿地建设、河流治理助力乡村振兴

1. 辽河七星国家湿地公园基本情况

辽河沈北七星湿地为国家级生态湿地，位于辽河干流沈北段南岸，以旅游滨水路为轴，西依七星山风景区，东连 203 国道，景观全长 18.5 km，总面积 573.37 hm²，由辽河左岸支流长河、万泉河、西小河、羊肠河交汇形成。辽河七星国家湿地公园作为辽河流域上宝贵的湿地资源，全部纳入辽河国家公园范围。

2. 辽河七星湿地近年来工程建设情况

自 2011 年开始，沈北新区共争取上级资金 9.1 亿元，其中：水利资金 8.1 亿元，主要投入辽河滩地全域回收回租、湿地生态恢复、辽河支流河综合治理、景观绿化、配套旅游设施（旅游大道、桥梁、自行车道、航道、路灯、木栈道等工程）建设中；旅游部门投入资金约 500 万元，进行了腰长河村屯改造、旅游基础设施建设和景区园林建设；建管部门投入资金 9 500 万元，建设了湿地内桥梁、观景平台、绿化、花岛景观、栈桥等工程。目前的湿地公园生态环境优美，野生动植物种类繁多，吸引了大量游客，也带动了周边乡村的经济发展。

3. 辽河国家公园规划情况

七星国家湿地公园是辽河流域重要的湿地资源，按照省林草部门要求全部划入了辽河国家公园范围。辽河国家公园创建以来，沈北新区相关部门已配合上级部门完成了辽河国家公园建设外业调查、调研材料报送、社会风险评估及公园划界等工作。辽

河沈北新区段国家公园总面积 3 606.984 2 hm²，主要包括辽河沈北新区段主河道、石佛寺水库、沈北七星国家湿地公园、黄家街道高坎村、兴隆台街道沙岗子村及石佛二村。除辽河主河道、石佛寺水库、七星国家湿地公园外，国家公园所占各村土地基本为林地及河滩地。

4. 长河、左小河等河流治理情况

2007 年，启动长河治理，累计投入资金 2 900 万元。建设 4 座橡胶坝、1 座拦河闸，实施护坡治理、险工险段整治。沿岸配套长河公园、新城子公园等重要户外休闲娱乐场所。2016 年以来，实施了万泉河河道清淤拓宽 7 670 m，凹岸险工段护砌 600 m，河道束窄段护砌 200 m，左小河河道清淤疏浚 15.1 km。通过实施中小河道综合治理工程，极大改善了农村地区生态环境质量，提高了居民幸福感、获得感。

湿地建设、河流治理提升了沈阳市生态环境质量，提升了居民的生活质量，助力乡村振兴与环境保护。

（作者：于国英、孔祥宇、郭晓婷、温国威、徐金洲、杨蕾、付琳）

5.2 大连市典型成效

大连市主要依据图 5.2 所示的技术路线图论述河湖长制典型成效。

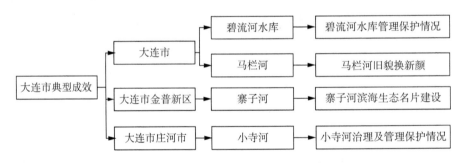

图 5.2 大连市河湖长制推行典型成效技术路线图

5.2.1 大连市碧流河水库管理保护情况

碧流河水库（图 5.3）位于辽宁省普兰店、庄河、盖州三地交界处，距大连市主城区约 170 km。碧流河发源于盖州市卧龙泉镇新开岭，于普兰店区城子坦街道谢家屯流入黄海。碧流河总长 156 km，流域面积 2 814 km²，坝址以上控制流域面积 2 085 km²（包括营口盖州市玉石水库 313 km²），占全流域的 74.1%。碧流河水库是大连市最重要的城市饮用水水源地，承担着大连市区和长兴岛经济区等区域的工业、生活供水任务。2004 年以来，碧流河水库先后获得"国家水利风景区"、"国家级水利工程管理单位"、"全国水利文明单位"和"水利安全生产标准化一级单位"等荣誉称号。

图 5.3　大连市碧流河水库

大连市碧流河水库管理保护的典型案例展示了水库的安全运行和生态环境保护。通过建立专门的水库管理机构和完善的运行监测系统，水库管理部门能够及时监测水位、库容等指标，确保水库运行的稳定和安全。同时，制定水库安全管理制度，加强设备巡查和应急预案，保障水库设施的正常运行。此外，加强水库周边水源地的保护和水质监测，控制污染源的排放，保持水库水质的良好状态。在生态环境保护方面，建立生态保护区，加强植被和野生动物的保护，推动河岸带绿化和湿地保护，促进生物多样性的恢复和保护。通过社会宣传和教育，提高公众对水库管理重要性的认识，增强环境保护意识和水资源的合理利用意识。这些措施的综合实施，使得碧流河水库成为大连市稳定的水资源供应源，保护了水库周边生态环境，为当地经济社会发展和生态平衡做出了重要贡献。

5.2.2　大连马栏河旧貌换新颜

马栏河流经甘井子区、沙河口区，长度 27 km，流域面积 92.8 km²。河道流域内有大西山水库和王家店水库，辖区内水资源相对丰富。马栏河生态治理工程位于王家店水库上游，工程占地面积 70 万 m²，项目总投资 3.6 亿。

1. 打好碧水攻坚战，聚力河长制推进全民治水

（1）建立"三本"治理台账。制定《甘井子区河长制工作实施方案》，建立"一河一策"台账、问题台账、整治台账。区、街道总河长带领督导组对区域水系流域、河道环境等河道管理工作进行专项督导检查，挂图作战、逐一销号，深入推进河湖治理常态化、规范化。

（2）构建"四级"管理体系。以实现网格责任"全覆盖、全压实"为要求，全面

推行区、街、村三级河长和河道管理员"四级管理"制度，划分5大责任区、24个小网格，配备2个专业物业公司以及河道巡视志愿者。强化河长制工作队伍建设，开展专题培训，注重提升专业技能，培养"明意义、知任务、懂措施、会巡河"的管理队伍，提高河道管护能力和水平。

（3）落实"五个"工作制度。一是落实河长制工作会议制度。每年定期召开各级河长会议，研究解决河湖治理问题。二是落实河长制工作信息管理制度。收集整理信息，总结宣传上报经验做法。三是落实河长制工作督察制度。开展河长制工作督察、完成"一河一策"治理保护任务。四是落实河长制工作考核制度，明确考核内容，细化考核指标。五是落实河长制工作巡查制度。加大巡河力度和频次，发现问题、立行立改。

2. 守护美丽新画卷，聚力生态宜居打造红旗样板

（1）实施净化工程。一是改造升级主干道路地下排水管网管线60 km，建设3座污水泵站，将2座水库沿岸的污水排入市政管网，实现全域雨污分流，提高综合承载能力。二是通过新建水堰、提升水位、扩大水域、动迁整合、水库清淤等手段，采用世界先进低碳环保工艺对河道进行生态治理。建设生态护堤约5 km，新建挡水堰28座，摒弃砌石护底，采取生态护底，通过放养游鱼等生态措施净化水质，大大提高了区域水源涵养能力。三是源头管控，对马栏河流域上游水系环境和王家店水库尾库实施综合改造和治理，关闭清理大型畜牧养殖场2个。开展"碧水行动""环保督查""清河行动"，全面清理整治水源地周边、沿河私搭乱建、菜地、漂浮物、污水入口点、私倒垃圾、河床淤积物等污染源，拆除私搭乱建建筑物1万余平方米，清理垃圾10万余立方米。如今的马栏河，已从昔日脏、乱、差的小水沟，逐步转变为三步一湖、十步一景的生态水域，水中鱼虾嬉戏、水草风貌与西郊森林公园共同筑就了大连市的城市"绿肺"。生态护堤前后对比如图5.4所示。

图5.4　生态护堤前后对比

（2）实施绿化工程。围库沿河两侧建设梯级叠坝和开展绿化补植，生态复垦和园林绿化6万 m²，景观绿化种植面积近200万 m²，净化水质、涵养水源、加固堤坝，做

到保护和利用相得益彰。完善提升区域内 8 条景观路、60 余公里水系景观带植绿补绿和景观小品建设,栽种各类花卉、树木及花坛、花塔 200 余万株、种植各类乔灌木 7 000 余株、地被及花卉 23 000 多平方米,为河道建起绿色屏障,实现水库"岸绿"。如今的马栏河流域,早已不是当年的穷山恶水,而是林木葱葱、绿草茵茵,为区域发展打下了良好的生态基础,真正践行了"绿水青山就是金山银山"的绿色发展理念。

(3)实施美化工程。投资 1 亿元实施大巴山水土流失治理,改善区域环境;建设十里水景花街、金柳景区、花红谷景观路、环湖木栈道等景观景点 50 余处。在西山湖公园建成水面景观 20 万 m^2,唯美自然的"三岛五桥"、60 m 高的景观水车、写意生态的观景塔为游客带来巨大的视觉冲击,形成"地标"和"符号"效应。建设陆地公园景观 30 万 m^2,充分地展现了文化与自然的和谐之美,丰富了公园的艺术鉴赏力。西山湖公园荣获中国绿化基金会"精品项目奖",形成了独特的生态大景观和城市"小气候",实现水库"景美"。今天的马栏河已成为大连市名副其实的后花园,每逢假日,这里游客如织,处处是人在画中游的繁华盛景。

5.2.3　大连市金普新区寨子河滨海生态名片建设

寨子河流域位于金普新区南部,发源于湾里街道林场村,自北向东南流经湾里街道由大窑湾港汽车码头注入黄海。河流流域面积为 16.6 km,河道长度约 8.4 km,河道比降 11.56%,河道堤防防洪标准为 10 年一遇。为打造"水清、岸绿、河畅、景美"的河库生态环境,在寨子河率先开启生态示范河道工程,工程总投资约 1.49 亿元。治理思路是首先统筹考虑上下游、左右岸,实施全流域统一治理;其次按照"治污水、分雨水、纳洪水、排涝水、用中水"五水共治思路,实施寨子河生态环境综合治理工程;最后亮点提升,在中游段实施增绿工程,建设生态驳岸,在河道左岸建设滨河公园,使寨子河逐渐成为一条供市民休闲娱乐、观光游憩的景观河、民生河,更成为一条彰显河、海特色的生态景观廊道。

1. 上游防洪功能区

上游河段以防洪为主,为进一步加强城区河流治理和管护水平,2022 年金普新区实施了寨子河河道治理工程。工程总投资 1 075 万元,主要治理河段从大连鸿升机械有限公司起向上游延伸 2 km,防洪墙及排水涵级别均为 5 级;河道治理断面采用浆砌石直墙与土堤结合的复式断面形式,防洪墙断面采用浆砌石直墙形式,工程于 2022 年 5 月 27 日开工,当年 10 月 7 日完工。该河流域经受住了 2022 年台风"梅花"登陆等多次强降雨和超标准洪水的严峻考验,保障了寨子河流域行洪安全,保护了周边居民及企业的生命财产安全。

2. 中游生态休闲区

中游寨子河（大窑湾收费口—辽河中路段）全长约 1.1 km，宽约 35 m，河道东侧与大窑湾高速收费口及城市主干路相邻，西侧为自然山体。以自然山水为依托，打造集排洪功能与山水相依、开合有致的景观效果相结合的自然生态河道，同时通过栽植观花、彩叶等特色植物，为周边居民提供一处可观、可憩、可享的生活空间。河道提升施工，增加两座充气式拦河水坝，雨季水量充足期，形成河面及两处跌水景观。原有垂直驳岸加固，增加缓坡式干砌黄石围堰，摆放大型卵石，疏密有致，打造自然式驳岸景观效果，近水而不临水，确保安全。在植物栽植方面，充分考虑原有山体落叶品种居多的实际情况，增加栽植常绿苗木圆柏、龙柏；考虑季相变化，栽植金叶榆、元宝枫、红叶李、金叶风箱果、红瑞木等彩叶树种及丁香、杜梨、海棠等观花品种；地被苗木多选用玉簪、萱草、狼尾草、鸢尾等宿根植物，适应岸边生长，与孤置景石形成三季有花、四季有景的自然景观效果。中游生态休闲区改造前后对比如图 5.5 所示。

图 5.5 中游生态休闲区改造前后对比

3. 滨河公园

在中游河道左岸淮河中路至辽河中路之间利用该地优越的地理条件修建一个滨河湿地公园，内设漫步道、景观长廊、活动广场等，是一个集"生态修复、休闲体验、娱乐健身"为一体的综合性水岸城市滨河公园。滨河公园综合生态景观带，是空气新鲜、环境优美的宜居带，地产繁荣、商户云集的城市经济新的增长带，对完善城市功能、改善人居环境、提高城市品位、提升人民群众生活质量和幸福指数发挥重要作用。

5.2.4 庄河市小寺河治理及管理保护情况

小寺河发源于庄河市光明山镇，经庄河市中心于城关街道入黄海。全长 32.1 km（其中市内段长 9 km），流域面积 240.6 km²。左岸堤防总长 29.6 km，右岸堤防总长 27.3 km。有 10 km² 以上一级支流 5 条，二级支流 2 条。

多年来，由于小寺河入海口段处于庄河市城市中心位置，水体污染是其面临的主要问题，主要分为外源污染和内源污染，外源污染主要包括生活污水直排、工业废水直排、农业废水直排等，内源污染主要来源于河道底泥污染以及黄海长期的海滩淤积。自 2018 年以来，小寺河借力河道清淤治理项目和海绵城市建设，进行了彻底的治理改造。

小寺河的截污工程，将小寺河两侧所有的污水排口全部断接，转接到污水处理厂。然后再修建一些湿地及对河道两侧的明渠、暗渠进行清淤，保证雨水、污水不进河。截污施工后，小寺河焕发了新生。借助海绵城市试点项目，小寺河改造首先处理污水直排的问题，将长达 3.8 km 的沿岸污水源全部解决。未来将在庄河市乃至东北地区首次采用智能分流井和颗粒分离器的技术，引入智能化雨污分流系统，治理后将彻底解决水体黑臭问题，小寺河流域的水环境大为改观，成为庄河市民又一亲水乐园和城市景观。如今的小寺河已"脱胎换骨"，污染消除、海晏河清。现在庄河城南已经成为一片热土，城市环境也越来越美，新城、老城融为一体，庄河焕发出勃勃生机。

（作者：郭贵军、房丽、刘金玉、张慧哲、王俊威）

5.3 鞍山市典型成效

鞍山市主要依据图 5.6 所示的技术路线图论述河湖长制典型成效。

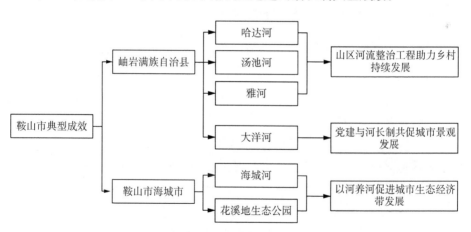

图 5.6 鞍山市河湖长制推行典型成效技术路线图

5.3.1 山区河流整治工程助力乡村振兴可持续发展

哈达河，长约 10 km，流经哈达碑、徐家堡、谢家堡 3 个村，由头道河、玉石河、桑皮峪河 3 条支流汇集而成，是大洋河上游的主要河流之一，是岫岩镇饮用水的主要

165

水源。近年来，作为岫玉主要产地的哈达碑镇玉石加工业蓬勃发展而环境治理相对落后，大量玉石、铁矿开采废弃物、生活垃圾及污水直接排入哈达河，严重破坏了河道及两岸环境。

2019 年以来，鞍山市认真贯彻党的十九大精神，以全面提升水安全保障能力为主线，围绕全面建设节水型社会、健全水利改革发展体制机制、完善水利基础设施网络、保护和修复水生态环境、夯实农村水利基础等领域的主要任务，有序推进山区河道整治工作。主要从以下几个方面开展山区河道整治工作。

（1）防洪防冲。通过炸礁，清除河流卡口；通过疏浚整治，拓宽窄槽河段，以提高河流的泄洪能力，达到防洪目标。建设生态护岸护坡，保护村庄和农田。在河流两岸有村庄和农田的凹岸处修建生态护岸护坡，以保护村庄和农田，达到防冲目标。

（2）建设生态河流。通过种植柳树、营蒲、芦苇等水生植物增强水体自净作用，这些水生植物不仅能从水中吸收无机盐类营养物，其舒展庞大的根系还是大量微生物以生物膜形式附着的介质，利于水质净化。把水、河道、堤防、河畔植被连成一体，通过科学的配置在充分利用自然的地形、地貌的基础上，建立起阳光、水、植物、生物、土壤、堤体之间互惠共存的河流生态系统。

（3）营造优美环境，保护、开发旅游景点。在满足防洪、水资源调度、生态修复的基础上，营造水岸景观，满足市民回归自然、亲近河流的情感需求。

5.3.2 党建与河长制共促城市景观发展

发源于偏岭乡一棵树岭南侧的大洋河，是黄海在辽东半岛的最大一条独流入海河流。大洋河水系共有大小支流 530 多条，全长 230 km，境内流长 180.2 km，主要支流包括雅河、牤牛河、连河水、哨子河，流域面积 1 968.4 km^2。河水清冽可鉴，水石明净，是岫岩县重要的饮用水水源地，是岫岩人民世代敬仰的母亲河。

历史上，大洋河曾经历过重重磨难，流域林木砍伐、河道断流、部分河段污水充斥，河水水质每况愈下。近十年来，岫岩县委县政府牢牢把握中国特色社会主义"五位一体"总体布局，把生态文明建设摆在更加突出的位置。特别是 2018 年以来，岫岩县把"生态水乡"建设作为立县之本，统筹水资源、水生态、水环境，"工程与管理并举"，开展流域综合治理，共投资约 7.5 亿元，综合采取经济、科技、行政、法治等一系列措施，全面提升流域生态环境质量，口子街国考断面水质持续保持在Ⅱ类以上标准。大洋河全貌如图 5.7 所示。

5.3.3 以河养河促进城市生态经济发展

海城市境内现有流域面积 10 km^2 以上河流 60 条，其中流域面积在 5 000 km^2 以

图 5.7　大洋河全貌

上的河流有两条，分别是浑河、太子河；流域面积在 1 000～5 000 km² 的河流有海城河。为深入推进河长制工作，海城市结合境内河流实际现状，逐级落实责任，严格日常监管，狠抓问题整改，切实解决海城河流生态破坏及环境污染问题，保障生态安全、防洪安全，促进河流休养生息，改善河道生态环境。近年来，市委、市政府高度重视海城生态环境建设，先后采取了东部封山育林、规范矿山开采、治理水土流失，中部打击河砂乱采乱掘、治理污染企业排污、建坝拦水、景观美化，西部疏浚河道、治理防洪隐患等一系列措施，河道生态环境和水质安全取得了明显成效，水质断面考核实现全部达标，逐步向"海绵城市""韧性城市""生态城市"迈进。

1. 海城河生态治理：河清水净两岸绿，满眼景色似"江南"

海城河位于辽东半岛中部偏北、东北平原南部，属浑河水系太子河支流。河源分东、西两岔，两岔于海城市析木镇汇合，自东南向西北流经析木、牌楼、马风等镇，于牛庄镇的小姐庙注入太子河，河长 91.8 km，总面积 1 344 km²。由于历史原因，海城河曾面临着水生态功能退化、水污染加剧、河道断流、水资源短缺等生态环境问题，极大地制约着沿岸经济社会的发展和河流生态服务价值的发挥。近年来，海城市政府高度重视海城河生态修复与保护工作，于 2016—2018 年建设实施海城河（城市段）16.8 km 的绿色生态发展带工程，采取清淤疏浚、堤岸修复、沟道治理等措施改善河流生态。

全面开展河长制工作以来，海城市在满足防洪、水资源调度、生态修复的基础上，营造海城河水岸景观，满足市民回归自然、亲近河流的情感需求。水岸景观应以安全性、开放性和舒适性为原则，并与城市建设风格相协调，与周围自然环境相融合，体现当地的文化特色、民俗风情、历史风貌。在适宜的节点建造亲水平台、休闲设施、历史文化长廊等，提升海城景观品质和居民生活质量。海城河及海城市污水处理厂如图 5.8 所示。

经过全市上下的共同努力，海城市境内的海城河、五道河、解放河的断面监测均值全部实现达标，河流水质改善工作取得了历史性突破。

图 5.8　海城河及海城市污水处理厂

2. 全力打造高品质生态环境，争创国家生态文明建设示范县

生态环境是人类生存最为基础的条件，是国家和地区可持续发展的基础。党的十八大以来，海城市积极践行习近平生态文明思想，秉持"绿水青山就是金山银山"的理念，全面构建生态文明体系，全力打造青山、碧水、蓝天、净土的高品质生态环境，借获批中央预算内人居环境整治重点县项目之势，争创国家生态文明建设示范县。海城河公园与河滨公园全貌如图 5.9 所示。

图 5.9　海城河公园与河滨公园全貌

近年来，海城市持续实施城市硬化、绿化、净化、美化、亮化工程，实现了农村垃圾处理体系全覆盖。特别是青山、碧水、蓝天、净土四大工程实施后，海城市对菱镁行业实施了全产业链条的整治，累计建设投运了 15 座污水处理厂，累计开展了近 200 万 m² 矿山生态修复治理工程。目前，全市森林覆盖率、河流水质优良比例和秸秆综合利用率分别达到 33.25%、16%、90%。

（作者：李玉其、余飞、王丽敏、陈亮、宋福君、蒋娜、宁兆勇、杨任夺、袁泉、穆春、温坤、尹沿博、丛贵利、史雨海）

5.4　抚顺市典型成效

抚顺市主要依据图 5.10 所示的技术路线图论述河湖长制典型成效。

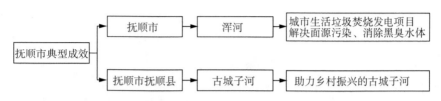

图 5.10　抚顺市河湖长制推行典型成效技术路线图

5.4.1　城市生活垃圾焚烧发电项目解决面源污染、消除黑臭水体

抚顺市城市生活垃圾焚烧发电项目位于抚顺矿业集团西舍场复垦基地入口处，占地面积 140 亩，总投资 5.7 亿元，采用 PPP 模式（政府和社会资本合作模式），建设规模为日处理生活垃圾 1 200 t，配置 2 条日处理 600 t 的垃圾焚烧生产线和 2 台 15 MW 汽轮发电机组，年垃圾处理量 43.8 万 t，年上网电量 1.6 亿 kW·h，由辽宁能源控股集团旗下辽宁抚矿三峰亿金环保能源开发有限责任公司负责项目建设和运行，目前该项目已成功并网发电。这标志着抚顺市彻底告别城市生活垃圾填埋处理的历史，对于改善城市人居环境、提升城市竞争力和吸引力具有里程碑式的意义。

5.4.2　助力乡村振兴的古城子河

古城子河是浑河左岸一级支流，发源于辽宁省抚顺县石文镇八家子村，流经抚顺县，抚顺望花区、新抚区、顺城区，在抚顺望花区古城子街道望花桥汇入浑河。流域面积 305 km²，河流长度 40 km，河流平均比降 2.68‰，多年平均年降水量 741.0 mm，多年平均径流深 223.1 mm，流域平均宽度为 7.6 km，河道弯曲系数为 1.1，河流形状系数为 0.19。流域面积 10 km² 以上一级支流 5 条，二级支流 1 条。流域面积 50~100 km² 的河流 2 条，10~50 km² 的河流 4 条。古城子河抚顺县石文镇境域内河长 19.2 km。

2018 年，抚顺县水务局向上争取资金 2 800 多万元对古城子河源头八家子村养树桥段河道进行综合治理，工程防护采用石笼子护砌，生物防护采用堤脚栽植红毛柳与堤顶栽植柳树相结合，治理河道 17.2 km，防洪能力达到 10 年一遇标准，确保河道两岸万亩农田汛期安全，基本修复了原河道的水生态环境。远望，水清、河畅、岸绿；近观，碧草如茵，鱼翔浅底。2022 年石文镇人民政府加大基础设施建设力度，结合乡村振兴和美丽乡村建设，在巩固、提升镇区设施，推行河长制工作上做文章，投入资金 3 500 多万元，对古城子河石文镇镇区内 2 000 多米河道进行了高标准建设，提高河道城市防洪标准，打造成石文小城镇河堤景观带。建成后的石文镇河堤公园已成为备受关注的新生网红打卡地。古城子河两岸风景如图 5.11 所示。

图 5.11　古城子河两岸风景

现在一走进石文镇，仿佛就走进了一座美丽的河堤公园，碧波清水为带，绿树花海为巾，人们穿梭其中拍照留念，老人怡然垂钓，时听水面白鹭苍苍，再见三两人群赏花观景，漫步在林荫栈道，既能领略人与自然的和谐之美，又能尽情享受远离城市喧嚣的静谧。

（作者：国志鹏、潘旭、林鸿晨）

5.5　本溪市典型成效

本溪市主要依据图 5.12 所示的技术路线图论述河湖长制典型成效。

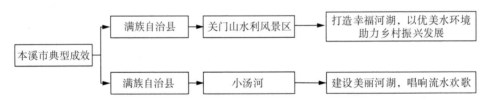

图 5.12　本溪市河湖长制推行典型成效技术路线图

5.5.1　打造幸福河湖，以优美水环境助力乡村振兴发展

关门山水利风景区（图 5.13）位于辽宁省本溪满族自治县小市镇陈英村，依托关门山水库而建，属于水库型水利风景区，2002 年被水利部认定为国家水利风景区。景区生态环境优良，发展动力强劲，通过探索"水利＋体育"发展模式，利用景区山水资源优势打造知名体育赛事，如巴图鲁关东越野赛、五彩辽宁国际极限越野挑战赛等，年均接待游客量超过 50 万人次，提升了景区周边村容村貌和人居环境，带动了乡村生态农业和民宿产业的发展，助力乡村振兴。该景区拥有水利部绿色小水电示范电站、松辽流域水库管理先进单位、全国模范职工之家、辽宁五十佳景等荣誉。

图 5.13　关门山水利风景区

关门山水利风景区的治理成果已经取得了显著效果。通过贯彻生态优先原则，景区的生态环境得到有效保护和修复，水质和空气质量达到了国家标准，生物多样性得到提升，成为当地的生态红利。同时，景区注重多元融合发展，创新投入机制，通过引入社会资本和开发多样化的旅游项目，促进了景区经济的发展，增加了收入和就业机会，为当地经济社会发展做出了积极贡献。景区还突出了水文化特色，通过开展水文化活动和整合当地的山水资源，打造了具有地方特色的旅游品牌，丰富了游客的旅游体验。此外，景区的建设还取得了良好的综合效益，提高了当地的知名度和吸引力，推动了乡村振兴和民生改善。景区的文化科普工作也取得了显著效果，通过展示当地的历史文化和民俗特色，丰富了游客的文化体验，成为当地的一张"金名片"。本溪市关门山水利风景区在助力乡村振兴方面发挥了重要作用。通过治理河道，改善水环境和生态环境，促进农村发展，提升农民生活品质。同时，通过推动乡村旅游发展和强化农村治理能力，实现了经济效益和社会效益的双赢。这一项目的成功经验可以为其他地区的乡村振兴提供借鉴和启示，为实现乡村振兴战略目标做出更大的贡献。

5.5.2　本溪满族自治县小汤河综合治理

小汤河是太子河本溪满族自治县境内左岸较大的一级支流，全长 58 km，流域面积 480 km^2，发源于该县草河掌镇佟堡村碑界岭，流经草河掌、小市、观音阁三个乡镇（街道）的 8 个行政村，穿过县城街区汇入太子河。小汤河流域属辽宁省少沙区域，山区地貌特征明显，河谷狭窄，林草茂密，多年平均降水量 950 mm，水系发育条件良好，共有 7 条支流和 18 条小河，多年平均径流量 0.795 亿 m^3，河道平均比降 5.22‰，河水在高山谷底间穿梭回转，清澈、湍急，小汤河蕴藏着丰富的水能资源。现在，小汤河中游建有中型水库一座，即关门山水库，总库容 7 661 万 m^3，坝址控制流域面积 176.7 km^2，在发展水电、养殖、旅游产业的同时，也在下游防洪、灌溉、生态用水方面发挥着重要作用。关门山水库及下游梯级开发共建成小型水电站 8 座，总装机容量

3 750 kW。

党的十八大以后，本溪满族自治县县委、县政府深刻领悟新发展理念的科学内涵，在对小汤河流域经济社会发展空间布局上，立足资源环境，满足社会需求，借助国家利好政策，做出了一系列吸引集聚人才、资本、技术，推进传统旅游观光、度假康养、运动竞技等富民产业转型升级的战略性安排；同时深入研究"两新一重"项目，在新型基础设施建设、新型城镇化建设和交通、水利工程建设上夯实基础，为富民产业转型升级创造条件。小汤河一期防洪治理工程（小市镇磨石峪村朴堡段）前后对比如图5.14 所示。

图 5.14　小汤河一期防洪治理工程（小市镇磨石峪村朴堡段）前后对比

自治县县委、县政府充分认识到抓好小汤河治理的重要性，按照可靠水安全、优质水资源、健康水生态、宜居水环境、先进水文化目标要求，提出了保护为先、留璞增绿、统筹资源、整合项目、政府主导、社会参与，防洪、生态、景观、产业、管护"一体化"推进的小汤河综合治理思路。要求在防洪能力提升方面，突出系统治理、补齐短板，工程措施与生态措施相兼顾，城镇需求与乡村需求相协调，做好点、线、面规划文章，水、岸、景呼应文章，增加区域产值和生态体验场景，打造更多的水景阳台、滨水空间，让水脉可触摸、可感知，实现"人水相融"；要求在发展滨水经济方面，以河流水系治理为牵引，同步推进沿河产业带、富民带开发建设，鼓励产业主体参与河湖生态健康管护，做活做大做好山水产业、水利经济；要求在传承流域文化方面，深度挖掘历史文化底蕴，打造一批具有民俗特色、乡土特色、地域特色的水文化景观，创建高品位的黄金旅游线、精品文化带、生态样板河，着力打造安全、健康、宜居、生态、文化的幸福河流，续写流水欢歌。

（作者：王玉婷、谷薪宇、郝玉鑫、迟忠国、孙秀川、尹舒家）

5.6 丹东市典型成效

丹东市主要依据图 5.15 所示的技术路线图论述河湖长制典型成效。

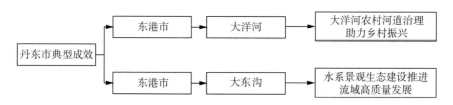

图 5.15　丹东市河湖长制推行典型成效技术路线图

5.6.1 大洋河农村河道治理助力乡村振兴

大洋河是东港市唯一一条流域面积在 1 000 km² 以上的河流，其堤防的安全是东港市的重中之重，大洋河发源于鞍山市岫岩县，在东港市黄土坎镇注入黄海，河流全长 198.2 km，流域面积 6 504 km²，多年平均径流量 31 亿 m³。大洋河堤防建设及后河闸治理后的照片如图 5.16 所示。

图 5.16　大洋河堤防建设及后河闸治理后的照片

丹东市积极推进农村河道治理工作，以提升农村河道的水环境质量、改善农村生态环境为目标，助力乡村振兴战略的实施。

（1）改善水环境质量。对大洋河河道进行清淤疏浚、河床整治等工程措施，有效改善了河道水流畅通性，减少了水体污染。同时，加强水质监测和治理，推动农村生活污水、农业面源污染等问题的整治，提高水环境的质量和健康状况。

（2）保护生态环境。丹东市大洋河沿岸地区的农村乡村自然环境优美，生态资源丰富。通过河道治理，加强生态保护，保护和修复湿地、湖泊等生态景观，增加绿化覆盖面积，恢复植被生态系统，促进生物多样性保护，提升乡村生态环境的质量和可持续发展能力。

（3）促进农村发展。河道治理不仅改善了水环境和生态环境，也为农村发展提供了有利条件。农村河道治理项目的实施，为农村基础设施建设、农田水利工程、农业生产和农村旅游等方面提供了支持。

（4）提升农民生活品质。在农村河道治理的同时，注重改善农民的生活条件。通过改善河道水环境和生态环境，提供清洁的水资源，保障农民的生活用水需求。此外，河岸整治项目还可以建设休闲公园、健身设施等，提供农民休闲娱乐的场所，提升农民的生活品质。

5.6.2 大东沟城市内河综合治理工程 PPP 项目

近年来，丹东市委、市政府深入贯彻落实习近平生态文明思想，把生态文明建设摆在全局工作突出位置。徜徉于东港市大东沟岸边，放眼远望，碧波荡漾的河水、秀美的两岸景观与宏伟壮观的大桥、鳞次栉比的高楼交相辉映，勾画出一幅生机勃勃的美丽图画。昔日的"臭水沟"，如今已蜕变为环境优美的生态景观长廊。大东沟治理前后如图 5.17 所示。

图 5.17　大东沟治理前后

大东沟河长 33.81 km，横贯东港城区，流入茫茫黄海，被誉为东港的母亲河，浓缩了厚重的历史与文化积淀，也承载着市民对美好生活的向往。然而，随着城区生活污水、工业废水超标排放，大东沟水质逐渐恶化，河道"黑臭"现象严重影响城市环境和市民生活。河长制推行以来，东港市深入贯彻落实习近平总书记对加强生态文明建设和生态环境保护提出的一系列新理念、新思想、新战略，结合中央生态环保督察及"回头看"反馈意见落实整改任务，坚决打好这场污染防治攻坚战。2018 年 8 月，东港市投资 12.99 亿元启动城市内河综合治理工程 PPP 项目，包含截污纳管、泵站改造升级、污水处理厂二期扩建、河道清淤、流域内食品企业污染治理、修复和建设两岸景观六大工程，全面打响大东沟截污、治水、治绿"三大战役"。通过实施截污纳管、泵站改造升级、污水处理扩建、景观提质等一系列硬核治理措施，生活和工业污水通过截污管道输送到污水处理厂，经过预处理、生物反应池、二沉池、深度处理等车间处理后达到一级 A 排放标准。经过这些环节处理后的中水再输送到大东沟作为景观用水，大东沟水质将达到四类水质，大东沟水质从源头上得以改善，曾经的"烂泥沟"逐渐脱去了"黑臭"外衣。

（作者：孟颖）

5.7 锦州市典型成效

锦州市主要依据图 5.18 所示的技术路线图论述河湖长制典型成效。

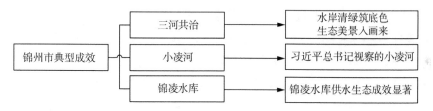

图 5.18 锦州市河湖长制推行典型成效技术路线图

5.7.1 水岸清绿筑底色 生态美景入画来——锦州市河湖治理成效显著

锦州市辖区内有流域面积大于 5 000 km² 的大凌河、小凌河、绕阳河三大水系。流域面积 10 km² 以上河流共有 240 条。其中，大型河流 3 条，分别为大凌河、小凌河、绕阳河，河流总长 988 km，总流域面积 38 671 km²；中型河流 4 条，分别为女儿河、细河、东沙河、西沙河，河流总长 494 km，总流域面积 8 212 km²；水库 24 座，总库容 10.24 亿 m³，其中，锦凌水库为大（2）型水库，库容 8.08 亿 m³。锦州"三河共治"工程主要围绕流经城区内的小凌河、女儿河、百股河开展建设。其中小凌河，全长 206 km，锦州市区境内河段长 88 km，凌海市境内河段长 59 km，太和区内河段长 25 km，多年平均径流量为 3.98 亿 m³。小凌河地表水是沿岸地下水的补给源之一。女儿河，全长 142.6 km，太和区内河段长约 15 km，下游河床宽约 150 m，水宽约

20 m，洪峰大，退水快，枯水期长。百股河，全长约 28 km。锦州市践行"绿水青山就是金山银山"的发展思路，坚持生态优先、绿色发展。全面推行河长制以来，以河长制为抓手持续推进生态环境质量的改善，深入打好蓝天、碧水、净土保卫战，深入实施河流断面水质等提升工程和治理示范项目，依托锦凌水库，发挥小凌河、女儿河、百股河三条河流绕城的自然条件，通过"三河共治"，努力打造"库河一体、林水相依、城水相映、人水和谐"的水生态城市，打造三山环抱、北湖南海、锦水长廊的宜居锦州。

"三河共治"工程是锦州近 20 年来重大民生工程之一，从启动到现在已有 10 多年历史，深受社会各界认可和支持。河道生态治理的历史欠账多、投入大、见效慢，没有足够的资金寸步难行。市委、市政府坚决贯彻习近平总书记关于治河治水要"两手发力"的原则，筹集资金，有效化解了资金短缺难题。一是通过融资平台融资，合计 8.9 亿元。二是获得农发行贷款 2 亿元。三是争取国家及省级资金 5.494 亿元，用于治污、清淤、修路等项目，其中，水利部中小河流治理专项 2 030 万元。四是以河养河。通过库堤联合运用、合理优化堤线方式，整理出新增建设用地，共收获土地出让金 10.1 亿元。其余 8.5 亿元缺口全部由市财政兜底补齐。由此可见，采取"两手发力"办法筹资，有效化解了资金难题。经过多年治理，小凌河、女儿河、百股河已成为辽西地区规模最大、标准最高、功能最全的生态带、文化带、旅游带、休闲带、安全带"五带合一"的城市水景区，沿河建有 88 座运动广场、43 座健身广场、21 座亲水平台等休闲场所和宪法广场、文化景观墙、地域文化景观区、市民讲堂、万人水上文化演艺广场等，组成独特的锦城沿河文化景观。随着滨河路五期工程、辽西北供水配套工程、锦凌水库移民及验收等工作的逐步完成，锦州累计完成河道治理、生态景观治理、交通道路等多项生态改造工程，投入资金达 30 亿元，城区内外堤坝防御能力大幅度提升，海蓝天蓝、山青水清的生态美景已成为锦州经济社会高质量发展的新引擎。"三河共治"工程已经成为锦州城建和辽西区域中心城市一张亮丽的"名片"，曾被百万市民评为锦州十大民生工程之首。"三河共治"区域现已成为市民健身休闲首选区域，百公里的滨河路已经成为市民和周边游客节假日郊游的主要通道。据统计，锦州城区人口 104 万，其中，日均进入"三河共治"区域健身休闲游乐观光人数高达16 万人次，占城区人口总数的 15.38%。静谧雅致、生态环保的河道环境，既吸引了大量市民踏足亲水，也密切了人与自然和谐共生关系。每到春秋两季候鸟迁徙季节，成群结队的白天鹅、黑天鹅、灰鹤、鸬鹚、麻鸭等飞禽野鸟，落脚"三河"两岸。众多市民自发组织护禽护鸟队伍，自掏腰包购买食物，喂养禽鸟。多年来，大量麻鸭和部分大天鹅已经从候鸟变成留鸟，常年生活在"三河"水域。2013 年大凌河入海口首次发现极度濒危动物大鸨。2023 年 6 月 8 日，锦州城西近 10 年首次发现濒危珍禽黄嘴白鹭，史上首次记录在此筑巢"生儿育女"。黄嘴白鹭号称"世界熊猫"，以小鱼、小虾为食，喜欢在滨水山林筑巢，对环境要求极其严苛，在锦州从旅鸟改为夏候鸟，足见治河功效。

5.7.2 习近平总书记视察的小凌河

2022 年 8 月 16 日，习近平总书记在锦州考察时指出，"锦州是一座英雄的城市，也是一座具有独特文化气质和深厚历史文化底蕴的城市。看到这里经过整治，生态环境、人居环境发生了巨大变化，感到很欣慰。希望大家增强保护生态、爱护环境的意识，共同守护好自己的家园。祝愿乡亲们今后生活更幸福更美好！"一句句询问，一声声嘱托，传递一以贯之的绿色发展理念。锦州市备受鼓舞，牢记总书记的嘱托，让绿色成为锦州高质量发展的鲜明底色，在新时代振兴中展现更大担当和作为！

锦州市委市政府牢固树立"绿水青山就是金山银山"发展理念，坚持"节水优先、空间均衡、系统治理、两手发力"的治水思路，贯彻"水利工程补短板、水利行业强监管"的水利改革发展总基调，以河湖长制为抓手，以河湖警长制为保障，以维护河湖生态健康为主线，以有效解决河湖管理保护突出问题为重点，统筹山水林田湖草系统治理，推进幸福河湖建设。为充分反映小凌河流域河流水质状况，省生态环境厅优化完善流域内水质监测断面、水质自动站等断面的设置，将锦州松岭门断面纳入"十四五"国考断面，完善流域内区域联动的生态环境治理体系。2019 年，小凌河流域 4 个"水十条"（《水污染防治行动计划》）考核断面均达到国家考核标准，其中锦州何家信子、葫芦岛卧佛寺两个断面达到二类水质标准。锦州市大凌河、博字和绥丰水源，朝阳白石水库、中山和扣北水源，葫芦岛平山水源等国家考核的集中式饮用水水源水质达到三类以上标准。

"十三五"以来，锦州市会同省林草局对该地区在争取和落实省以上工程项目资金上给予重点倾斜，先后在小凌河流域落实和实施了三北防护林体系工程、沿海防护林体系工程、中央财政补贴造林项目、中央财政补贴森林抚育项目，以及飞播造林、生态扶贫造林等一批省以上工程项目。经省政府同意，2014 年将位于小凌河流域的重要库塘湿地——葫芦岛南票乌金塘水库湿地列入了第二批省重要湿地名录，并向社会公布，促进了小凌河流域的生态保护工作。2016—2019 年期间，通过争取和落实省以上林业生态建设项目，累计安排小凌河流域营造林资金 11.9 亿元，支持该区域累计完成人工造林 299.8 万亩、封山育林 257.9 万亩、森林抚育 100.3 万亩、飞播造林 40 万亩。有效地推进了当地林业生态环境建设，提高了小凌河流域水土保持林建设水平。按照党中央关于生态文明建设的决策部署，林业建设工作持续把建设和保护森林资源放在首位，全面加强造林绿化和湿地保护，推进林业改善生态环境。省发改委会同省林草局争取中央预算内投资 77 920 万元，支持小凌河流域锦州、朝阳、葫芦岛 3 市重点防护林工程建设，有力地推进了流域内生态环境保护和污染治理工作。

2019 年、2020 年，锦州市连续两年荣获全省污染防治攻坚战成效考核优秀等次。2021 年，锦州市获评中国气候宜居城市。锦州市连续 10 年获得省政府"大禹杯"先进单位，2021 年锦州市水利局被水利部评为水旱灾害防御先进单位。锦州市 $PM_{2.5}$ 日均浓度为 21.7 $\mu g/m^3$，优良天数比例达到 99%；全市 12 个地表水国控断面优良比例均值达到 100%，地表水劣 V 类比例为 0，县级及以上集中式饮用水水源地水质达标率 100%。徜徉于小凌河东湖公园岸边，人人身心愉悦，感受流水潺潺的水生态福利，是舒缓身心的好选择。昔日的"臭水沟"，如今已蜕变为环境优美的生态景观长廊。小凌河东湖公园段和城区段如图 5.19 所示。

图 5.19　小凌河东湖公园段和城区段

5.7.3　锦凌水库供水生态成效显著

盛夏时节烈日灼灼，锦州"明珠"波光潋滟，远处青山绿影婆娑，水中鱼儿往来翕忽。锦凌水库（图 5.20）坐落于辽宁锦州，是锦州供水史上第一个地表水供水项目，承载着锦州城市防洪、供水、改善地下水环境三大重任。锦凌水库建成之后开闸放水 14 次，年平均放水量达 3 000 万 m^3，调节了下游小凌河径流，保证了水库下游生态环境需水要求。目前水库建设已经逐步转型到管理期，锦凌人不仅担负着建设水库、共筑绿水青山的使命，也承担着保护水库、守护生命之源的重任。多年来，为加强水源地生态环境建设，锦凌共栽植树苗近万株，保护锦凌水库周边地区的水土环境和物种多样性，优化区域生态环境。锦凌人每年都投入大量人力物力进行树木种植与养护，锦州风力较大，种植的树木更需要日常的维护。自从水库建成以来，锦凌人采取一系列措施使地下水逐步恢复采补平衡，保障锦州城区中长期持续稳定供水，有效缓解了锦州市用水紧张局面。

锦凌水库边上的小公园风景优美、水草丰茂、树木茂盛，清澈的河中三三两两的

图 5.20 锦凌水库

小鱼穿游其中。为更好地保护水库生态环境，同时实现生态建设与经济发展相平衡，锦凌水库在水库周边建防护网，种植沙棘。种植沙棘有助于保持水土、抗风沙，为水库筑起一道"环保墙"，能持久有效地保护好锦州的水，同时它也是一个助农增收的生态致富好产业。锦凌水库在进行陆地生态环境治理的同时也不忘对水质进行改善，水陆联动，共筑绿水青山。在水库资源保护方面，特邀辽宁省渔业和锦州市渔业专家实地考察，针对库区水质投放白鲢鱼、花白鲢鱼、草鱼等鱼苗近 3 000 万尾。在水库浅水区种植芦苇，以净化水质、保持水库生态平衡。锦凌水库相关人员每年都会与专家交流如何保持库区生态平衡，以及如何实现水、草、鱼三者之间的和谐发展，形成生态循环链，从而能够实现水库的自我修复。在陆地联合治理方面，对所有与生态环境相悖的活动一律进行整治。锦凌水库组织 600 余名职工，分为 6 个区域 15 个小组对锦凌水库一级、二级保护区范围内的 75 个村屯开展库区污染源普查和垃圾清理工作。制止乱倒乱扔垃圾行为，定期组织人员、机械进行垃圾集中清理，优化水库环境卫生。制止非法侵占土地及耕种行为，努力减少面源污染，守护库区土地，保证饮水安全。此外，锦凌水库采取"源头控制、生态隔离、生态保育、强化监督"的综合保护方案，成立了锦凌水库围网办公室，实施全长 165 km 的锦凌水库库区围网建设工程，进行锦凌水库全封闭管理；建立全天候在岗巡查制度，南北两岸错时巡查，狠抓水源地私自放生、钓鱼、野浴等破坏生态平衡的行为；2019 年出台了《锦州市锦凌水库饮用水水源保护条例》，为水源地保护提供有力的法律保障，使水源地保护工作有法可依。

　　如今的锦凌水库树茂了，草密了，水绿了，鸟多了。每年都会吸引大批大鸨、白鹤、天鹅、灰鹭、赤麻鸭、绿头鸭等十余种国家一、二级保护候鸟在此安然栖息。2021 年 9 月 11 日，锦州水务集团锦凌水库建设公司监测数据显示，锦凌水库蓄水位已至 54.49 m、蓄水总量达 3.5 亿 m³、水面面积约 35.38 km²，均创历史新高。

（作者：张弛、闫静、赵锦）

5.8 营口市典型成效

营口市主要依据图 5.21 所示的技术路线图论述河湖长制典型成效。

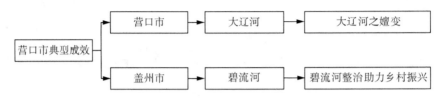

图 5.21　营口市河湖长制推行典型成效技术路线图

5.8.1 大辽河之嬗变

营口市大辽河城市段（成福里至大辽河入海口段）整治工程（简称"西段工程"）建设地点位于成福里以西，大辽河入海口以东，滨河街以北范围内，项目岸线长度 13.5 km，占地面积 0.82 km²，总投资 6 亿元。该项目的实施既响应省委、省政府重大决策，保护大辽河生态环境，打造绿色生态宜居城市，又塑造老城区的"河海文化"，提升城市品位，增强百姓的幸福感、获得感，是一项功在当代、利在千秋的重大民生工程。大辽河沿岸风光如图 5.22 所示。

图 5.22　大辽河沿岸风光

辽河是营口人民的母亲河。随着多年的发展，辽河岸边被码头、仓库、工厂、学校层层包裹，杂乱无章的建筑和污染企业严重破坏了辽河沿岸的生态环境。营口市委市政府狠抓辽河综合治理，创建辽河国家公园，推动城市更新、高质量发展，投资 6 亿元，打造绿色生态大辽河。辽河流域水质优良率达到良好水平，水质排名首次进入全国七大流域"前三甲"。大辽河入海口附近，永远角湿地 4 000 多亩芦苇荡，满目葱翠，海鸥翔集。为守护万千生灵的家园，发起了"退养还湿"工程——辖区内滨海养殖户的养殖设施全部依法拆除，清理围海养殖池塘 8.59 万亩，新增自然岸线 17.6 km。
54 岁的渔民张芳对生态变化看在眼里："现在鸟多鱼也多，小时候常见的辽河口特有的
大黄鱼、辽河刀鱼又回来了！"当地特有的红海滩如一张巨大的红毯向海铺展，芦苇丛
中，几只丹顶鹤安闲觅食。这里是全球重要的鸟类迁徙地、世界濒危鸟类黑嘴鸥的主
要繁殖地、斑海豹产仔地。

5.8.2 碧流河整治助力乡村振兴

碧流河是辽东半岛南部独流入海河流，发源于盖州市卧龙泉镇，干流全长 165 km，
流经盖州市、庄河市、普兰店区和花园口经济区，在普兰店区城子坦街道谢家屯村南
注入黄海。碧流河流域地理坐标为东经 $122°10'\sim122°53'$、北纬 $39°24'\sim40°20'$，流域
面积 2 839 km²。东以大洋河、庄河为界，西邻复州河，北靠大清河，南临黄海。碧流
河流域狭长，上下游宽，中间狭窄，形似葫芦，平均宽度 18 km。碧流河流域属千山山
脉余脉，流域内地势由东北向西南倾斜，上游为低山区，最高山脉步云山海拔高程为
1 129 m，地形陡峻。碧流河干流和最大的支流蛤蜊河在庄河市桂云花乡汇合后，地势
较为平坦，河谷发育完全，两岸土地肥沃。碧流河流域内山地占 67%，丘陵占 24%，
平原占 9%。河流两岸山体相连，河谷宽窄相间，河谷一般宽度在 700 m 左右，岸线总
长 330 km。碧流河支流较多，但无较大的支流。

碧流河沿途汇集了众多名胜古迹。实施河长制前，当地就已着手进行整治。实施
河长制后，对碧流河流域的管护力度再升级，切实加强流域管理、堤岸养护、河道保
洁、绿化维护等工作，打造了一条集防洪排涝、蓄补水源、生态调节、休闲旅游于一
体的景观长廊。近年来，营口市坚持"生态立市"的发展理念，持续加大碧流河水环
境治理力度，不断推进全市水生态环境高质量发展。碧流河边，昔日满目疮痍的小山
岭，重新披上绿装；当年不毛之地的坝头，如今风景如画……流经营口市的碧流河两
岸正在美起来、亮起来、富起来。近年来，营口市通过对碧流河干支流进行水安全、
水环境、水生态及水景观的提升和整治，在提高河道行洪能力、增加河道水面率和蓄
洪能力基础上，维护水资源、改善水环境、修复水生态、提升水景观，焕发河道生机
与活力，促进人与自然和谐共生，打造"山水林田湖草生命共同体"，形成绿色发展方
式。营口市通过实施一系列碧流河综合治理项目，多年平均防洪效益显著，不但可促
进碧流河两岸村镇的开发建设，促进经济发展，还可获得沿岸土地增值等间接效益以
及改善生态环境等巨大的社会效益。一级支流响水河段治理前后照片如图 5.23 所示。

人与自然是生命共同体，人类必须尊重自然、顺应自然、保护自然。这是营口在
实施河长制过程中的一个亮点。根据河流特点精准施策，在实施河长制过程中营口探
索出了诸多的"营口模式"。大山里的清溪孕育了大山里的生活，创造了大山里的文

图 5.23　响水河段治理前后照片

化，滋养辽南腹地的碧流河，波光荡漾，静静流淌，彰显了母亲河胸怀万物的包容
风采。

（作者：王顺、魏英杰、魏毅、邓文泽、魏亚杰、沈诗蕴）

5.9　阜新市典型成效

阜新市主要依据图 5.24 所示的技术路线图论述河湖长制典型成效。

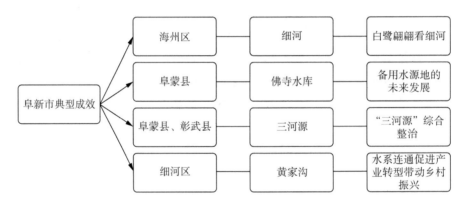

图 5.24　阜新市河湖长制推行典型成效技术路线图

5.9.1　白鹭翩翩看细河

为了保护好"母亲河"，由阜新市水利局牵头起草的《阜新市农村垃圾治理条例》
（以下简称《条例》）于 2022 年 5 月 1 日起施行后，收到了良好效果。阜新市水利局坚
持生态优先、绿色发展理念，防治并举，协同推进，以市、县（区）、乡镇（街道）、
村（社区）四级河长制为抓手，狠抓《条例》的贯彻落实。

细河支流韩家店河过去污染较严重，被百姓称为"黑水河"，阜新市充分发挥河长
巡河优势，及时发现、解决了一批河湖管理保护方面存在的突出问题，人防和技防齐

上，多次开展细河污水处理专项执法行动，实现污水达标排放。生态修复治理以后，水质得到有效改善，生态环境发生了巨大变化。细河"蝶变"是阜新市践行新发展理念，全面谋划转型振兴，推动实现高质量发展的具体实践。自 2017 年开始，累计投入 12 亿元对细河进行综合治理，让这条工业之河、排污之河，变成了生态之河、文化之河。

细河综合治理工作启动以来，阜新市成立了以市委主要领导任组长的专班，对细河治理进行了全面部署，对细河开展排污口溯源排查，大力封堵、拆除违法排污口，沿线设置了 16 个监测断面，每半月监测一次水质。

一系列治理"组合拳"打出后，细河水质不断好转，两岸环境持续优化。如今的卫工明渠两侧，商圈、公园遍布，河中碧波荡漾，河岸绿树掩映，休闲步道沿河延伸。老区西南侧的经济技术开发区，一排排新工厂在进行数字化、低碳化改造，污水必须接入污水处理厂后方可排放。阜新市实施了细河城市段改造项目及细河体育公园建设项目。落实精细化管理，从细节入手，完善各项公用设施服务功能，积极做好细河景区秩序管理、绿化和卫生保洁工作。细河风光如图 5.25 所示。

图 5.25 细河风光

5.9.2 "三河源"综合整治

"三河源"保护工程是市委、市政府实施的重点工程，在养息牧河源建设以"百花齐放"为主题的沙地植物园，在绕阳河源建设以"万紫千红"为主题的生态植物园，在细河源建设以"锦绣山河"为主题的山地灌木园，在沙地植物园集中分组团栽种所有适合沙地的草本植物，在生态植物园集中分组团栽种所有适合阜新的乔木，在山地灌木园集中分组团栽植所有适合阜新的灌木，将花时错开，形成植物景观。最终把"三河源"保护工程建成生态保护片区、科普教育基地、休闲打卡热点地，培育全民生态环境保护意识，实现生态、人文、环境、社会、旅游多效益共生。

在"三河源"综合治理过程中，阜新市采取了一系列措施和工程建设，包括沙地植物园、生态植物园和山地灌木园的建设。沙地植物园主要栽种适合沙地环境的草本植物，生态植物园集中种植适合当地气候条件的乔木，山地灌木园则种植适合山地环境的灌木植物。通过集中种植不同类型的植物，形成了多样性的植物景观。这些治理举措取得了显著的成效。首先，通过沙地植物园、生态植物园和山地灌木园的建设，改善了当地的生态环境，提高了植被覆盖率和生物多样性。其次，通过科学的生态治理手段，有效保护了水源地的水质和水量，确保了水源的安全和稳定。此外，该项目还促进了生态旅游的发展，吸引了众多游客前来参观和观赏美景，推动了当地旅游业的繁荣。基于项目取得的成效，阜新市对"三河源"保护工程的成功经验进行了拓展。在本市其他水源地开展了类似生态治理工作，努力提升整个市域的生态环境质量和水资源保护水平，并为其他地区水源地保护和生态修复方面提供了有益的借鉴和参考。

5.9.3 佛寺水库的未来发展

佛寺水库（图 5.26）位于辽宁省阜新市阜新蒙古族自治县佛寺镇境内，距阜新市区 25 km，是大凌河流域细河支流伊马图河控制性工程，控制流域面积 600 km²，总库容 1.45 亿 m³，是一座具有防洪、供水、养鱼等综合效益的大（2）型水利工程，年最大供水能力 1 200 万 m³。佛寺水库为多年调节水库，库区多年平均降雨量 472.5 mm，多年平均蒸发量 1 590.9 mm，多年平均径流深 65 mm，除险加固前现状正常蓄水位 140.00 m（1985 国家高程基准，下同），相应库容 4 110 万 m³。本工程按 100 年一遇洪水设计，2 000 年一遇洪水校核，设计（$P = 1\%$）洪水位 143.82 m，洪水位 147.83 m，死水位 132.50 m，死库容 383.1 万 m³。佛寺水库承担保护下游阜新地区和锦州义县部分城区 23 万亩耕地和 20 余万人的生命财产安全，保护阜新市重要矿区、工厂及重要交通枢纽的防洪安全。水库对下游防护对象具有重要意义。

图 5.26 佛寺水库治理前后

阜新市佛寺水库作为备用水源地，在未来的发展中将扮演重要角色，为城市的水资源供应和生态环境保护做出贡献。随着城市人口的增长和经济的发展，阜新市的水资源供应压力逐渐增大。佛寺水库作为备用水源地，具备一定的水资源储备和调节能力。在未来，佛寺水库将发挥以下作用：

（1）提供水资源保障。佛寺水库将作为城市的备用水源，为阜新市的居民、工业和农业提供稳定的水资源供应。在干旱季节或突发情况下，佛寺水库可以起到重要的补充作用，确保城市居民的正常生活用水需求。

（2）改善生态环境。佛寺水库的建设将有助于改善周边地区的生态环境。通过水库水源的调节和供应，可以满足附近农田的灌溉需求，促进农作物生长和农业发展。同时，水库周边的植被恢复和保护工作也将进一步提升区域的生态质量。

（3）促进旅游与休闲发展。佛寺水库的美丽景观和丰富的水资源将为城市的旅游和休闲产业带来新的发展机遇。通过开发水上娱乐项目、建设休闲度假村等，可以吸引更多游客前来观光和消费，推动旅游产业的繁荣。

（4）加强水资源管理与保护。佛寺水库作为备用水源地，需要加强对水资源的管理和保护工作。通过建立科学的水资源管理机制，合理调度水库水源，提高水资源的利用效率。同时，要加强水库周边的环境保护，避免水污染和生态破坏，确保水库的长期可持续利用。

5.9.4　黄家沟样板——水系连通促进产业转型带动乡村振兴

细河区四合镇黄家沟村位于阜新市区西北部，与城市交通主骨架四合大街联通。区域面积 5.79 km²，全村有村民 520 户、1 625 人，人均耕地不足 2.3 亩。20 世纪，因优势资源没有得到有效开发，村民多以大田种植业或外出打工为生，黄家沟村成为远近闻名的贫困村。村里缺乏产业支撑，各类基础设施落后，村容风貌无从谈起，乡村治理面临诸多挑战。黄家沟村以党建引领产业转型，以一、二、三产业融合发展破解乡村治理难题，打造乡村振兴的"黄家沟样本"。2022 年黄家沟村农民人均纯收入实现 2.8 万元，先后被评为全国文明村镇、全国生态文化村和首批全国乡村旅游重点村、全国乡村治理示范村、中国美丽休闲乡村、辽宁省省级旅游度假区。

从 2001 年起，"农业兴村"、"工业强村"和"旅游富村"的产业转型"三级跳"，使黄家沟村不仅一举消除了贫困户，还开辟了广阔的产业前景。目前，5.79 km² 的黄家沟全域生态休闲旅游度假区已全面开放，游人年均达到 30 万人次，成为辽宁、蒙东地区的旅游消费热点。

20 年转型发展，黄家沟村构建起现代农业、光伏发电和乡村旅游一、二、三产业融合发展格局，实现集体和个人"双富"，村集体年增收千余万元，村民人均收入中有 2 万元来自旅游业。20 年转型发展，黄家沟村打通治村兴村的"最后一公里"，产业带富体制机制形成，人居环境创优，文明乡风蔚然，"三治"成果卓著，民生福祉深厚，绘就了一幅中国特色社会主义新农村的隽永画卷。

黄家沟村党总支部充分意识到基层党组织的重要性，以政治领导核心的作用推动着村庄的发展，不断更新观念，创新思路，采用改革的方法促进发展，用发展的方式治理乡村。根据"产业兴旺、生态宜居、乡风文明、治理有效、生活富裕"的总要求，持续探索乡村振兴的新路径。东支河道治理前后如图 5.27 所示。

图 5.27　东支河道治理前后

从 2001 年开始的"农业兴村"战略，黄家沟村将发展现代农业作为经济转型的主攻方向，摘掉了贫困帽子。随后，从 2003 年开始的"工业强村"战略，引入装备制造企业，形成了新的经济增长点。这两次产业转型为黄家沟村奠定了产业基础。在 2012 年，根据国家绿色发展和地方产业结构调整的要求，黄家沟村面临着"东广产业"的搬迁。习近平总书记提出的"绿水青山就是金山银山"理念鼓舞了黄家沟村改革发展的勇气。村委会选择"退二进三"的策略，利用工业遗址和自然资源，建设全域生态休闲旅游度假区，努力打造"最美乡村"品牌。黄家沟村创新地推进土地"三权分置"，整村土地流转给村集体经济组织，为全域旅游快速发展奠定了基础。黄家沟全域生态休闲旅游度假区成为全国 PPP 示范项目，通过"政府主导、企业承建"的市场化运作模式，大胆尝试多元化融资发展之路。目前，阜新黄家沟旅游度假有限公司等3 家企业进驻运营。黄家沟村按照全域旅游理念规划产业，以项目方式运营发展。充分利用村内的山、河、湖和松林等自然资源，围绕建设全域生态休闲旅游度假区的目标，打造"乡村旅游＋文化全域旅游"的新产品和新业态。同时，村庄投入了大量资金，聘请国家级旅游专家指导规划，并委托权威机构进行规划设计，以确保度假区设计的科学性和发展的可持续性。

黄家沟村坚持坚守初心，谋划未来发展。结合细河区"三区三基地"建设，制定未来五年的建设发展规划，注重与现有的旅游项目、基础设施和土地整理项目相结合，推动生态旅游康养基地的建设。同时，还致力于发展康养产业和绿色能源产业，以推动细河经济带的快速发展。

（作者：王俊、姜海茹、朱秀茹、张丹丹、芦珊）

5.10 辽阳市典型成效

辽阳市主要依据图 5.28 所示的技术路线图论述河湖长制典型成效。

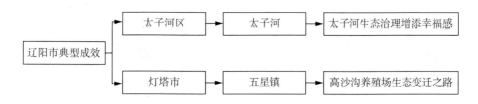

图 5.28 辽阳市河湖长制推行典型成效技术路线图

5.10.1 小流域综合治理助力乡村环境整治

辽阳市水务局、农业农村局在农业环境保护工作中重点开展小流域综合治理工程建设,已完成投资 2 793 万元,治理措施有梯田、水土保持林、经济林、种草、封禁治理、谷坊、山洪沟治理等,并取得了一系列成效。这些成效包括农村环境基础设施改善、农村生活垃圾规范处理、农村饮用水安全保障、农业面源和畜禽养殖污染有效控制,以及农村人居环境整治和农民环保意识提升。这些工作的开展促进了农业生产的可持续发展,保护了农村生态环境,提升了农民的生活品质和幸福感,为辽阳市的农村河湖治理和农业绿色发展做出了积极贡献。三块石村河道整改前后如图 5.29 所示,东宁卫河道整改前后如图 5.30 所示。

图 5.29 三块石村河道整改前后

图 5.30　东宁卫河道整改前后

5.10.2　太子河生态治理增添幸福感

太子河全长 363 km，流域面积 13 493 km²，河流源头为抚顺市新宾满族自治县平顶山镇橙厂村，经本溪县，由灯塔市鸡冠山乡瓦子峪村，贯穿辽阳市 7 个县（市）区，境内长度 143 km，流域面积 4 000 多平方公里，在辽阳县唐马寨镇黄坨子村流入海城市。太子河在海城市三岔河口与浑河交汇流入大辽河，由营口入渤海。

太子河是辽阳市重点治理的河流之一，在过去的几年里，推进太子河生态治理项目实施取得了显著的成效。其中，弓长岭区太子河生态治理工程是太子河治理项目的重要组成部分之一。该工程通过河道清淤、岸线整治、河床清理等措施，有效修复了河道环境，解决了沿线畜禽养殖场和采砂场的问题，保障了河道的泄洪畅通。同时，修建了彩色沥青河岸甬路和生态景观节点，打造了绿化廊道，提升了太子河的生态环境质量。工程于 2020 年 8 月 20 日完成验收，为太子河的生态修复和环境改善做出了积极贡献。安平乡高崖村镰刀湾太子河大桥工程和辽阳市太子河上游左岸生态治理工程（弓长岭段），进一步巩固太子河综合治理成效。镰刀湾太子河大桥工程建设了一座高质量的桥梁，提升了交通便利性。而辽阳市太子河上游左岸生态治理工程（弓长岭段）通过河道修复和生态治理，改善了河岸环境，增强了人们的生态保护意识。这些工程的建设不仅改善了太子河的生态环境，也为太子河历史文化风光带的建设奠定了基础。通过这些治理项目的实施，太子河的生态环境得到了有效修复和保护。河道的清淤和整形、河床的清理、绿化廊道的建设等措施，提升了太子河的生态质量，增加了人们对自然环境的认知和保护意识。太子河的治理工作为辽阳市打造智慧、文明、美丽、幸福新辽阳的目标提供了坚实基础，也为推动绿色可持续发展、打造国家历史文化名城做出了积极贡献。太子河沿岸风光如图 5.31 所示。

图 5.31　太子河沿岸风光

辽阳市注重太子河流域的生态保护和恢复。通过开展湿地恢复和河道生态修复工作，增加湿地面积，保护和恢复湿地生态系统的功能。加强植被的保护和种植，增加植被覆盖率，改善河岸的生态环境，促进了生物多样性的增加。通过太子河防洪提升工程和滨河路网改造工程，太子河的行洪能力得到有效提升，也实现了与城市道路的衔接和延伸，为太子河百里公园的开发建设提供了基础保障。同时，为市民提供举办体育赛事和健身活动的场所，在太子河沿线建设国家体育公园，实现了公益性体育设施与商业运营体育设施的有机结合。此外，太子河的历史文化带得到拓展，挖掘利用滨水岸线的历史文化资源，丰富了游客的旅游体验，为打造太子河旅游文化产业带做出了积极贡献。太子河治理成果的取得为辽阳市的可持续发展和居民的生活品质提供了重要支撑，也为其他地区的河流治理提供了宝贵的经验。

5.10.3　逐梦幸福河湖——灯塔市葛西河城区段生态治理成果显著

葛西河位于灯塔市城区南部，是北沙河的支流，域内总长 32 km。过去的葛西河在灯塔城市崛起和繁荣中起着满足水环境、水生态需求的重要作用，然而随着城市的发展，被排入大量工业废水和生活污水，成为名副其实的臭水河，平静的葛西河逐渐出现了局部段河道行洪断面狭窄、河道水环境和水生态恶化等问题，与沿线居民"美丽河湖"期望的落差日益增大，葛西河整治工作势在必行。

2009 年 10 月，以整治葛西河总体环境及湖渠改造为启动点，充分依托葛西河的水系和生态景观优势，传承灯塔历史文脉，把葛西河规划建设成为绿色生态长廊、休闲健身长廊、文化景观长廊。葛西河城区段景观工程分两期实施，总投资 3.65 亿元，绿化用地 150 hm²，水系面积 60 多公顷。2020 年至 2021 年实施葛西河三期、四期水系改造，打造横贯城区的水系廊道景观带，通过实施河渠改造、河道湿地生态修复、沿河城市公园景观建设、市民文化休闲设施建设等工程，建成葛西河水系森林湿地涵养区，打造了生态游憩线路和带状文化休闲廊道，使曾经污水横流、人居环境恶劣的葛西河，变成了如今杨柳依依、绿树成荫、水鸟游弋、鱼翔浅底、居民休闲娱乐的生态绿色之河。灯塔市葛西河城区段生态治理成果如图 5.32 所示。

图 5.32　灯塔市葛西河城区段生态治理成果

（作者：罗洪桥、乔云龙、王金强、赵勇、徐嘉森、张曦、王鹤栋、郭晓东）

5.11　铁岭市典型成效

铁岭市主要依据图 5.33 所示的技术路线图论述河湖长制典型成效。

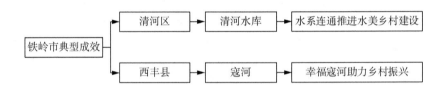

图 5.33　铁岭市河湖长制推行典型成效技术路线图

5.11.1　清河水库——水系连通推进水美乡村建设

2023 年 4 月 28 日，在铁岭市清河区聂家满族乡聂家沟河的河道里，清河区水系连通及水美乡村建设项目正式开工。

水系连通及水美乡村建设项目是全面落实"绿水青山就是金山银山，冰天雪地也是金山银山"理念，统筹山水林田湖草沙系统治理的具体行动，是贯彻落实党中央决策部署，补齐农村基础设施短板、推进乡村振兴的重要举措。着眼于通过项目实施对清河水库上游入库河流进行系统的改造和升级，打造水美乡村典型样板，清河区连续多年申请，于 2022 年 12 月获批进入全国第四批水系连通及水美乡村建设县名单。清河水库如图 5.34 所示。

清河区水系连通及水美乡村建设项目的实施范围包括清河区内 3 个乡镇共 24 个行

图 5.34　清河水库

政村，涉及中小河流 15 条，治理河道总长度 67.6 km。项目总投资为 38 996.76 万元，主要建设内容包括水利项目、景观人文项目、防污控污项目三部分。其中水利项目有农村河流生态治理及水美乡村建设项目、清河河道综合治理二期项目、清河河道综合治理二期项目（二步）、小流域综合治理工程；景观人文项目有乡村振兴景观示范项目，对 6 个行政村进行绿化美化，发展旅游产业；防污控污项目有清河水库水源地保护工程、张相镇污水处理厂提质增效改造工程。清河水库作为铁岭地区的重要水源和水利工程，对水系连通和水美乡村建设起到了重要作用。通过推进水系连通，可以进一步改善水环境，提高水资源的综合利用效益，并促进乡村的可持续发展。

5.11.2　幸福寇河建设助力乡村振兴

1. 西丰县河道生态治理

近年来，铁岭市有序推进西丰县中小河流生态建设，助力乡村振兴。树立"绿水青山就是金山银山"的发展理念，贯彻"节水优先、空间均衡、系统治理、两手发力"的治水思路。着力打造优美的河湖生态环境，为建设"生态郡、养生谷、健康城"提供支持。以生态治理为主、工程措施为辅，尊重自然河形河势，采取生物防护和工程措施相结合的方式进行治理，逐步实现"水清、岸绿、河畅、景美"目标。成立中小河流生态治河工程领导小组，确保各成员单位〔包括财政局、水利局、生态环境保护局、自然资源局、公安局和乡（镇）政府〕的职责落实。充分利用各级河长、水管员、护林员等，逐步恢复河道自然生态系统。通过宣传工作，营造全社会关心、珍惜和保护河道的氛围，以推动河湖治理助力乡村振兴的目标实现。西丰县河道整治前后如图 5.35 所示。

此外，西丰县积极探索"稻田养螃蟹，打开增收新路子"（图 5.36）。稻蟹共生种养，能够净化水质，增加水中溶氧，为幼蟹提供脱壳和隐蔽的安全栖息场所，夏季能降低蟹塘水温，有利于螃蟹增加脱壳次数，使螃蟹个体大而均匀，稻株上的害虫如飞

图 5.35　西丰县河道整治前后

图 5.36　西丰县在稻田中养螃蟹

虮等还可以为幼蟹提供天然饵料。可充分利用蟹塘中的生物链，使稻蟹共生，达到水稻、螃蟹双丰收的目的。水稻全生育期基本上不使用农药，化肥用量也明显减少，控制了面源污染，提高了农产品的质量，是推广有机稻米生产的一种有效的种养模式。两者共生，禾苗为蟹提供了天然的生长环境，蟹吃杂草、水生生物，消灭危害性幼虫，减少水稻农药喷洒和螃蟹饲料投喂，且有助于稻田松土、活水、通气，同时，排泄物还能起到增肥效果，提高稻米质量。这样的种植养殖模式，纯绿色无公害，为西丰县带来生态效益与经济效益的双丰收。

2. 营厂乡在"两山"理论的生动实践中探索发展

造林治水，生态人居齐振兴。营厂乡通过生态建设和人居环境治理相结合的方式，实施"以美化绿化促净化"工程。重点采用生态治理加景观化改造的办法，引种蒿柳、菊芋、云杉等具有生态和经济价值的植被，将荒地河滩变成了花树相间的景观花园。垃圾场被改造成蒿柳园，利用放养秋蚕的条件，产生了可观的收入。同时，在桥头、村口等地段进行河道封育，解决了垃圾倾倒问题。通过修复泉眼和护岸工程，将泥坑变成了天然池塘，提升了人居环境的品质。栽植树木和改善人居环境的工作取得了明显的成效。

蒿柳养蚕，生态经济双丰收。营厂乡发现种植蒿柳并配合传统蚕场放蚕，可以显著增加柞蚕产量和收入。利用蒿柳增加柞蚕产量的方法经过实践证明，每亩蒿柳就能带来可观的收入，比种大田收入高出 4 倍以上。蒿柳不仅可以作为柞蚕的优质食材，而且能固沙护岸，实现了生态和经济效益的双赢。通过蒿柳育蚕后再上山做茧，不仅节约了人工成本，还能提高柞蚕场的收入。同时，营厂乡还计划建设七彩柞蚕谷农业生态产业园项目，推动柞蚕产业的发展和农业旅游的蓬勃发展。蒿柳养蚕为农民增加了收入，也为农业产业带来了巨大的带动力。

　　这些措施既改善了人居环境，又促进了经济发展，让营厂乡逐步成为"人在景中、景在村中、村在绿中"的美丽新农村。未来，营厂乡将持续发力，进一步探索生态治理的实践内容，以实现生态环境与经济的可持续发展。

（作者：唐小然、朱赢、赵刚、孙东）

5.12　朝阳市典型成效

　　朝阳市主要依据图 5.37 所示的技术路线图论述河湖长制典型成效。

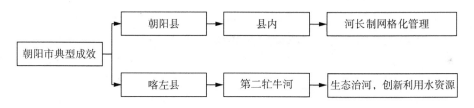

图 5.37　朝阳市河湖长制推行典型成效技术路线图

5.12.1　河长制网格化管理——辽宁省朝阳市河湖治理成效显著

　　为统筹推进"五位一体"总体布局，牢固树立五大发展理念，认真落实党中央、国务院决策部署，积极践行习近平总书记系列重要讲话精神，朝阳市坚持"节水优先、空间均衡、系统治理、两手发力"的治水方针，以保护水资源、防治水污染、改善水环境、修复水生态、发展水经济为主要任务，积极构建河湖管理保护体制机制，为全面建成小康社会和建设美丽家乡提供物质基础和环境、资源保障。随着城镇化的快速发展，朝阳县按照新的发展理念，以保护水资源、防治水污染、改善水环境、修复水生态为主要任务，构建责任明确、协调有序、监管严格、保护有力的河湖管理保护机制，为维护健康生态、实现河湖永久利用提供制度保证。

　　（1）主要做法。朝阳县按照习近平生态文明思想的指导，贯彻党的十九大精神，坚持绿色发展理念，创新管理体制，延伸管理触角，建立健全河流管理长效机制，推动河长制落地实施，实现"河畅、水清、岸绿、景美"的目标。朝阳县在2021年建立了河长制三级网格化管理模式，明确河道监管层级，落实河流监管责任，实现各有所管、各尽其责、信息畅通、集约高效的河长制监管新格局。县级网格化监管体系以沿河乡、镇、街道、场为网格单元，以沿河村、社区为网格点，全县所有河道、水库均纳入网格监管。河长制网格化管理办公室负责监督考核及日常工作，协调相关部门和沿河乡镇、村级网格长开展工作，确保河流管理保护工作有序进行。

（2）取得成效。通过网格化管理，朝阳县实现了河流管理的全覆盖，使河流边界清晰、任务均衡、管理便捷、无缝对接。通过及时发现和处理问题，杜绝了问题反弹现象的发生。县级、乡级、村级共设立了360名网格长，实现了信息公开和动态跟踪。公示河长名单和竖立河长公示牌的做法提高了社会对河湖保护工作的关注和参与度。加强村级河长制信息报送和动态跟踪，确保河湖整治、管理和监督工作到位。

（3）经验启示。实行统一管理与属地管理结合：通过河长制平台，统筹网格化管理，负责本辖区内网格的运行管理，实现全面覆盖和层层履职。强化事务统筹与信息互通：各成员单位充分发挥事务枢纽和沟通平台的作用，加强协作和沟通，统筹涉河相关工作。注重区域合作与职能局联动：强化乡镇之间和相关职能局之间的协作关系，在打击非法建设、非法采砂、非法排污等方面加强合作联动，形成管理长期合力。不断完善网格化管理机制：落实河道管护责任，建立科学高效的工作协作和运行机制，规范监督考核机制，加强队伍建设和流程管理，提升网格化管理整体效能和水平。

5.12.2 朝阳市生态治河，创新利用水资源

朝阳市面临水资源短缺和地表水利用率低的问题。朝阳市水资源总量严重不足，人均水资源量仅为全省的一半、全国的五分之一。地下水开发利用程度高，开采率已接近极限，而地表水资源利用率较低，尤其是雨洪资源的浪费问题突出。举例来说，2021年，朝阳市地表水总量为15.54亿 m^3，其中地表水供水量仅占地表水资源量的7.59%，占总供水量的21.83%。朝阳市年均降水量为482 mm，但降水分布极不均匀，近70%的降雨发生在6月至9月，然而这些雨洪资源并未得到充分利用。因此，开发利用雨洪资源势在必行。项目选址现场踏勘与生态湿地如图5.38所示。

朝阳市积极探索创新水资源利用模式，得到省委、省政府的高度重视。省政府常务副省长在2019年12月的调研中提出，辽西地区水资源短缺，降雨主要集中在汛期，建议研究地下蓄水工程，将夏季地表雨洪资源存储在地下储水空间，实现雨洪资源的

图 5.38　项目选址现场踏勘与生态湿地

充分利用。在省水利厅的支持下，喀左县第二牤牛河河槽雨洪暗蓄资源化利用试点工程于 2021 年 6 月完工，并得到常务副省长的充分肯定。为了推广这一水资源利用机制，朝阳市水务局按照省水利厅和市委、市政府的要求，在喀左县试点工程的基础上向全市推广。取得以下主要成效：

（1）试点工程效益明显：喀左县试点工程年效益约为 598 万元，工程建成后提升了周边生态环境和人居环境，助力乡村振兴，增加了近千个工作岗位，提高了社会效益。

（2）提高雨洪资源利用效率：朝阳市内 4 处雨洪资源化利用工程预计在 2023 年全部建设完成，雨洪资源利用率达到 20% 以上，提高了供水对象的供水保证率，为雨洪资源开发利用提供了新模式。

（3）经济效益及社会效益显著：工程建成后年供水量达到 1 885 万 m^3，年供水收入 5 308 万元，为朝阳市经济发展提供了水资源保障。同时，改善了河流水生态环境，提升了农村人居环境，推动了美丽乡村建设。

（4）水资源利用机制日趋完善：通过推广雨洪暗蓄资源化利用工程，形成了一种行之有效的水资源利用新模式，缓解了局部水资源短缺问题，促进了当地经济发展。

（5）工程建设管理更加科学：建立了水利工程适宜性评价体系，使项目选择过程标准化，引入社会资本进行工程建成后的运行维护，实现了项目长效管理，使项目管理精细化。

（作者：张秀春、刘延辉、刘扬扬、孟庆彪、马景健、吕朋辉、鲁薇、钱彤、黄丹、佘玉奇、田福来、孙悦婷、王福佳、王继飞、万树奎、安立军、刘强、刘立云、李春光、周龙暄、蔡晟萱、王雅慧）

5.13 盘锦市典型成效

盘锦市主要依据图 5.39 所示的技术路线图论述河湖长制典型成效。

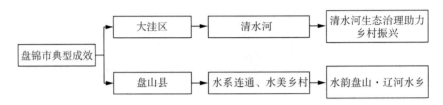

图 5.39 盘锦市河湖长制推行典型成效技术路线图

5.13.1 清水河生态治理助力乡村振兴

清水河总长 15.6 km,流经田家街道、清水镇、新兴镇、赵圈河镇四个镇街,最后流入辽河。通过实施河长制河流建立了完善的管护机制,水质提升明显,两岸植被茂盛,形成河畅、河清、岸绿的生态美景,同时引来商业开发建设,有效地助力乡村振兴。清水河清淤现场如图 5.40 所示。

图 5.40 清水河清淤现场

盘锦市大洼区通过设立区级、镇级、村级三级河长组织体系,区级河长牵头,镇村级河长主要实施,共同治理和解决河流问题。河长履职尽责,发挥资源优势和组织优势,调动水利、自然资源、生态环境、农业农村、住建等单位密切配合,协同作战,共同发力治理河流。

清水河在河长制实施初期,水质为劣 Ⅴ 类水质,主要原因在于两岸镇街生活污水长期流入造成水质恶化。河长多次牵头,组织生态、水利、住建等部门共同研究解决方案。相关部门各负其责,分头行动研究解决的具体方法。生态部门牵头解决了镇街生活污水处理的问题，建设田家镇污水处理厂，投资金额 8 000 万元；建设新兴镇污水处理厂，投资金额 1 750 万元。水利部门牵头解决了河道清淤及生态补水问题，清淤河段 2 830 m，投资 950 万元，每年向清水河进行生态补水 7 000 万 m^3。生态环境、住建部门牵头解决了镇街生活污水管网连接问题，铺设管网 93 km，投资工程 2.5 亿。工程的建设和运行保障了清水河沿河镇街生活排水都经过有效处理后再排入河道，最大程度减少河流污染。通过各部门的共同努力、共同治理，清水河水质由以前的劣 V 类提升至 IV 类，水质全部达标。清水河沿河各镇街认真做好河流两岸的绿化工作，能绿化的岸边都要做好绿化，种植适宜当地生长的绿植，岸边两侧全线做到应栽尽栽，同时因地制宜建设湿地公园及亲水便民设施。清水河沿河各镇街设立保洁员、水管员、网格员河流管护体系，共设立保洁员、水管员、网格员 24 名，保洁员做好河道垃圾的日常清理工作，水管员、网格员做好河道日常巡查工作，明确职责分工，真正发挥出管护人员作用，确保河流日常的管护、巡查、清洁都有人做。

通过河长制的实施，清水河面貌发生了很大变化，河流水质明显提升，生态环境明显改善，从原来的臭水沟变成了风景如画的景观带。变美的景色给两岸的居民带来休闲娱乐的好地方，也引来开发商的关注，在清水河两岸开发建设了很多小区住宅，这也为乡村振兴贡献了力量。

5.13.2 盘山县水系连通、水美乡村示范县建设

盘山县位于盘锦市北端、辽河下游、渤海之滨，地处环渤海经济圈、辽东半岛和辽西走廊交汇处，是东北及蒙东地区"一带一路"建设中"辽满欧""辽蒙欧""辽海欧"三条国际大通道的重要节点、往返京津和东北地区的交通要地，荣获"国家生态文明建设示范县""全国营商环境百强县""中国河蟹产业第一县"等称号，世界第一大苇田湿地——双台河口国家级自然保护区大部分位于盘山县境内。

盘山县总面积 1 976.4 km^2，下辖 9 个镇、4 个街道，户籍人口 27.3 万人。目前，盘山县西部农村地区河流出现河湖淤积萎缩、水污染加剧、生态功能退化、河湖连通不畅等问题，致使西部出现资源性和工程性缺水，严重制约了盘山县经济社会的健康发展。水系连通及农村水系综合整治试点县项目是水利部、财政部落实习近平生态文明思想的重要举措，是推动乡村振兴、建设水美乡村、恢复河湖健康生命的有效措施。试点县项目（图 5.41）与盘山县委、县政府西部开发战略高度契合，是建设"水韵盘山·辽河水乡"的重点工程之一。举全县之力，加强领导，科学谋划，强力推进。采取倒排工期、挂图作战、压茬推进等措施，于 2021 年年底全面完成了水系连通及农村水系综合整治工作，实现了涵盖"一个目标""两个提升""三大效益""四项措施""五大工程""六大板块""七大生态节点"的蓝图。

图 5.41　盘山县为水美乡村试点县

通过项目实施推动盘山县成为亚洲第一芦苇湿地保护区、中国第一芦苇生产集聚区、辽宁第一乡村振兴示范区。目标是形成以盘山县为核心的水清河畅、设施完善的生态景观带，环境优美、生态宜居的百姓福祉带，区域联动、产业兴旺的经济发展带。水系连通及农村水系综合整治项目包括水利项目和其他项目。水利项目主要有建设骨干水源工程、河流清淤、河流护砌等，以提升农田灌溉、防洪除涝能力和改善水质；其他项目包括建设跨河大桥、污水处理厂、高标准农田和土地复垦等。为确保建成效益持续发挥，建立了水利服务中心和水利服务站的网格化管护体系。通过水管员、运转员、堤防巡护员、河湖渠系保洁员等人员配合工作，实施维修养护并由县级财政拨付经费。同时，定期对村级用水协会进行政策解答和技术指导，提高群众参与度，形成了完善的工作机制。盘山县在实施水系连通项目后，实现了县域经济、生态、社会的全面发展：增加水面面积 0.88 万亩，保护湿地面积 611.6 km²，涵养水源与保持水土面积 604 km²，补充生态水量 5 000 万 m³；已实施治理河段的防洪标准提高到 10～20 年一遇，保护村庄 35 个、人口 4.91 万人，受益面积 1 074 km²；污水处理厂建成后，新增废污水处理能力 0.3 万 t。

（作者：孟超、李勇、孙径明、包艳茹、何巍、韩东）

5.14　葫芦岛市典型成效

葫芦岛市主要依据图 5.42 所示的技术路线图论述河湖长制典型成效。

5.14.1　乡镇河道整治助力乡村振兴

葫芦岛市水利局积极推进城乡人居环境整治工作。建立了网格员管理库，组建了由各级基层河长及村级水管员构成的网格员管理库。深度开发河长制智慧监管平台，积极沟通第三方，进一步研发改进平台，争取实现网上实时监管。整合项目资源，积

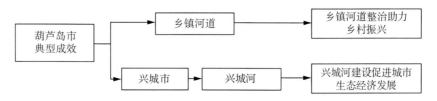

图 5.42　葫芦岛市河湖长制推行典型成效技术路线图

极争取和合理使用生态环境保护、人居环境整治、黑臭水体治理、移民后扶、水土保持、中小河流治理等项目资金，通过项目治理改善河道生态环境。

首先，河道整治不仅保护了水资源，还促进了水生态系统的恢复与保育，为农村提供了清洁的水源和良好的生态环境，有助于增强农村吸引力和可持续发展。其次，通过河道的疏浚、整治和引水设施的完善，提高了农田的灌溉效果，增强了农田的抗旱能力和农作物的产量。同时，优化水资源配置，合理调配水量，实现了水资源的高效利用，促进了农业的现代化发展。最后，通过对河道两岸的绿化美化、景观规划、文化建设等工作的推进，葫芦岛市打造了宜居乡村和具有乡村特色的旅游景观。河道整治为乡村提供了独特的自然风光和人文景观，吸引了更多的游客和投资，推动了乡村旅游业的发展。

5.14.2　兴城河建设促进城市生态经济发展

葫芦岛市兴城河（图 5.43）建设作为城市生态经济发展的关键举措，旨在通过对兴城河进行全面整治和生态修复，促进城市生态环境改善、推动经济发展和提升居民生活品质。葫芦岛市兴城河建设对城市生态经济发展具有积极影响。

图 5.43　葫芦岛市兴城河

（1）改善水环境质量。兴城河建设致力于改善水环境质量，通过疏浚清淤、水质治理和岸线生态修复等措施，提升河道水质和生态功能。整治后的兴城河水体清澈、水质达标，减少了污染物的排放和农业面源污染，为城市提供了清洁的水源。改善的水环境为兴城河周边生态系统的恢复和物种多样性的保护创造了良好的条件。

（2）促进城市经济发展与产业升级。兴城河建设为城市经济发展和产业升级提供了新的动力和机遇。整治后的兴城河，城市的交通运输能力得到提升，为物流和商贸业发展创造了便利条件。兴城河沿岸景区和休闲度假村的兴起，带动了相关产业的发展，如旅游服务、餐饮业和文化创意产业。同时，兴城河周边的土地价值提升，推动了城市土地资源的合理利用和城市的更新。

（3）提升居民生活品质和城市生态。兴城河整治改善了河岸环境，提供了优美的休闲空间和户外活动场所，让居民能够享受到更加舒适和宜人的生活环境。河道周边的绿化和景观塑造增加了城市的景观价值，提升了城市的宜居性和吸引力。

（作者：吴迪）

5.15 沈抚示范区典型成效

沈抚示范区主要依据图 5.44 所示的技术路线图论述河湖长制典型成效。

图 5.44 沈抚示范区河湖长制推行典型成效技术路线图

沈抚示范区高度重视河湖建设、河道治理工作，在用好上级专项资金的前提下，自筹投资 10.88 亿元进行浑河沈抚示范区段防洪治理、生态修复和小沙河生态修复工程，已完成浑河左岸沈抚示范区段河岸治理约 10 km，使浑河沈抚示范区段由 50 年一遇标准提升到了 100 年一遇的标准。提前完成浑河伯官 411 m 气盾坝改建工程，保障沈抚灌区（沈阳浑南区）水田的灌溉任务及沈阳市生态景观水源度汛安全。沈抚示范区浑河生态廊道是位于沈阳市和抚顺市之间的一个重要生态项目，它的主要目的是通过保护和修复浑河流域的生态环境，促进绿色开发区的可持续发展。

浑河生态廊道项目的建设旨在打造一个生态优美、水质清澈、植被丰富的河流景观带，为沿岸的绿色开发区提供生态支撑和生态服务。该项目包括河道治理、湿地保护、水生态恢复等一系列措施。浑河生态廊道如图 5.45 所示。

首先，针对浑河的河道治理，通过清淤、疏浚、河道整治等手段，改善河道的水流状况，增强其自净能力，提高水质。同时，修建河岸护坡和景观步道，提升河岸的生态景观价值，为市民提供休闲娱乐的场所。其次，浑河生态廊道项目注重湿地的保护和恢复。通过建立湿地保护区和湿地恢复工程，保护和恢复河流周边的湿地生态系

图 5.45 浑河生态廊道

统，提供鸟类栖息地和物种多样性保护，同时对水体进行自然过滤和净化，提高水环境质量。此外，该项目还注重水生态的恢复和保护。通过人工增加湿地、湖泊的面积，增加水体的存储能力和调蓄能力，改善水资源供应。同时，加强水资源管理和保护，确保水资源的可持续利用。

浑河生态廊道项目的实施对绿色开发区建设具有积极意义。它不仅提升了绿色开发区的环境品质，改善了生态环境，还为企业提供了更好的发展条件。通过生态廊道的建设，绿色开发区可以实现与自然环境的和谐共生，推动绿色产业的发展，促进可持续经济增长。沈抚示范区浑河生态廊道的建设为绿色开发区提供了重要的生态支撑，通过保护和修复河流生态系统，推动了绿色开发区的可持续发展，实现了经济与环境的良性互动。

（作者：林菅、刘元锋）

第6章

综合评价

以辽宁省 14 个市及沈抚示范区填写的表格（91 个数据，扣除大禹杯、水土保持考核评分两项指标）及材料为依据，构建评分模型，公正、科学、客观地评价 14 个市及沈抚示范区推行河湖长制的情况。

6.1 评价系统及数据

河湖长制工作范围大、涉及内容广，河湖长制工作评估任务艰巨，建立科学合理的评估模型有利于保证评估结果的真实有效性。本章在第 3 章评价系统基础上，删除不宜公布的数据："水土保持目标责任落实考评得分"和"大禹杯（河湖长制竞赛考评分数）"两项数据，确定水资源管理保护、水域岸线管理保护、水工程建设管理、水旱灾害防御、水污染防治、水环境治理、水生态修复、监管与执法、组织与实施九个准则层及加分项、减分项，共 91 项指标。数据来源于第三方评估小组对辽宁省 14 个市及沈抚示范区 2022 年河湖长制工作现场核查采集的数据，相关数据由各市区河长办提供，并附有佐证材料以保证数据的真实性。

6.2 14 个市及沈抚示范区评价

沈阳市评分表如表 6.1 所示。

表 6.1 沈阳市评分表

序号	基础信息	数据	基础信息	数据	得分	满分
1	水功能区水质考核指标（%）	缺项	水功能区水质完成指标（%）	缺项	0	1
2	用水总量控制指标（万 m³）	288 000	用水总量（万 m³）	270 800	2	2
3	再生水利用量控制指标（万 m³）	18 800	再生水利用量（万 m³）	20 300	1	1
4	万元国内生产总值用水量下降率控制指标（%）		6.74	0.674	1
5	万元国内生产总值用水量（m³/万元）	缺项	上年度万元国内生产总值用水量（m³/万元）	缺项	0	1
6	划界成果复核完成率（%）		100	2	2
7	涉河项目审批、监管、复核问题（个）		0	0	0
8	3 个清单中未按时完成问题（个）		0	2	2
9	抽查碍洪突出问题（个）		144	1	1
10	碍洪、消防整改问题（处）		480	1	1
11	划界确权登记完成率（%）		100	2	2
12	发现偷采、盗采（处）		0	1	1

续表

序号	基础信息	数据	基础信息	数据	得分	满分
13	许可采砂不规范恢复不到位砂场（个）			0	1	1
14	涉砂举报处理不当（次）			0	1	1
15	疏浚砂综合利用不当（处）			0	1	1
16	发现"新四乱"（处）			29	0	2
17	完成病险水库除险加固初设（Y/N）			Y	0.5	0.5
18	完成除险加固水库建设（Y/N）			Y	0.5	0.5
19	完成除险加固水库验收（Y/N）			Y	0.5	0.5
20	完成降等报废水库（Y/N）			Y	0.5	0.5
21	完成小型水库雨情测报和大坝安全监测验收（Y/N）			Y	1	1
22	建设项目总数（个）	65	建设进度达标数（个）	40	2.462	4
23			应验收项目总数（个）	40	2	2
24			完成竣工验收项目数（个）	40	1.231	2
25	中央投资工程项目（个）	1	及时转发投资计划（个）	1	2	2
26			按投资计划执行（个）	1	2	2
27	未及时更新监管工程进展（次）			0	0	0
28	资金支付率（%）			0.86	3.44	4
29	未及时处置预警信息（次）			0	1	1
30	无法发送预警信息（次）			0	1	1
31	完成入河湖排污许可证核发（Y/N）			Y	0.5	0.5
32	完成"一口一策"整治（Y/N）			Y	0.5	0.5
33	完成工业园区污水处理建设（Y/N）			Y	0.5	0.5
34	达标排放在线控制完成率（%）			100	0.5	0.5
35	排水管网更新改造完成率（%）			100	3	3
36	畜禽粪污综合利用率（%）			92.41	1.386	1.5
37	粪污资源化利用率（%）			92.41	1.386	1.5
38	推广高效生态农业比例（%）			93.33	2.80	3
39	完成沿海港口码头船舶污染控制（Y/N）			Y	1	1
40	完成内陆河渔船污染物控制（Y/N）			Y	1	1
41	沿海船舶污染物监管良好（Y/N）			Y	1	1
42	完成船舶污染物联合执法检查（Y/N）			Y	1	1

序号	基础信息	数据	基础信息	数据	得分	满分
43	考核断面总数（个）	20	超标断面（个）	0	4	4
44	县级以上集中式饮用水水质全部达标（Y/N）			Y	2	2
45	完成省环境整治任务（Y/N）			Y	1	1
46	完成省黑臭水体治理（Y/N）			Y	1	1
47	不达标断面（个）			0	1	1
48	企业环境应急预案备案率（%）			缺项	0	0.5
49	开展环境应急演练（Y/N）			Y	0.5	0.5
50	完成生活垃圾处理设施建设规划（Y/N）			Y	2	2
51	下达封育任务、责任、制度（个）	1	完成封育任务、责任、制度（个）	1	3	3
52	复耕、乱垦、滥种（处）			28	−0.5	0
53	发现散养牲畜（次）			44	−0.5	0
54	省补资金发放完成时间（月）			3	1	1
55	完成健康评价报告（本）			3	2	2
56	按时交纳河流断面污染补偿资金（Y/N）			Y	1	1
57	建立水源地风险管控清单（Y/N）			Y	0.5	0.5
58	完成重点问题整治（Y/N）			Y	0.5	0.5
59	专职水政监察人员编制（人）			80	2	2
60	发生重大案件（次）			0	1.5	1.5
61	案件处理不到位（件）			0	1.5	1.5
62	未向省及时报送案件（项）			0	2	2
63	办案结案率（%）			100	1	1
64	市级河湖长巡河（次/年）			43	2	2
65	整治不力被督办（次）			0	1	1
66	公安建立管控机制（Y/N）			Y	0.5	0.5
67	实现网格化管护（Y/N）			Y	0.5	0.5
68	重点排污单位安装监控系统（Y/N）			Y	0.5	0.5
69	污水排放自动监控（Y/N）			Y	0.5	0.5
70	河、水站、监测断面监测不到位次数（次）			0	1	1
71	发布总河长令（次）			1	1.5	1.5

序号	基础信息	数据	基础信息	数据	得分	满分
72	河长湖长巡河（次）			43	1.5	1.5
73	省河长办检查发现较严重问题（次）			2	1.6	2
74	信息管理系统未按时填报整改（次）			0	1	1
75	省级河长发现问题整改差（次）			0	2	2
76	河长公示牌监督举报电话无人接听（次）			0	1	1
77	公示失效（次）			0	1	1
78	被评为省级水利风景区（个）			2	4	10
79	受到省部级以上通报表扬次数（次）			1	2	
80	受到省部级通报批评次数（次）			0	0	
81	中央督察发现涉水问题（次）			0	0	−10
82	国务院督查发现次数（次）			0	0	
83	出现负面舆情事件（次）			0	0	
	总分值（缺项比例计算且含附加分）				96.479	100

大连市评分表如表 6.2 所示。

表 6.2 大连市评分表

序号	基础信息	数据	基础信息	数据	得分	满分
1	水功能区水质考核指标（%）	100	水功能区水质完成指标（%）	100	1	1
2	用水总量控制指标（万 m³）	177 000	用水总量（万 m³）	158 900	2	2
3	再生水利用量控制指标（万 m³）	32 034	再生水利用量（万 m³）	29 875	0.933	1
4	万元国内生产总值用水量下降率控制指标（%）	7.63			0.763	1
5	万元国内生产总值用水量（m³/万元）	18.85	上年度万元国内生产总值用水量（m³/万元）	20.8	0.906	1
6	划界成果复核完成率（%）	100			2	2
7	涉河项目审批、监管、复核问题（个）	0			0	0
8	3 个清单中未按时完成问题（个）	0			2	2
9	抽查碍洪突出问题（个）	6			1	1
10	碍洪、消防整改问题（处）	6			1	1
11	划界确权登记完成率（%）	100			2	2
12	发现偷采、盗采（处）	5			1	1

序号	基础信息	数据	基础信息	数据	得分	满分
13	许可采砂不规范恢复不到位砂场（个）	0		1	1	
14	涉砂举报处理不当（次）	0		1	1	
15	疏浚砂综合利用不当（处）	0		1	1	
16	发现"新四乱"（处）	7		0.6	2	
17	完成病险水库除险加固初设（Y/N）	Y		0.5	0.5	
18	完成除险加固水库建设（Y/N）	Y		0.5	0.5	
19	完成除险加固水库验收（Y/N）	Y		0.5	0.5	
20	完成降等报废水库（Y/N）	Y		0.5	0.5	
21	完成小型水库雨情测报和大坝安全监测验收（Y/N）	Y		1	1	
22	建设项目总数（个）	2	建设进度达标数（个）	2	4	4
23			应验收项目总数（个）	2	2	2
24			完成竣工验收项目数（个）	2	2	2
25	中央投资工程项目（个）	0	及时转发投资计划（个）	0	0	2
26			按投资计划执行（个）	0	0	2
27	未及时更新监管工程进展（次）	0		0	0	
28	资金支付率（%）	76.5		3.06	4	
29	未及时处置预警信息（次）	0		1	1	
30	无法发送预警信息（次）	0		1	1	
31	完成入河湖排污许可证核发（Y/N）	Y		0.5	0.5	
32	完成"一口一策"整治（Y/N）	Y		0.5	0.5	
33	完成工业园区污水处理建设（Y/N）	Y		0.5	0.5	
34	达标排放在线控制完成率（%）	100		0.5	0.5	
35	排水管网更新改造完成率（%）	100		3	3	
36	畜禽粪污综合利用率（%）	91		1.365	1.5	
37	粪污资源化利用率（%）	91		1.365	1.5	
38	推广高效生态农业比例（%）	100		3	3	
39	完成沿海港口码头船舶污染控制（Y/N）	Y		1	1	

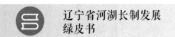
序号	基础信息	数据	基础信息	数据	得分	满分
40	完成内陆河渔船污染物控制（Y/N）			Y	1	1
41	沿海船舶污染物监管良好（Y/N）			Y	1	1
42	完成船舶污染物联合执法检查（Y/N）			Y	1	1
43	考核断面总数（个）	13	超标断面（个）	0	4	4
44	县级以上集中式饮用水水质全部达标（Y/N）			Y	2	2
45	完成省环境整治任务（Y/N）			Y	1	1
46	完成省黑臭水体治理（Y/N）			Y	1	1
47	不达标断面（个）			0	1	1
48	企业环境应急预案备案率（%）			91.24	0.456	0.5
49	开展环境应急演练（Y/N）			Y	0.5	0.5
50	完成生活垃圾处理设施建设规划（Y/N）			Y	2	2
51	下达封育任务、责任、制度（个）	不涉及	完成封育任务、责任、制度（个）	不涉及	3	3
52	复耕、乱垦、滥种（处）			不涉及	0	0
53	发现散养牲畜（次）			不涉及	0	0
54	省补资金发放完成时间（月）			不涉及	1	1
55	完成健康评价报告（本）			2	2	2
56	按时交纳河流断面污染补偿资金（Y/N）			Y	1	1
57	建立水源地风险管控清单（Y/N）			Y	0.5	0.5
58	完成重点问题整治（Y/N）			Y	0.5	0.5
59	专职水政监察人员编制（人）			16	2	2
60	发生重大案件（次）			0	1.5	1.5
61	案件处理不到位（件）			0	1.5	1.5
62	未向省及时报送案件（项）			0	2	2
63	办案结案率（%）			100	1	1
64	市级河湖长巡河（次/年）			28	2	2
65	整治不力被督办（次）			0	1	1
66	公安建立管控机制（Y/N）			Y	0.5	0.5
67	实现网格化管护（Y/N）			Y	0.5	0.5
68	重点排污单位安装监控系统（Y/N）			Y	0.5	0.5

续表

序号	基础信息	数据	基础信息	数据	得分	满分
69	污水排放自动监控（Y/N）	Y		0.5	0.5	
70	河、水站、监测断面监测不到位次数（次）	0		1	1	
71	发布总河长令（次）	1		1.5	1.5	
72	河长湖长巡河（次）	55 054		1.5	1.5	
73	省河长办检查发现较严重问题（次）	0		2	2	
74	信息管理系统未按时填报整改（次）	0		1	1	
75	省级河长发现问题整改差（次）	0		2	2	
76	河长公示牌监督举报电话无人接听（次）	0		1	1	
77	公示失效（次）	0		1	1	
78	被评为省级水利风景区（个）	1		2	10
79	受到省部级以上通报表扬（次）	5		8	
80	省部通报批评次数（次）	0		0	
81	中央督察发现涉水问题（次）	0		0	−10
82	国务院督查发现次数（次）	0		0	
83	出现负面舆情事件（次）	0		0	
	总分值（缺项比例计算且含附加分）				102.948	100

鞍山市评分表如表 6.3 所示。

表 6.3　鞍山市评分表

序号	基础信息	数据	基础信息	数据	得分	满分
1	水功能区水质考核指标（%）	缺项	水功能区水质完成指标（%）	缺项	0	1
2	用水总量控制指标（万 m³）	95 000	用水总量（万 m³）	83 802	2	2
3	再生水利用量控制指标（万 m³）	200	再生水利用量（万 m³）	105	0.525	1
4	万元国内生产总值用水量下降率控制指标（%）	5.85			0.585	1
5	万元国内生产总值用水量（m³/万元）	缺项	上年度万元国内生产总值用水量（m³/万元）	缺项	0	1
6	划界成果复核完成率（%）	100			2	2
7	涉河项目审批、监管、复核问题（个）	0			0	0
8	3 个清单中未按时完成问题（个）	0			2	2
9	抽查碍洪突出问题（个）	0			1	1
10	碍洪、消防整改问题（处）	263			1	1

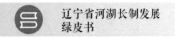

续表

序号	基础信息	数据	基础信息	数据	得分	满分
11	划界确权登记完成率（%）			缺项	0	2
12	发现偷采、盗采（处）			0	1	1
13	许可采砂不规范恢复不到位砂场（个）			0	1	1
14	涉砂举报处理不当（次）			0	1	1
15	疏浚砂综合利用不当（处）			0	1	1
16	发现"新四乱"（处）			0	2	2
17	完成病险水库除险加固初设（Y/N）			缺项	0	0.5
18	完成除险加固水库建设（Y/N）			缺项	0	0.5
19	完成除险加固水库验收（Y/N）			缺项	0	0.5
20	完成降等报废水库（Y/N）			缺项	0	0.5
21	完成小型水库雨情测报和大坝安全监测验收（Y/N）			缺项	0	1
22	建设项目总数（个）	6	建设进度达标数（个）	6	4	4
23			应验收项目总数（个）	6	2	2
24			完成竣工验收项目数（个）	0	0	2
25	中央投资工程项目（个）	2	及时转发投资计划（个）	2	2	2
26			按投资计划执行（个）	2	2	2
27	未及时更新监管工程进展（次）			0	0	0
28	资金支付率（%）			38	1.52	4
29	未及时处置预警信息（次）			0	1	1
30	无法发送预警信息（次）			0	1	1
31	完成入河湖排污许可证核发（Y/N）			Y	0.5	0.5
32	完成"一口一策"整治（Y/N）			Y	0.5	0.5
33	完成工业园区污水处理建设（Y/N）			Y	0.5	0.5
34	达标排放在线控制完成率（%）			100	0.5	0.5
35	排水管网更新改造完成率（%）			100	3	3
36	畜禽粪污综合利用率（%）			89	1.335	1.5
37	粪污资源化利用率（%）			89	1.335	1.5
38	推广高效生态农业比例（%）			90	2.7	3
39	完成沿海港口码头船舶污染控制（Y/N）			不涉及	0.697	1
40	完成内陆河渔船污染物控制（Y/N）			不涉及	0.697	1

续表

序号	基础信息	数据	基础信息	数据	得分	满分
41	沿海船舶污染物监管良好（Y/N）			不涉及	0.697	1
42	完成船舶污染物联合执法检查（Y/N）			不涉及	0.697	1
43	考核断面总数（个）	10	超标断面（个）	1	3.6	4
44	县级以上集中式饮用水水质全部达标（Y/N）			Y	2	2
45	完成省环境整治任务（Y/N）			Y	1	1
46	完成省黑臭水体治理（Y/N）			Y	1	1
47	不达标断面（个）			0	1	1
48	企业环境应急预案备案率（%）			1	0.5	0.5
49	开展环境应急演练（Y/N）			Y	0.5	0.5
50	完成生活垃圾处理设施建设规划（Y/N）			Y	2	2
51	下达封育任务、责任、制度（个）	1	完成封育任务、责任、制度（个）	1	3	3
52	复耕、乱垦、滥种（处）			0	0	0
53	发现散养牲畜（次）			0	0	0
54	省补资金发放完成时间（月）			9	1	1
55	完成健康评价报告（本）			1	2	2
56	按时交纳河流断面污染补偿资金（Y/N）			Y	1	1
57	建立水源地风险管控清单（Y/N）			Y	0.5	0.5
58	完成重点问题整治（Y/N）			Y	0.5	0.5
59	专职水政监察人员编制（人）			12	2	2
60	发生重大案件（次）			0	1.5	1.5
61	案件处理不到位（件）			0	1.5	1.5
62	未向省及时报送案件（项）			0	2	2
63	办案结案率（%）			100	1	1
64	市级河湖长巡河（次/年）			47	2	2
65	整治不力被督办（次）			0	1	1
66	公安建立管控机制（Y/N）			Y	0.5	0.5
67	实现网格化管护（Y/N）			Y	0.5	0.5
68	重点排污单位安装监控系统（Y/N）			Y	0.5	0.5
69	污水排放自动监控（Y/N）			Y	0.5	0.5

续表

序号	基础信息	数据	基础信息	数据	得分	满分
70	河、水站、监测断面监测不到位次数（次）			0	1	1
71	发布总河长令（次）			1	1.5	1.5
72	河长湖长巡河（次）			47	1.5	1.5
73	省河长办检查发现较严重问题（次）			0	2	2
74	信息管理系统未按时填报整改（次）			0	1	1
75	省级河长发现问题整改差（次）			0	2	2
76	河长公示牌监督举报电话无人接听（次）			0	1	1
77	公示失效（次）			0	1	1
78	被评为省级水利风景区（个）			1	2	10
79	受到省部级以上通报表扬（次）			3	6	
80	省部通报批评次数（次）			0	0	
81	中央督察发现涉水问题（次）			0	0	−10
82	国务院督查发现次数（次）			0	0	
83	出现负面舆情事件（次）			0	0	
	总分值（缺项比例计算且含附加分）				93.388	100

抚顺市评分表如表 6.4 所示。

表 6.4 抚顺市评分表

序号	基础信息	数据	基础信息	数据	得分	满分
1	水功能区水质考核指标（％）	100	水功能区水质完成指标（％）	100	1	1
2	用水总量控制指标（万 m³）	64 800	用水总量（万 m³）	52 693	2	2
3	再生水利用量控制指标（万 m³）	800	再生水利用量（万 m³）	847.37	1	1
4	万元国内生产总值用水量下降率控制指标（％）			4.98	0.498	1
5	万元国内生产总值用水量（m³/万元）	缺项	上年度万元国内生产总值用水量（m³/万元）	缺项	0	1
6	划界成果复核完成率（％）			100	2	2
7	涉河项目审批、监管、复核问题（个）			0	0	0
8	3 个清单中未按时完成问题（个）			0	2	2
9	抽查碍洪突出问题（个）			0	1	1
10	碍洪、消防整改问题（处）			0	1	1
11	划界确权登记完成率（％）			100	2	2

序号	基础信息	数据	基础信息	数据	得分	满分
12	发现偷采、盗采（处）			0	1	1
13	许可采砂不规范恢复不到位砂场（个）			0	1	1
14	涉砂举报处理不当（次）			0	1	1
15	疏浚砂综合利用不当（处）			0	1	1
16	发现"新四乱"（处）			4	1.2	2
17	完成病险水库除险加固初设（Y/N）			Y	0.5	0.5
18	完成除险加固水库建设（Y/N）			Y	0.5	0.5
19	完成除险加固水库验收（Y/N）			Y	0.5	0.5
20	完成降等报废水库（Y/N）			缺项	0	0.5
21	完成小型水库雨情测报和大坝安全监测验收（Y/N）			Y	1	1
22	建设项目总数（个）	2	建设进度达标数（个）	2	4	4
23			应验收项目总数（个）	2	2	2
24			完成竣工验收项目数（个）	0	0	2
25	中央投资工程项目（个）	2	及时转发投资计划（个）	2	2	2
26			按投资计划执行（个）	2	2	2
27	未及时更新监管工程进展（次）			0	0	0
28	资金支付率（%）			40.96	1.638	4
29	未及时处置预警信息（次）			0	1	1
30	无法发送预警信息（次）			0	1	1
31	完成入河湖排污许可证核发（Y/N）			Y	0.5	0.5
32	完成"一口一策"整治（Y/N）			Y	0.5	0.5
33	完成工业园区污水处理建设（Y/N）			N	0	0.5
34	达标排放在线控制完成率（%）			100	0.5	0.5
35	排水管网更新改造完成率（%）			100	3	3
36	畜禽粪污综合利用率（%）			77	1.155	1.5
37	粪污资源化利用率（%）			77	1.155	1.5
38	推广高效生态农业比例（%）			90	2.7	3
39	完成沿海港口码头船舶污染控制（Y/N）			不涉及	0.65	1
40	完成内陆河渔船污染物控制（Y/N）			Y	1	1
41	沿海船舶污染物监管良好（Y/N）			不涉及	0.65	1

序号	基础信息	数据	基础信息	数据	得分	满分
42	完成船舶污染物联合执法检查（Y/N）			不涉及	0.65	1
43	考核断面总数（个）	15	超标断面（个）	0	4	4
44	县级以上集中式饮用水水质全部达标（Y/N）			Y	2	2
45	完成省环境整治任务（Y/N）			Y	1	1
46	完成省黑臭水体治理（Y/N）			Y	1	1
47	不达标断面（个）			0	1	1
48	企业环境应急预案备案率（%）			100	0.5	0.5
49	开展环境应急演练（Y/N）			Y	0.5	0.5
50	完成生活垃圾处理设施建设规划（Y/N）			Y	2	2
51	下达封育任务、责任、制度（个）	2	完成封育任务、责任、制度（个）	2	3	3
52	复耕、乱垦、滥种（处）			0	0	0
53	发现散养牲畜（次）			0	0	0
54	省补资金发放完成时间（月）			7	1	1
55	完成健康评价报告（本）			4	2	2
56	按时交纳河流断面污染补偿资金（Y/N）			Y	1	1
57	建立水源地风险管控清单（Y/N）			Y	0.5	0.5
58	完成重点问题整治（Y/N）			Y	0.5	0.5
59	专职水政监察人员编制（人）			3	1.2	2
60	发生重大案件（次）			0	1.5	1.5
61	案件处理不到位（件）			0	1.5	1.5
62	未向省及时报送案件（项）			0	2	2
63	办案结案率（%）			100	1	1
64	市级河湖长巡河（次/年）			35	2	2
65	整治不力被督办（次）			0	1	1
66	公安建立管控机制（Y/N）			Y	0.5	0.5
67	实现网格化管护（Y/N）			Y	0.5	0.5
68	重点排污单位安装监控系统（Y/N）			Y	0.5	0.5
69	污水排放自动监控（Y/N）			Y	0.5	0.5
70	河、水站、监测断面监测不到位次数（次）			0	1	1

续表

序号	基础信息	数据	基础信息	数据	得分	满分
71	发布总河长令（次）			1	1.5	1.5
72	河长湖长巡河（次）			35 834	1.5	1.5
73	省河长办检查发现较严重问题（次）			8	0.4	2
71	信息管理系统未按时填报整改（次）			0	1	1
75	省级河长发现问题整改差（次）			0	2	2
76	河长公示牌监督举报电话无人接听（次）			0	1	1
77	公示失效（次）			0	1	1
78	被评为省级水利风景区（个）			1	0	10
79	受到省部级以上通报表扬（次）			3	0	
80	省部通报批评次数（次）			0	0	
81	中央督察发现涉水问题（次）			0	0	−10
82	国务院督查发现次数（次）			0	0	
83	出现负面舆情事件（次）			0	0	
	总分值（缺项比例计算且含附加分）				87.896	100

本溪市评分表如表 6.5 所示。

表 6.5 本溪市评分表

序号	基础信息	数据	基础信息	数据	得分	满分
1	水功能区水质考核指标（%）	缺项	水功能区水质完成指标（%）	100	1	1
2	用水总量控制指标（万 m³）	34 500	用水总量（万 m³）	27 300	2	2
3	再生水利用量控制指标（万 m³）	1 200	再生水利用量（万 m³）	1 200	1	1
4	万元国内生产总值用水量下降率控制指标（%）			5.85	0.585	1
5	万元国内生产总值用水量（m³/万元）	31.84	上年度万元国内生产总值用水量（m³/万元）	33.04	0.963	1
6	划界成果复核完成率（%）			100	2	2
7	涉河项目审批、监管、复核问题（个）			24	−1	0
8	3 个清单中未按时完成问题（个）			0	2	2
9	抽查碍洪突出问题（个）			0	1	1
10	碍洪、消防整改问题（处）			359	1	1
11	划界确权登记完成率（%）			100	2	2
12	发现偷采、盗采（处）			0	1	1

序号	基础信息	数据	基础信息	数据	得分	满分
13	许可采砂不规范恢复不到位砂场（个）			0	1	1
14	涉砂举报处理不当（次）			0	1	1
15	疏浚砂综合利用不当（处）			0	1	1
16	发现"新四乱"（处）			24	0	2
17	完成病险水库除险加固初设（Y/N）			Y	0.5	0.5
18	完成除险加固水库建设（Y/N）			Y	0.5	0.5
19	完成除险加固水库验收（Y/N）			Y	0.5	0.5
20	完成降等报废水库（Y/N）			Y	0.5	0.5
21	完成小型水库雨情测报和大坝安全监测验收（Y/N）			Y	1	1
22	建设项目总数（个）	14	建设进度达标数（个）	14	4	4
23			应验收项目总数（个）	不涉及	1.54	2
24			完成竣工验收项目数（个）	不涉及	1.54	2
25	中央投资工程项目（个）	不涉及	及时转发投资计划（个）	不涉及	1.36	2
26			按投资计划执行（个）	不涉及	1.36	2
27	未及时更新监管工程进展（次）			不涉及	0	0
28	资金支付率（%）			80	3.2	4
29	未及时处置预警信息（次）			0	1	1
30	无法发送预警信息（次）			0	1	1
31	完成入河湖排污许可证核发（Y/N）			Y	0.5	0.5
32	完成"一口一策"整治（Y/N）			Y	0.5	0.5
33	完成工业园区污水处理建设（Y/N）			Y	0.5	0.5
34	达标排放在线控制完成率（%）			100	0.5	0.5
35	排水管网更新改造完成率（%）			100	3	3
36	畜禽粪污综合利用率（%）			82.12	1.232	1.5
37	粪污资源化利用率（%）			83	1.245	1.5
38	推广高效生态农业比例（%）			90	2.7	3
39	完成沿海港口码头船舶污染控制（Y/N）			不涉及	0.706	1
40	完成内陆河渔船污染物控制（Y/N）			Y	1	1
41	沿海船舶污染物监管良好（Y/N）			不涉及	0.706	1
42	完成船舶污染物联合执法检查（Y/N）			不涉及	0.706	1

序号	基础信息	数据	基础信息	数据	得分	满分
43	考核断面总数（个）	12	超标断面（个）	0	4	4
44	县级以上集中式饮用水水质全部达标（Y/N）			Y	2	2
45	完成省环境整治任务（Y/N）			Y	1	1
46	完成省黑臭水体治理（Y/N）			Y	1	1
47	不达标断面（个）			0	1	1
48	企业环境应急预案备案率（%）			92	0.5	0.5
49	开展环境应急演练（Y/N）			Y	0.5	0.5
50	完成生活垃圾处理设施建设规划（Y/N）			Y	2	2
51	下达封育任务、责任、制度（个）	1 009	完成封育任务、责任、制度（个）	1 009	3	3
52	复耕、乱垦、滥种（处）			0	0	0
53	发现散养牲畜（次）			0	0	0
54	省补资金发放完成时间（月）			5	1	1
55	完成健康评价报告（本）			4	2	2
56	按时交纳河流断面污染补偿资金（Y/N）			Y	1	1
57	建立水源地风险管控清单（Y/N）			Y	0.5	0.5
58	完成重点问题整治（Y/N）			Y	0.5	0.5
59	专职水政监察人员编制（人）			15	2	2
60	发生重大案件（次）			0	1.5	1.5
61	案件处理不到位（件）			0	1.5	1.5
62	未向省及时报送案件（项）			0	2	2
63	办案结案率（%）			100	1	1
64	市级河湖长巡河（次/年）			24	2	2
65	整治不力被督办（次）			0	1	1
66	公安建立管控机制（Y/N）			Y	0.5	0.5
67	实现网格化管护（Y/N）			Y	0.5	0.5
68	重点排污单位安装监控系统（Y/N）			Y	0.5	0.5
69	污水排放自动监控（Y/N）			Y	0.5	0.5
70	河、水站、监测断面监测不到位次数（次）			0	1	1
71	发布总河长令（次）			4	1.5	1.5

序号	基础信息	数据	基础信息	数据	得分	满分
72	河长湖长巡河（次）			24	1.5	1.5
73	省河长办检查发现较严重问题（次）			0	2	2
74	信息管理系统未按时填报整改（次）			0	1	1
75	省级河长发现问题整改差（次）			0	2	2
76	河长公示牌监督举报电话无人接听（次）			0	1	1
77	公示失效（次）			0	1	1
78	被评为省级水利风景区（个）			2	4	10
79	受到省部级以上通报表扬（次）			2	4	
80	省部通报批评次数（次）			0	0	−10
81	中央督察发现涉水问题（次）			0	0	
82	国务院督查发现次数（次）			0	0	
83	出现负面舆情事件（次）			0	0	
	总分值（缺项比例计算且含附加分）				99.843	100

丹东市评分表如表 6.6 所示。

表 6.6　丹东市评分表

序号	基础信息	数据	基础信息	数据	得分	满分
1	水功能区水质考核指标（%）	100	水功能区水质完成指标（%）	100	1	1
2	用水总量控制指标（万 m³）	93 500	用水总量（万 m³）	81 874	2	2
3	再生水利用量控制指标（万 m³）	1 400	再生水利用量（万 m³）	1 618	1	1
4	万元国内生产总值用水量下降率控制指标（%）			5.85	0.585	1
5	万元国内生产总值用水量（m³/万元）	98.28	上年度万元国内生产总值用水量（m³/万元）	105.1	0.935	1
6	划界成果复核完成率（%）			100	2	2
7	涉河项目审批、监管、复核问题（个）			0	0	0
8	3 个清单中未按时完成问题（个）			0	2	2
9	抽查碍洪突出问题（个）			90	1	1
10	碍洪、消防整改问题（处）			487	1	1
11	划界确权登记完成率（%）			100	2	2
12	发现偷采、盗采（处）			0	1	1
13	许可采砂不规范恢复不到位砂场（个）			0	1	1

续表

序号	基础信息	数据	基础信息	数据	得分	满分
14	涉砂举报处理不当（次）	0			1	1
15	疏浚砂综合利用不当（处）	0			1	1
16	发现"新四乱"（处）	127			0	2
17	完成病险水库除险加固初设（Y/N）	Y			0.5	0.5
18	完成除险加固水库建设（Y/N）	Y			0.5	0.5
19	完成除险加固水库验收（Y/N）	Y			0.5	0.5
20	完成降等报废水库（Y/N）	Y			0.5	0.5
21	完成小型水库雨情测报和大坝安全监测验收（Y/N）	Y			1	1
22	建设项目总数（个）	8	建设进度达标数（个）	8	4	4
23			应验收项目总数（个）	0	0	2
24			完成竣工验收项目数（个）	0	0	2
25	中央投资工程项目（个）	4	及时转发投资计划（个）	4	2	2
26			按投资计划执行（个）	4	2	2
27	未及时更新监管工程进展（次）	0			0	0
28	资金支付率（%）	28			1.12	4
29	未及时处置预警信息（次）	0			1	1
30	无法发送预警信息（次）	0			1	1
31	完成入河湖排污许可证核发（Y/N）	Y			0.5	0.5
32	完成"一口一策"整治（Y/N）	Y			0.5	0.5
33	完成工业园区污水处理建设（Y/N）	Y			0.5	0.5
34	达标排放在线控制完成率（%）	100			0.5	0.5
35	排水管网更新改造完成率（%）	缺项			0	3
36	畜禽粪污综合利用率（%）	88.49			1.327 4	1.5
37	粪污资源化利用率（%）	88.49			1.327 4	1.5
38	推广高效生态农业比例（%）	90			2.7	3
39	完成沿海港口码头船舶污染控制（Y/N）	Y			1	1
40	完成内陆河渔船污染物控制（Y/N）	Y			1	1
41	沿海船舶污染物监管良好（Y/N）	Y			1	1
42	完成船舶污染物联合执法检查（Y/N）	Y			1	1
43	考核断面总数（个）	12	超标断面（个）	0	4	4

序号	基础信息	数据	基础信息	数据	得分	满分
44	县级以上集中式饮用水水质全部达标（Y/N）			Y	2	2
45	完成省环境整治任务（Y/N）			Y	1	1
46	完成省黑臭水体治理（Y/N）			Y	1	1
47	不达标断面（个）			0	1	1
48	企业环境应急预案备案率（%）			92	0.46	0.5
49	开展环境应急演练（Y/N）			Y	0.5	0.5
50	完成生活垃圾处理设施建设规划（Y/N）			Y	2	2
51	下达封育任务、责任、制度（个）	不涉及	完成封育任务、责任、制度（个）	不涉及	3	3
52	复耕、乱垦、滥种（处）			不涉及	0	0
53	发现散养牲畜（次）			不涉及	0	0
54	省补资金发放完成时间（月）			不涉及	1	1
55	完成健康评价报告（本）			1	2	2
56	按时交纳河流断面污染补偿资金（Y/N）			Y	1	1
57	建立水源地风险管控清单（Y/N）			Y	0.5	0.5
58	完成重点问题整治（Y/N）			Y	0.5	0.5
59	专职水政监察人员编制（人）			11	2	2
60	发生重大案件（次）			0	1.5	1.5
61	案件处理不到位（件）			0	1.5	1.5
62	未向省及时报送案件（项）			0	2	2
63	办案结案率（%）			0	0	1
64	市级河湖长巡河（次/年）			20	2	2
65	整治不力被督办（次）			0	1	1
66	公安建立管控机制（Y/N）			Y	0.5	0.5
67	实现网格化管护（Y/N）			Y	0.5	0.5
68	重点排污单位安装监控系统（Y/N）			Y	0.5	0.5
69	污水排放自动监控（Y/N）			Y	0.5	0.5
70	河、水站、监测断面监测不到位次数（次）			0	1	1
71	发布总河长令（次）			1	1.5	1.5
72	河长湖长巡河（次）			20	1.5	1.5

续表

序号	基础信息	数据	基础信息	数据	得分	满分
73	省河长办检查发现较严重问题（次）			2	1.6	2
74	信息管理系统未按时填报整改（次）			0	1	1
75	省级河长发现问题整改差（次）			0	2	2
76	河长公示牌监督举报电话无人接听（次）			0	1	1
77	公示失效（次）			0	1	1
78	被评为省级水利风景区（个）			0	0	10
79	受到省部级以上通报表扬（次）			2	4	
80	省部通报批评次数（次）			0	0	
81	中央督察发现涉水问题（次）			0	0	−10
82	国务院督查发现次数（次）			0	0	
83	出现负面舆情事件（次）			0	0	
	总分值（缺项比例计算且含附加分）				89.554	100

锦州市评分表如表 6.7 所示。

表 6.7　锦州市评分表

序号	基础信息	数据	基础信息	数据	得分	满分
1	水功能区水质考核指标（%）	100	水功能区水质完成指标（%）	100	1	1
2	用水总量控制指标（万 m³）	100 000	用水总量（万 m³）	81 017	2	2
3	再生水利用量控制指标（万 m³）	350	再生水利用量（万 m³）	11 185	1	1
4	万元国内生产总值用水量下降率控制指标（%）			5.85	0.585	1
5	万元国内生产总值用水量（m³/万元）	67.42	上年度万元国内生产总值用水量（m³/万元）	71.25	0.946	1
6	划界成果复核完成率（%）			100	2	2
7	涉河项目审批、监管、复核问题（个）			5	−0.5	0
8	3 个清单中未按时完成问题（个）			4	1.2	2
9	抽查碍洪突出问题（个）			10	1	1
10	碍洪、消防整改问题（处）			32	1	1
11	划界确权登记完成率（%）			100	2	2
12	发现偷采、盗采（处）			0	1	1
13	许可采砂不规范恢复不到位砂场（个）			0	1	1
14	涉砂举报处理不当（次）			0	1	1

序号	基础信息	数据	基础信息	数据	得分	满分
15	疏浚砂综合利用不当（处）			0	1	1
16	发现"新四乱"（处）			0	2	2
17	完成病险水库除险加固初设（Y/N）			Y	0.5	0.5
18	完成除险加固水库建设（Y/N）			缺项	0	0.5
19	完成除险加固水库验收（Y/N）			缺项	0	0.5
20	完成降等报废水库（Y/N）			缺项	0	0.5
21	完成小型水库雨情测报和大坝安全监测验收（Y/N）			Y	1	1
22	建设项目总数（个）	5	建设进度达标数（个）	5	4	4
23			应验收项目总数（个）	5	2	2
24			完成竣工验收项目数（个）	5	2	2
25	中央投资工程项目（个）	5	及时转发投资计划（个）	2	0.8	2
26			按投资计划执行（个）	5	2	2
27	未及时更新监管工程进展（次）			0	0	0
28	资金支付率（%）			60	2.4	4
29	未及时处置预警信息（次）			0	1	1
30	无法发送预警信息（次）			0	1	1
31	完成入河湖排污许可证核发（Y/N）			Y	0.5	0.5
32	完成"一口一策"整治（Y/N）			Y	0.5	0.5
33	完成工业园区污水处理建设（Y/N）			Y	0.5	0.5
34	达标排放在线控制完成率（%）			100	0.5	0.5
35	排水管网更新改造完成率（%）			78	2.34	3
36	畜禽粪污综合利用率（%）			77	1.155	1.5
37	粪污资源化利用率（%）			97	1.455	1.5
38	推广高效生态农业比例（%）			90	2.7	3
39	完成沿海港口码头船舶污染控制（Y/N）			Y	1	1
40	完成内陆河渔船污染物控制（Y/N）			Y	1	1
41	沿海船舶污染物监管良好（Y/N）			Y	1	1
42	完成船舶污染物联合执法检查（Y/N）			Y	1	1
43	考核断面总数（个）	9	超标断面（个）	0	4	4
44	县级以上集中式饮用水水质全部达标（Y/N）			Y	2	2

序号	基础信息	数据	基础信息	数据	得分	满分
45	完成省环境整治任务（Y/N）			Y	1	1
46	完成省黑臭水体治理（Y/N）			Y	1	1
47	不达标断面（个）			0	1	1
48	企业环境应急预案备案率（%）			100	0.5	0.5
49	开展环境应急演练（Y/N）			Y	0.5	0.5
50	完成生活垃圾处理设施建设规划（Y/N）			Y	2	2
51	下达封育任务、责任、制度（个）	1	完成封育任务、责任、制度（个）	1	3	3
52	复耕、乱垦、滥种（处）			2	−0.2	0
53	发现散养牲畜（次）			3	−0.3	0
54	省补资金发放完成时间（月）			9	1	1
55	完成健康评价报告（本）			2	2	2
56	按时交纳河流断面污染补偿资金（Y/N）			Y	1	1
57	建立水源地风险管控清单（Y/N）			Y	0.5	0.5
58	完成重点问题整治（Y/N）			Y	0.5	0.5
59	专职水政监察人员编制（人）			20	2	2
60	发生重大案件（次）			0	1.5	1.5
61	案件处理不到位（件）			0	1.5	1.5
62	未向省及时报送案件（项）			0	2	2
63	办案结案率（%）			100	1	1
64	市级河湖长巡河（次/年）			17	2	2
65	整治不力被督办（次）			0	1	1
66	公安建立管控机制（Y/N）			Y	0.5	0.5
67	实现网格化管护（Y/N）			Y	0.5	0.5
68	重点排污单位安装监控系统（Y/N）			Y	0.5	0.5
69	污水排放自动监控（Y/N）			Y	0.5	0.5
70	河、水站、监测断面监测不到位次数（次）			0	1	1
71	发布总河长令（次）			1	1.5	1.5
72	河长湖长巡河（次）			63 040	1.5	1.5
73	省河长办检查发现较严重问题（次）			0	2	2

序号	基础信息	数据	基础信息	数据	得分	满分
74	信息管理系统未按时填报整改（次）		0	1	1
75	省级河长发现问题整改差（次）		0	2	2
76	河长公示牌监督举报电话无人接听（次）		0	1	1
77	公示失效（次）		0	1	1
78	被评为省级水利风景区（个）		0	0	10
79	受到省部级以上通报表扬（次）		2	4	
80	省部通报批评次数（次）		0	0	
81	中央督察发现涉水问题（次）		0	0	−10
82	国务院督查发现次数（次）		0	0	
83	出现负面舆情事件（次）		0	0	
	总分值（缺项比例计算且含附加分）				96.081	100

营口市评分表如表 6.8 所示。

表 6.8　营口市评分表

序号	基础信息	数据	基础信息	数据	得分	满分
1	水功能区水质考核指标（%）	100	水功能区水质完成指标（%）	100	1	1
2	用水总量控制指标（万 m^3）	64 800	用水总量（万 m^3）	84 658	1.531	2
3	再生水利用量控制指标（万 m^3）	800	再生水利用量（万 m^3）	3 500	1	1
4	万元国内生产总值用水量下降率控制指标（%）		4.98	0.498	1
5	万元国内生产总值用水量（m^3/万元）	缺项	上年度万元国内生产总值用水量（m^3/万元）	缺项	0	1
6	划界成果复核完成率（%）		100	2	2
7	涉河项目审批、监管、复核问题（个）		0	0	0
8	3 个清单中未按时完成问题（个）		0	2	2
9	抽查碍洪突出问题（个）		1	1	1
10	碍洪、消防整改问题（处）		0	1	1
11	划界确权登记完成率（%）		100	2	2
12	发现偷采、盗采（处）		0	1	1
13	许可采砂不规范恢复不到位砂场（个）		0	1	1
14	涉砂举报处理不当（次）		0	1	1
15	疏浚砂综合利用不当（处）		0	1	1

序号	基础信息	数据	基础信息	数据	得分	满分
16	发现"新四乱"（处）			4	1.2	2
17	完成病险水库除险加固初设（Y/N）			Y	0.5	0.5
18	完成除险加固水库建设（Y/N）			Y	0.5	0.5
19	完成除险加固水库验收（Y/N）			Y	0.5	0.5
20	完成降等报废水库（Y/N）			Y	0.5	0.5
21	完成小型水库雨情测报和大坝安全监测验收（Y/N）			Y	1	1
22	建设项目总数（个）	7	建设进度达标数（个）	7	4	4
23			应验收项目总数（个）	1	0.571	2
24			完成竣工验收项目数（个）	1	0.286	2
25	中央投资工程项目（个）	3	及时转发投资计划（个）	3	2	2
26			按投资计划执行（个）	3	2	2
27	未及时更新监管工程进展（次）			0	0	0
28	资金支付率（%）			50.82	2.033	4
29	未及时处置预警信息（次）			0	1	1
30	无法发送预警信息（次）			0	1	1
31	完成入河湖排污许可证核发（Y/N）			Y	0.5	0.5
32	完成"一口一策"整治（Y/N）			Y	0.5	0.5
33	完成工业园区污水处理建设（Y/N）			Y	0.5	0.5
34	达标排放在线控制完成率（%）			100	0.5	0.5
35	排水管网更新改造完成率（%）			100	3	3
36	畜禽粪污综合利用率（%）			77	1.155	1.5
37	粪污资源化利用率（%）			77	1.155	1.5
38	推广高效生态农业比例（%）			90	2.7	3
39	完成沿海港口码头船舶污染控制（Y/N）			Y	1	1
40	完成内陆河渔船污染物控制（Y/N）			Y	1	1
41	沿海船舶污染物监管良好（Y/N）			不涉及	0.736	1
42	完成船舶污染物联合执法检查（Y/N）			Y	1	1
43	考核断面总数（个）	8	超标断面（个）	0	4	4
44	县级以上集中式饮用水水质全部达标（Y/N）			Y	2	2
45	完成省环境整治任务（Y/N）			Y	1	1

序号	基础信息	数据	基础信息	数据	得分	满分
46	完成省黑臭水体治理（Y/N）			Y	1	1
47	不达标断面（个）			0	1	1
48	企业环境应急预案备案率（%）			100	0.5	0.5
49	开展环境应急演练（Y/N）			Y	0.5	0.5
50	完成生活垃圾处理设施建设规划（Y/N）			Y	2	2
51	下达封育任务、责任、制度（个）	不涉及	完成封育任务、责任、制度（个）	不涉及	3	3
52	复耕、乱垦、滥种（处）			不涉及	0	0
53	发现散养牲畜（次）			不涉及	0	0
54	省补资金发放完成时间（月）			不涉及	1	1
55	完成健康评价报告（本）			1	2	2
56	按时交纳河流断面污染补偿资金（Y/N）			Y	1	1
57	建立水源地风险管控清单（Y/N）			Y	0.5	0.5
58	完成重点问题整治（Y/N）			Y	0.5	0.5
59	专职水政监察人员编制（人）			15	2	2
60	发生重大案件（次）			0	1.5	1.5
61	案件处理不到位（件）			0	1.5	1.5
62	未向省及时报送案件（项）			0	2	2
63	办案结案率（%）			100	1	1
64	市级河湖长巡河（次/年）			47	2	2
65	整治不力被督办（次）			0	1	1
66	公安建立管控机制（Y/N）			Y	0.5	0.5
67	实现网格化管护（Y/N）			Y	0.5	0.5
68	重点排污单位安装监控系统（Y/N）			Y	0.5	0.5
69	污水排放自动监控（Y/N）			Y	0.5	0.5
70	河、水站、监测断面监测不到位次数（次）			0	1	1
71	发布总河长令（次）			1	1.5	1.5
72	河长湖长巡河（次）			34 166	1.5	1.5
73	省河长办检查发现较严重问题（次）			2	1.6	2
74	信息管理系统未按时填报整改（次）			0	1	1

续表

序号	基础信息	数据	基础信息	数据	得分	满分
75	省级河长发现问题整改差（次）			0	2	2
76	河长公示牌监督举报电话无人接听（次）			0	1	1
77	公示失效（次）			0	1	1
78	被评为省级水利风景区（个）			0	0	10
79	受到省部级以上通报表扬（次）			0	0	
80	省部通报批评次数（次）			0	0	
81	中央督察发现涉水问题（次）			0	0	−10
82	国务院督查发现次数（次）			0	0	
83	出现负面舆情事件（次）			0	0	
	总分值（缺项比例计算且含附加分）				90.465	100

阜新市评分表如表 6.9 所示。

表 6.9　阜新市评分表

序号	基础信息	数据	基础信息	数据	得分	满分
1	水功能区水质考核指标（%）	100	水功能区水质完成指标（%）	100	1	1
2	用水总量控制指标（万 m^3）	32 000	用水总量（万 m^3）	24 700	2	2
3	再生水利用量控制指标（万 m^3）	1 400	再生水利用量（万 m^3）	1 909	1	1
4	万元国内生产总值用水量下降率控制指标（%）			5.85	0.585	1
5	万元国内生产总值用水量（m^3/万元）	42.31	上年度万元国内生产总值用水量（m^3/万元）	41.85	1	1
6	划界成果复核完成率（%）			100	2	2
7	涉河项目审批、监管、复核问题（个）			14	−1	0
8	3 个清单中未按时完成问题（个）			0	2	2
9	抽查碍洪突出问题（个）			0	1	1
10	碍洪、消防整改问题（处）			247	1	1
11	划界确权登记完成率（%）			50	1	2
12	发现偷采、盗采（处）			22	1	1
13	许可采砂不规范恢复不到位砂场（个）			0	1	1
14	涉砂举报处理不当（次）			0	1	1
15	疏浚砂综合利用不当（处）			0	1	1
16	发现"新四乱"（处）			0	2	2

续表

序号	基础信息	数据	基础信息	数据	得分	满分
17	完成病险水库除险加固初设（Y/N）			Y	0.5	0.5
18	完成除险加固水库建设（Y/N）			Y	0.5	0.5
19	完成除险加固水库验收（Y/N）			Y	0.5	0.5
20	完成降等报废水库（Y/N）			Y	0.5	0.5
21	完成小型水库雨情测报和大坝安全监测验收（Y/N）			Y	1	1
22	建设项目总数（个）	9	建设进度达标数（个）	9	4	4
23			应验收项目总数（个）	9	2	2
24			完成竣工验收项目数（个）	0	0	2
25	中央投资工程项目（个）	9	及时转发投资计划（个）	9	2	2
26			按投资计划执行（个）	9	2	2
27	未及时更新监管工程进展（次）			0	0	0
28	资金支付率（%）			38	1.52	4
29	未及时处置预警信息（次）			1	0.9	1
30	无法发送预警信息（次）			1	0.9	1
31	完成入河湖排污许可证核发（Y/N）			Y	0.5	0.5
32	完成"一口一策"整治（Y/N）			Y	0.5	0.5
33	完成工业园区污水处理建设（Y/N）			Y	0.5	0.5
34	达标排放在线控制完成率（%）			100	0.5	0.5
35	排水管网更新改造完成率（%）			100	3	3
36	畜禽粪污综合利用率（%）			77	1.155	1.5
37	粪污资源化利用率（%）			95.8	1.437	1.5
38	推广高效生态农业比例（%）			90	2.7	3
39	完成沿海港口码头船舶污染控制（Y/N）			不涉及	0.69	1
40	完成内陆河渔船污染物控制（Y/N）			不涉及	0.69	1
41	沿海船舶污染物监管良好（Y/N）			不涉及	0.69	1
42	完成船舶污染物联合执法检查（Y/N）			不涉及	0.69	1
43	考核断面总数（个）	8	超标断面（个）	0	4	4
44	县级以上集中式饮用水水质全部达标（Y/N）			Y	2	2
45	完成省环境整治任务（Y/N）			Y	1	1
46	完成省黑臭水体治理（Y/N）			Y	1	1

续表

序号	基础信息	数据	基础信息	数据	得分	满分
47	不达标断面（个）			0	1	1
48	企业环境应急预案备案率（%）			100	0.5	0.5
49	开展环境应急演练（Y/N）			Y	0.5	0.5
50	完成生活垃圾处理设施建设规划（Y/N）			Y	2	2
51	下达封育任务、责任、制度（个）	不涉及	完成封育任务、责任、制度（个）	不涉及	3	3
52	复耕、乱垦、滥种（处）			不涉及	0	0
53	发现散养牲畜（次）			不涉及	0	0
54	省补资金发放完成时间（月）			不涉及	1	1
55	完成健康评价报告（本）			3	2	2
56	按时交纳河流断面污染补偿资金（Y/N）			Y	1	1
57	建立水源地风险管控清单（Y/N）			Y	0.5	0.5
58	完成重点问题整治（Y/N）			Y	0.5	0.5
59	专职水政监察人员编制（人）			16	2	2
60	发生重大案件（次）			0	1.5	1.5
61	案件处理不到位（件）			0	1.5	1.5
62	未向省及时报送案件（项）			0	2	2
63	办案结案率（%）			0	0	1
64	市级河湖长巡河（次/年）			26	2	2
65	整治不力被督办（次）			0	1	1
66	公安建立管控机制（Y/N）			Y	0.5	0.5
67	实现网格化管护（Y/N）			Y	0.5	0.5
68	重点排污单位安装监控系统（Y/N）			Y	0.5	0.5
69	污水排放自动监控（Y/N）			Y	0.5	0.5
70	河、水站、监测断面监测不到位次数（次）			0	1	1
71	发布总河长令（次）			1	1.5	1.5
72	河长湖长巡河（次）			29 453	1.5	1.5
73	省河长办检查发现较严重问题（次）			3	1.4	2
74	信息管理系统未按时填报整改（次）			0	1	1
75	省级河长发现问题整改差（次）			0	2	2

序号	基础信息	数据	基础信息	数据	得分	满分
76	河长公示牌监督举报电话无人接听（次）			0	1	1
77	公示失效（次）			0	1	1
78	被评为省级水利风景区（个）			0	0	10
79	受到省部级以上通报表扬（次）			0	0	
80	省部通报批评次数（次）			0	0	
81	中央督察发现涉水问题（次）			0	0	−10
82	国务院督查发现次数（次）			0	0	
83	出现负面舆情事件（次）			0	0	
	总分值（缺项比例计算且含附加分）				89.357	100

辽阳市评分表如表 6.10 所示。

表 6.10　辽阳市评分表

序号	基础信息	数据	基础信息	数据	得分	满分
1	水功能区水质考核指标（%）	100	水功能区水质完成指标（%）	100	1	1
2	用水总量控制指标（万 m³）	102 000	用水总量（万 m³）	86 436	2	2
3	再生水利用量控制指标（万 m³）	1 900	再生水利用量（万 m³）	2 448	1	1
4	万元国内生产总值用水量下降率控制指标（%）			4.98	0.498	1
5	万元国内生产总值用水量（m³/万元）	103.97	上年度万元国内生产总值用水量（m³/万元）	116.6	0.892	1
6	划界成果复核完成率（%）			100	2	2
7	涉河项目审批、监管、复核问题（个）			12	−1	0
8	3 个清单中未按时完成问题（个）			20	0	2
9	抽查碍洪突出问题（个）			2	1	1
10	碍洪、消防整改问题（处）			158	1	1
11	划界确权登记完成率（%）			100	2	2
12	发现偷采、盗采（处）			1	1	1
13	许可采砂不规范恢复不到位砂场（个）			0	1	1
14	涉砂举报处理不当（次）			0	1	1
15	疏浚砂综合利用不当（处）			0	1	1
16	发现"新四乱"（处）			0	2	2
17	完成病险水库除险加固初设（Y/N）			缺项	0	0.5

续表

序号	基础信息	数据	基础信息	数据	得分	满分
18	完成除险加固水库建设（Y/N）			缺项	0	0.5
19	完成除险加固水库验收（Y/N）			缺项	0	0.5
20	完成降等报废水库（Y/N）			缺项	0	0.5
21	完成小型水库雨情测报和大坝安全监测验收（Y/N）			缺项	0	1
22	建设项目总数（个）	5	建设进度达标数（个）	5	4	4
23			应验收项目总数（个）	2	1.6	2
24			完成竣工验收项目数（个）	2	0.8	2
25	中央投资工程项目（个）	3	及时转发投资计划（个）	3	2	2
26			按投资计划执行（个）	3	2	2
27	未及时更新监管工程进展（次）			0	0	0
28	资金支付率（%）			80	3.2	4
29	未及时处置预警信息（次）			0	1	1
30	无法发送预警信息（次）			0	1	1
31	完成入河湖排污许可证核发（Y/N）			Y	0.5	0.5
32	完成"一口一策"整治（Y/N）			Y	0.5	0.5
33	完成工业园区污水处理建设（Y/N）			Y	0.5	0.5
34	达标排放在线控制完成率（%）			100	0.5	0.5
35	排水管网更新改造完成率（%）			100	3	3
36	畜禽粪污综合利用率（%）			91.34	1.37	1.5
37	粪污资源化利用率（%）			91.34	1.37	1.5
38	推广高效生态农业比例（%）			90	2.7	3
39	完成沿海港口码头船舶污染控制（Y/N）			Y	1	1
40	完成内陆河渔船污染物控制（Y/N）			Y	1	1
41	沿海船舶污染物监管良好（Y/N）			Y	1	1
42	完成船舶污染物联合执法检查（Y/N）			Y	1	1
43	考核断面总数（个）	10	超标断面（个）	0	4	4
44	县级以上集中式饮用水水质全部达标（Y/N）			Y	2	2
45	完成省环境整治任务（Y/N）			Y	1	1
46	完成省黑臭水体治理（Y/N）			Y	1	1
47	不达标断面（个）			0	1	1

序号	基础信息	数据	基础信息	数据	得分	满分
48	企业环境应急预案备案率（%）			90	0.45	0.5
49	开展环境应急演练（Y/N）			Y	0.5	0.5
50	完成生活垃圾处理设施建设规划（Y/N）			Y	2	2
51	下达封育任务、责任、制度（个）	不涉及	完成封育任务、责任、制度（个）	不涉及	3	3
52	复耕、乱垦、滥种（处）			不涉及	0	0
53	发现散养牲畜（次）			不涉及	0	0
54	省补资金发放完成时间（月）			不涉及	1	1
55	完成健康评价报告（本）			1	2	2
56	按时交纳河流断面污染补偿资金（Y/N）			Y	1	1
57	建立水源地风险管控清单（Y/N）			Y	0.5	0.5
58	完成重点问题整治（Y/N）			Y	0.5	0.5
59	专职水政监察人员编制（人）			22	2	2
60	发生重大案件（次）			0	1.5	1.5
61	案件处理不到位（件）			0	1.5	1.5
62	未向省及时报送案件（项）			0	2	2
63	办案结案率（%）			缺项	0	1
64	市级河湖长巡河（次/年）			30	2	2
65	整治不力被督办（次）			0	1	1
66	公安建立管控机制（Y/N）			Y	0.5	0.5
67	实现网格化管护（Y/N）			Y	0.5	0.5
68	重点排污单位安装监控系统（Y/N）			Y	0.5	0.5
69	污水排放自动监控（Y/N）			Y	0.5	0.5
70	河、水站、监测断面监测不到位次数（次）			0	1	1
71	发布总河长令（次）			1	1.5	1.5
72	河长湖长巡河（次）			31 647	1.5	1.5
73	省河长办检查发现较严重问题（次）			0	2	2
74	信息管理系统未按时填报整改（次）			0	1	1
75	省级河长发现问题整改差（次）			0	2	2
76	河长公示牌监督举报电话无人接听（次）			0	1	1

续表

序号	基础信息	数据	基础信息	数据	得分	满分
77	公示失效（次）			0	1	1
78	被评为省级水利风景区（个）			0	0	10
79	受到省部级以上通报表扬（次）			0	0	
80	省部通报批评次数（次）			0	0	−10
81	中央督查发现涉水问题（次）			0	0	
82	国务院督查发现次数（次）			0	0	
83	出现负面舆情事件（次）			0	0	
总分值（缺项比例计算且含附加分）					89.38	100

铁岭市评分表如表 6.11 所示。

表 6.11　铁岭市评分表

序号	基础信息	数据	基础信息	数据	得分	满分
1	水功能区水质考核指标（%）	100	水功能区水质完成指标（%）	100	1	1
2	用水总量控制指标（万 m³）	84 900	用水总量（万 m³）	72 323	2	2
3	再生水利用量控制指标（万 m³）	1 200	再生水利用量（万 m³）	1 571	1	1
4	万元国内生产总值用水量下降率控制指标（%）			5.85	0.585	1
5	万元国内生产总值用水量（m³/万元）	95.89	上年度万元国内生产总值用水量（m³/万元）	106.38	0.901	1
6	划界成果复核完成率（%）			100	2	2
7	涉河项目审批、监管、复核问题（个）			3	−0.3	0
8	3 个清单中未按时完成问题（个）			0	2	2
9	抽查碍洪突出问题（个）			70	1	1
10	碍洪、消防整改问题（处）			340	1	1
11	划界确权登记完成率（%）			70	1.4	2
12	发现偷采、盗采（处）			38	1	1
13	许可采砂不规范恢复不到位砂场（个）			0	1	1
14	涉砂举报处理不当（次）			0	1	1
15	疏浚砂综合利用不当（处）			0	1	1
16	发现"新四乱"（处）			37	0	2
17	完成病险水库除险加固初设（Y/N）			Y	0.5	0.5
18	完成除险加固水库建设（Y/N）			Y	0.5	0.5

序号	基础信息	数据	基础信息	数据	得分	满分
19	完成除险加固水库验收（Y/N）			Y	0.5	0.5
20	完成降等报废水库（Y/N）			Y	0.5	0.5
21	完成小型水库雨情测报和大坝安全监测验收（Y/N）			Y	1	1
22	建设项日总数（个）	5	建设进度达标数（个）	5	4	4
23			应验收项目总数（个）	3	2	2
24			完成竣工验收项目数（个）	0	0	2
25	中央投资工程项目（个）	不涉及	及时转发投资计划（个）	不涉及	1.507	2
26			按投资计划执行（个）	不涉及	1.507	2
27	未及时更新监管工程进展（次）			不涉及	0	0
28	资金支付率（％）			57.6	2.304	4
29	未及时处置预警信息（次）			0	1	1
30	无法发送预警信息（次）			0	1	1
31	完成入河湖排污许可证核发（Y/N）			Y	0.5	0.5
32	完成"一口一策"整治（Y/N）			Y	0.5	0.5
33	完成工业园区污水处理建设（Y/N）			Y	0.5	0.5
34	达标排放在线控制完成率（％）			100	0.5	0.5
35	排水管网更新改造完成率（％）			100	3	3
36	畜禽粪污综合利用率（％）			85	1.275	1.5
37	粪污资源化利用率（％）			85	1.275	1.5
38	推广高效生态农业比例（％）			90	2.7	3
39	完成沿海港口码头船舶污染控制（Y/N）			Y	1	1
40	完成内陆河渔船污染物控制（Y/N）			Y	1	1
41	沿海船舶污染物监管良好（Y/N）			不涉及	0.738	1
42	完成船舶污染物联合执法检查（Y/N）			不涉及	0.738	1
43	考核断面总数（个）	13	超标断面（个）	0	4	4
44	县级以上集中式饮用水水质全部达标（Y/N）			Y	2	2
45	完成省环境整治任务（Y/N）			Y	1	1
46	完成省黑臭水体治理（Y/N）			Y	1	1
47	不达标断面（个）			0	1	1
48	企业环境应急预案备案率（％）			92	0.46	0.5

续表

序号	基础信息	数据	基础信息	数据	得分	满分
49	开展环境应急演练（Y/N）			Y	0.5	0.5
50	完成生活垃圾处理设施建设规划（Y/N）			Y	2	2
51	下达封育任务、责任、制度（个）	7	完成封育任务、责任、制度（个）	7	3	3
52	复耕、乱垦、滥种（处）			0	0	0
53	发现散养牲畜（次）			22	−0.5	0
54	省补资金发放完成时间（月）			11	0.4	1
55	完成健康评价报告（本）			1	2	2
56	按时交纳河流断面污染补偿资金（Y/N）			Y	1	1
57	建立水源地风险管控清单（Y/N）			Y	0.5	0.5
58	完成重点问题整治（Y/N）			Y	0.5	0.5
59	专职水政监察人员编制（人）			27	2	2
60	发生重大案件（次）			0	1.5	1.5
61	案件处理不到位（件）			0	1.5	1.5
62	未向省及时报送案件（项）			0	2	2
63	办案结案率（%）			100	1	1
64	市级河湖长巡河（次/年）			30	2	2
65	整治不力被督办（次）			0	1	1
66	公安建立管控机制（Y/N）			Y	0.5	0.5
67	实现网格化管护（Y/N）			Y	0.5	0.5
68	重点排污单位安装监控系统（Y/N）			Y	0.5	0.5
69	污水排放自动监控（Y/N）			Y	0.5	0.5
70	河、水站、监测断面监测不到位次数（次）			0	1	1
71	发布总河长令（次）			1	1.5	1.5
72	河长湖长巡河（次）			65 747	1.5	1.5
73	省河长办检查发现较严重问题（次）			4	1.2	2
74	信息管理系统未按时填报整改（次）			0	1	1
75	省级河长发现问题整改差（次）			0	2	2
76	河长公示牌监督举报电话无人接听（次）			0	1	1
77	公示失效（次）			0	1	1

序号	基础信息	数据	基础信息	数据	得分	满分
78	被评为省级水利风景区（个）	1			2	10
79	受到省部级以上通报表扬（次）	2			4	
80	省部通报批评次数（次）	0			0	
81	中央督察发现涉水问题（次）	0			0	−10
82	国务院督查发现次数（次）	0			0	
83	出现负面舆情事件（次）	0			0	
总分值（缺项比例计算且含附加分）					94.69	100

朝阳市评分表如表 6.12 所示。

表 6.12　朝阳市评分表

序号	基础信息	数据	基础信息	数据	得分	满分
1	水功能区水质考核指标（%）	100	水功能区水质完成指标（%）	100	1	1
2	用水总量控制指标（万 m³）	61 000	用水总量（万 m³）	53 100	2	2
3	再生水利用量控制指标（万 m³）	2 790	再生水利用量（万 m³）	1 928	0.691	1
4	万元国内生产总值用水量下降率控制指标（%）	5.85			0.585	1
5	万元国内生产总值用水量（m³/万元）	53.4	上年度万元国内生产总值用水量（m³/万元）	58.8	0.908	1
6	划界成果复核完成率（%）	100			2	2
7	涉河项目审批、监管、复核问题（个）	0			0	0
8	3 个清单中未按时完成问题（个）	0			2	2
9	抽查碍洪突出问题（个）	368			1	1
10	碍洪、消防整改问题（处）	368			1	1
11	划界确权登记完成率（%）	100			2	2
12	发现偷采、盗采（处）	0			1	1
13	许可采砂不规范恢复不到位砂场（个）	0			1	1
14	涉砂举报处理不当（次）	0			1	1
15	疏浚砂综合利用不当（处）	0			1	1
16	发现"新四乱"（处）	0			2	2
17	完成病险水库除险加固初设（Y/N）	不涉及			0.39	0.5
18	完成除险加固水库建设（Y/N）	Y			0.5	0.5
19	完成除险加固水库验收（Y/N）	Y			0.5	0.5

序号	基础信息	数据	基础信息	数据	得分	满分
20	完成降等报废水库（Y/N）			不涉及	0.39	0.5
21	完成小型水库雨情测报和大坝安全监测验收（Y/N）			Y	1	1
22	建设项目总数（个）	12	建设进度达标数（个）	12	4	4
23			应验收项目总数（个）	12	2	2
24			完成竣工验收项目数（个）	12	2	2
25	中央投资工程项目（个）	5	及时转发投资计划（个）	3	1.2	2
26			按投资计划执行（个）	5	2	2
27	未及时更新监管工程进展（次）			0	0	0
28	资金支付率（%）			20.55	0.822	4
29	未及时处置预警信息（次）			0	1	1
30	无法发送预警信息（次）			0	1	1
31	完成入河湖排污许可证核发（Y/N）			Y	0.5	0.5
32	完成"一口一策"整治（Y/N）			Y	0.5	0.5
33	完成工业园区污水处理建设（Y/N）			Y	0.5	0.5
34	达标排放在线控制完成率（%）			100	0.5	0.5
35	排水管网更新改造完成率（%）			55.4	1.662	3
36	畜禽粪污综合利用率（%）			92.8	1.392	1.5
37	粪污资源化利用率（%）			77	1.155	1.5
38	推广高效生态农业比例（%）			90	2.7	3
39	完成沿海港口码头船舶污染控制（Y/N）			不涉及	0.658	1
40	完成内陆河渔船污染物控制（Y/N）			Y	1	1
41	沿海船舶污染物监管良好（Y/N）			Y	1	1
42	完成船舶污染物联合执法检查（Y/N）			Y	1	1
43	考核断面总数（个）	13	超标断面（个）	1	3.692	4
44	县级以上集中式饮用水水质全部达标（Y/N）			Y	2	2
45	完成省环境整治任务（Y/N）			Y	1	1
46	完成省黑臭水体治理（Y/N）			Y	1	1
47	不达标断面（个）			0	1	1
48	企业环境应急预案备案率（%）			95.97	0.48	0.5
49	开展环境应急演练（Y/N）			Y	0.5	0.5

续表

序号	基础信息	数据	基础信息	数据	得分	满分
50	完成生活垃圾处理设施建设规划（Y/N）			Y	2	2
51	下达封育任务、责任、制度（个）	2	完成封育任务、责任、制度（个）	2	3	3
52	复耕、乱垦、滥种（处）			0	0	0
53	发现散养牲畜（次）			0	0	0
54	省补资金发放完成时间（月）			9	1	1
55	完成健康评价报告（本）			1	2	2
56	按时交纳河流断面污染补偿资金（Y/N）			Y	1	1
57	建立水源地风险管控清单（Y/N）			Y	0.5	0.5
58	完成重点问题整治（Y/N）			Y	0.5	0.5
59	专职水政监察人员编制（人）			12	2	2
60	发生重大案件（次）			0	1.5	1.5
61	案件处理不到位（件）			0	1.5	1.5
62	未向省及时报送案件（项）			0	2	2
63	办案结案率（%）			100	1	1
64	市级河湖长巡河（次/年）			4	2	2
65	整治不力被督办（次）			0	1	1
66	公安建立管控机制（Y/N）			Y	0.5	0.5
67	实现网格化管护（Y/N）			Y	0.5	0.5
68	重点排污单位安装监控系统（Y/N）			Y	0.5	0.5
69	污水排放自动监控（Y/N）			Y	0.5	0.5
70	河、水站、监测断面监测不到位次数（次）			0	1	1
71	发布总河长令（次）			2	1.5	1.5
72	河长湖长巡河（次）			72 000	1.5	1.5
73	省河长办检查发现较严重问题（次）			0	2	2
74	信息管理系统未按时填报整改（次）			0	1	1
75	省级河长发现问题整改差（次）			0	2	2
76	河长公示牌监督举报电话无人接听（次）			0	1	1
77	公示失效（次）			0	1	1

续表

序号	基础信息	数据	基础信息	数据	得分	满分
78	被评为省级水利风景区（个）	0		0	0	10
79	受到省部级以上通报表扬（次）	2			4	
80	省部通报批评次数（次）	0			0	
81	中央督察发现涉水问题（次）	0			0	-10
82	国务院督查发现次数（次）	0			0	
83	出现负面舆情事件（次）	0			0	
总分值（缺项比例计算且含附加分）					96.225	100

盘锦市评分表如表 6.13 所示。

表 6.13　盘锦市评分表

序号	基础信息	数据	基础信息	数据	得分	满分
1	水功能区水质考核指标（%）	缺项	水功能区水质完成指标（%）	缺项	0	1
2	用水总量控制指标（万 m^3）	140 800	用水总量（万 m^3）	137 800	2	2
3	再生水利用量控制指标（万 m^3）	2 700	再生水利用量（万 m^3）	2 838	1	1
4	万元国内生产总值用水量下降率控制指标（%）			4.98	0.498	1
5	万元国内生产总值用水量（m^3/万元）	96.64	上年度万元国内生产总值用水量（m^3/万元）	95.16	1	1
6	划界成果复核完成率（%）			100	2	2
7	涉河项目审批、监管、复核问题（个）			4	-0.4	0
8	3 个清单中未按时完成问题（个）			5	1	2
9	抽查碍洪突出问题（个）			254	1	1
10	碍洪、消防整改问题（处）			249	1	1
11	划界确权登记完成率（%）			100	2	2
12	发现偷采、盗采（处）			不涉及	0.86	1
13	许可采砂不规范恢复不到位砂场（个）			不涉及	0.86	1
14	涉砂举报处理不当（次）			不涉及	0.86	1
15	疏浚砂综合利用不当（处）			不涉及	0.86	1
16	发现"新四乱"（处）			193	2	2
17	完成病险水库除险加固初设（Y/N）			不涉及	0.41	0.5
18	完成除险加固水库建设（Y/N）			不涉及	0.41	0.5
19	完成除险加固水库验收（Y/N）			不涉及	0.41	0.5

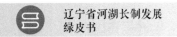

续表

序号	基础信息	数据	基础信息	数据	得分	满分
20	完成降等报废水库（Y/N）			不涉及	0.41	0.5
21	完成小型水库雨情测报和大坝安全监测验收（Y/N）			不涉及	0.82	1
22	建设项目总数（个）	1	建设进度达标数（个）	1	4	4
23			应验收项目总数（个）	0	0	2
24			完成竣工验收项目数（个）	0	0	2
25	中央投资工程项目（个）	1	及时转发投资计划（个）	1	2	2
26			按投资计划执行（个）	1	2	2
27	未及时更新监管工程进展（次）			0	0	0
28	资金支付率（%）			48	1.92	4
29	未及时处置预警信息（次）			5	0.5	1
30	无法发送预警信息（次）			0	1	1
31	完成入河湖排污许可证核发（Y/N）			Y	0.5	0.5
32	完成"一口一策"整治（Y/N）			Y	0.5	0.5
33	完成工业园区污水处理建设（Y/N）			Y	0.5	0.5
34	达标排放在线控制完成率（%）			不涉及	0.44	0.5
35	排水管网更新改造完成率（%）			不涉及	2.64	3
36	畜禽粪污综合利用率（%）			77	1.155	1.5
37	粪污资源化利用率（%）			77	1.155	1.5
38	推广高效生态农业比例（%）			缺项	0	3
39	完成沿海港口码头船舶污染控制（Y/N）			Y	1	1
40	完成内陆河渔船污染物控制（Y/N）			Y	1	1
41	沿海船舶污染物监管良好（Y/N）			Y	1	1
42	完成船舶污染物联合执法检查（Y/N）			Y	1	1
43	考核断面总数（个）	4	超标断面（个）	0	4	4
44	县级以上集中式饮用水水质全部达标（Y/N）			Y	2	2
45	完成省环境整治任务（Y/N）			Y	1	1
46	完成省黑臭水体治理（Y/N）			Y	1	1
47	不达标断面（个）			0	1	1
48	企业环境应急预案备案率（%）			99	0.495	0.5
49	开展环境应急演练（Y/N）			Y	0.5	0.5

序号	基础信息	数据	基础信息	数据	得分	满分
50	完成生活垃圾处理设施建设规划（Y/N）			Y	2	2
51	下达封育任务、责任、制度（个）	1	完成封育任务、责任、制度（个）	1	3	3
52	复耕、乱垦、滥种（处）			0	0	0
53	发现散养牲畜（次）			0	0	0
54	省补资金发放完成时间（月）			10	0.7	1
55	完成健康评价报告（本）			1	2	2
56	按时交纳河流断面污染补偿资金（Y/N）			Y	1	1
57	建立水源地风险管控清单（Y/N）			Y	0.5	0.5
58	完成重点问题整治（Y/N）			Y	0.5	0.5
59	专职水政监察人员编制（人）			21	2	2
60	发生重大案件（次）			3	0	1.5
61	案件处理不到位（件）			0	1.5	1.5
62	未向省及时报送案件（项）			0	2	2
63	办案结案率（%）			100	1	1
64	市级河湖长巡河（次/年）			32	2	2
65	整治不力被督办（次）			0	1	1
66	公安建立管控机制（Y/N）			N	0	0.5
67	实现网格化管护（Y/N）			N	0	0.5
68	重点排污单位安装监控系统（Y/N）			N	0	0.5
69	污水排放自动监控（Y/N）			N	0	0.5
70	河、水站、监测断面监测不到位次数（次）			0	1	1
71	发布总河长令（次）			1	1.5	1.5
72	河长湖长巡河（次）			14 522	1.5	1.5
73	省河长办检查发现较严重问题（次）			2	1.6	2
74	信息管理系统未按时填报整改（次）			0	1	1
75	省级河长发现问题整改差（次）			0	2	2
76	河长公示牌监督举报电话无人接听（次）			0	1	1
77	公示失效（次）			0	1	1

序号	基础信息	数据	基础信息	数据	得分	满分
78	被评为省级水利风景区（个）			2	4	10
79	受到省部级以上通报表扬（次）			0	0	
80	省部通报批评次数（次）			0	0	−10
81	中央督察发现涉水问题（次）			1	−2	
82	国务院督查发现次数（次）			0	0	
83	出现负面舆情事件（次）			0	0	
	总分值（缺项比例计算且含附加分）				83.103	100

葫芦岛市评分表如表 6.14 所示。

表 6.14 葫芦岛市评分表

序号	基础信息	数据	基础信息	数据	得分	满分
1	水功能区水质考核指标（%）	100	水功能区水质完成指标（%）	100	1	1
2	用水总量控制指标（万 m³）	49 500	用水总量（万 m³）	43 356	2	2
3	再生水利用量控制指标（万 m³）	700	再生水利用量（万 m³）	1 024	1	1
4	万元国内生产总值用水量下降率控制指标（%）			5.85	0.585	1
5	万元国内生产总值用水量（m³/万元）	49.8	上年度万元国内生产总值用水量（m³/万元）	54.7	0.91	1
6	划界成果复核完成率（%）			100	2	2
7	涉河项目审批、监管、复核问题（个）			0	0	0
8	3 个清单中未按时完成问题（个）			3	1.4	2
9	抽查碍洪突出问题（个）			27	1	1
10	碍洪、消防整改问题（处）			230	1	1
11	划界确权登记完成率（%）			100	2	2
12	发现偷采、盗采（处）			22	1	1
13	许可采砂不规范恢复不到位砂场（个）			0	1	1
14	涉砂举报处理不当（次）			0	1	1
15	疏浚砂综合利用不当（处）			0	1	1
16	发现"新四乱"（处）			0	2	2
17	完成病险水库除险加固初设（Y/N）			Y	0.5	0.5
18	完成除险加固水库建设（Y/N）			N	0	0.5
19	完成除险加固水库验收（Y/N）			N	0	0.5

序号	基础信息	数据	基础信息	数据	得分	满分
20	完成降等报废水库（Y/N）			Y	0.5	0.5
21	完成小型水库雨情测报和大坝安全监测验收（Y/N）			Y	1	1
22	建设项目总数（个）	6	建设进度达标数（个）	6	4	4
23			应验收项目总数（个）	2	1.333	2
24			完成竣工验收项目数（个）	0	0	2
25	中央投资工程项目（个）	0	及时转发投资计划（个）	0	0	2
26			按投资计划执行（个）	0	0	2
27	未及时更新监管工程进展（次）			0	0	0
28	资金支付率（%）			20	0.8	4
29	未及时处置预警信息（次）			0	1	1
30	无法发送预警信息（次）			0	1	1
31	完成入河湖排污许可证核发（Y/N）			Y	0.5	0.5
32	完成"一口一策"整治（Y/N）			Y	0.5	0.5
33	完成工业园区污水处理建设（Y/N）			Y	0.5	0.5
34	达标排放在线控制完成率（%）			100	0.5	0.5
35	排水管网更新改造完成率（%）			100	3	3
36	畜禽粪污综合利用率（%）			88.18	1.323	1.5
37	粪污资源化利用率（%）			88.18	1.323	1.5
38	推广高效生态农业比例（%）			82.6	2.478	3
39	完成沿海港口码头船舶污染控制（Y/N）			Y	1	1
40	完成内陆河渔船污染物控制（Y/N）			缺项	0	1
41	沿海船舶污染物监管良好（Y/N）			Y	1	1
42	完成船舶污染物联合执法检查（Y/N）			Y	1	1
43	考核断面总数（个）	11	超标断面（个）	0	4	4
44	县级以上集中式饮用水水质全部达标（Y/N）			Y	2	2
45	完成省环境整治任务（Y/N）			Y	1	1
46	完成省黑臭水体治理（Y/N）			Y	1	1
47	不达标断面（个）			0	1	1
48	企业环境应急预案备案率（%）			100	0.5	0.5
49	开展环境应急演练（Y/N）			Y	0.5	0.5

序号	基础信息	数据	基础信息	数据	得分	满分
50	完成生活垃圾处理设施建设规划（Y/N）			Y	2	2
51	下达封育任务、责任、制度（个）	1	完成封育任务、责任、制度（个）	1	3	3
52	复耕、乱垦、滥种（处）			0	0	0
53	发现散养牲畜（次）			0	0	0
54	省补资金发放完成时间（月）			7	1	1
55	完成健康评价报告（本）			1	2	2
56	按时交纳河流断面污染补偿资金（Y/N）			Y	1	1
57	建立水源地风险管控清单（Y/N）			Y	0.5	0.5
58	完成重点问题整治（Y/N）			Y	0.5	0.5
59	专职水政监察人员编制（人）			12	2	2
60	发生重大案件（次）			0	1.5	1.5
61	案件处理不到位（件）			0	1.5	1.5
62	未向省及时报送案件（项）			0	2	2
63	办案结案率（%）			100	1	1
64	市级河湖长巡河（次/年）			30	2	2
65	整治不力被督办（次）			0	1	1
66	公安建立管控机制（Y/N）			Y	0.5	0.5
67	实现网格化管护（Y/N）			Y	0.5	0.5
68	重点排污单位安装监控系统（Y/N）			Y	0.5	0.5
69	污水排放自动监控（Y/N）			Y	0.5	0.5
70	河、水站、监测断面监测不到位次数（次）			0	1	1
71	发布总河长令（次）			1	1.5	1.5
72	河长湖长巡河（次）			62 870	1.5	1.5
73	省河长办检查发现较严重问题（次）			0	2	2
74	信息管理系统未按时填报整改（次）			0	1	1
75	省级河长发现问题整改差（次）			0	2	2
76	河长公示牌监督举报电话无人接听（次）			0	1	1
77	公示失效（次）			0	1	1

续表

序号	基础信息	数据	基础信息	数据	得分	满分
78	被评为省级水利风景区（个）			0	0	10
79	受到省部级以上通报表扬（次）			0	0	
80	省部通报批评次数（次）			0	0	−10
81	中央督察发现涉水问题（次）			0	0	
82	国务院督查发现次数（次）			0	0	
83	出现负面舆情事件（次）			0	0	
	总分值（缺项比例计算且含附加分）				86.152	100

沈抚示范区评分表如表 6.15 所示。

表 6.15　沈抚示范区评分表

序号	基础信息	数据	基础信息	数据	得分	满分
1	水功能区水质考核指标（%）	未涉及	水功能区水质完成指标（%）	未涉及	0.8	1
2	用水总量控制指标（万 m^3）	3 600	用水总量（万 m^3）	1 400	2	2
3	再生水利用量控制指标（万 m^3）	缺项	再生水利用量（万 m^3）	400	1	1
4	万元国内生产总值用水量下降率控制指标（%）			缺项	0	1
5	万元国内生产总值用水量（m^3/万元）	缺项	上年度万元国内生产总值用水量（m^3/万元）	缺项	0	1
6	划界成果复核完成率（%）			100	2	2
7	涉河项目审批、监管、复核问题（个）			19	−1	0
8	3 个清单中未按时完成问题（个）			0	2	2
9	抽查碍洪突出问题（个）			19	1	1
10	碍洪、消防整改问题（处）			19	1	1
11	划界确权登记完成率（%）			100	2	2
12	发现偷采、盗采（处）			0	1	1
13	许可采砂不规范恢复不到位砂场（个）			0	1	1
14	涉砂举报处理不当（次）			0	1	1
15	疏浚砂综合利用不当（处）			0	1	1
16	发现"新四乱"（处）			2	1.6	2
17	完成病险水库除险加固初设（Y/N）			Y	0.5	0.5
18	完成除险加固水库建设（Y/N）			Y	0.5	0.5
19	完成除险加固水库验收（Y/N）			Y	0.5	0.5

续表

序号	基础信息	数据	基础信息	数据	得分	满分
20	完成降等报废水库（Y/N）			Y	0.5	0.5
21	完成小型水库雨情测报和大坝安全监测验收（Y/N）			Y	1	1
22	建设项目总数（个）	2	建设进度达标数（个）	2	4	4
23			应验收项目总数（个）	2	2	2
24			完成竣工验收项目数（个）	0	0	2
25	中央投资工程项目（个）	1	及时转发投资计划（个）	1	2	2
26			按投资计划执行（个）	1	2	2
27	未及时更新监管工程进展（次）			0	0	0
28	资金支付率（%）			100	4	4
29	未及时处置预警信息（次）			0	1	1
30	无法发送预警信息（次）			0	1	1
31	完成入河湖排污许可证核发（Y/N）			N	0	0.5
32	完成"一口一策"整治（Y/N）			Y	0.5	0.5
33	完成工业园区污水处理建设（Y/N）			缺项	0	0.5
34	达标排放在线控制完成率（%）			100	0.5	0.5
35	排水管网更新改造完成率（%）			100	3	3
36	畜禽粪污综合利用率（%）			100	1.5	1.5
37	粪污资源化利用率（%）			100	1.5	1.5
38	推广高效生态农业比例（%）			100	3	3
39	完成沿海港口码头船舶污染控制（Y/N）			不涉及	0.8	1
40	完成内陆河渔船污染物控制（Y/N）			不涉及	0.8	1
41	沿海船舶污染物监管良好（Y/N）			不涉及	0.8	1
42	完成船舶污染物联合执法检查（Y/N）			不涉及	0.8	1
43	考核断面总数（个）	1	超标断面（个）	0	4	4
44	县级以上集中式饮用水水质全部达标（Y/N）			Y	2	2
45	完成省环境整治任务（Y/N）			Y	1	1
46	完成省黑臭水体治理（Y/N）			Y	1	1
47	不达标断面（个）			1	0.5	1
48	企业环境应急预案备案率（%）			100	0.5	0.5
49	开展环境应急演练（Y/N）			Y	0.5	0.5

序号	基础信息	数据	基础信息	数据	得分	满分
50	完成生活垃圾处理设施建设规划（Y/N）			N	0	2
51	下达封育任务、责任、制度（个）	0	完成封育任务、责任、制度（个）	0	3	3
52	复耕、乱垦、滥种（处）			0	0	0
53	发现散养牲畜（次）			0	0	0
54	省补资金发放完成时间（月）			缺项	0	1
55	完成健康评价报告（本）			1	2	2
56	按时交纳河流断面污染补偿资金（Y/N）			缺项	0	1
57	建立水源地风险管控清单（Y/N）			缺项	0	0.5
58	完成重点问题整治（Y/N）			缺项	0	0.5
59	专职水政监察人员编制（人）			0	0	2
60	发生重大案件（次）			0	1.5	1.5
61	案件处理不到位（件）			0	1.5	1.5
62	未向省及时报送案件（项）			0	2	2
63	办案结案率（%）			100	1	1
64	市级河湖长巡河（次/年）			18	2	2
65	整治不力被督办（次）			0	1	1
66	公安建立管控机制（Y/N）			Y	0.5	0.5
67	实现网格化管护（Y/N）			Y	0.5	0.5
68	重点排污单位安装监控系统（Y/N）			Y	0.5	0.5
69	污水排放自动监控（Y/N）			Y	0.5	0.5
70	河、水站、监测断面监测不到位次数（次）			1	0.5	1
71	发布总河长令（次）			0	0	1.5
72	河长湖长巡河（次）			16 116	1.5	1.5
73	省河长办检查发现较严重问题（次）			0	2	2
74	信息管理系统未按时填报整改（次）			0	1	1
75	省级河长发现问题整改差（次）			0	2	2
76	河长公示牌监督举报电话无人接听（次）			0	1	1
77	公示失效（次）			0	1	1

序号	基础信息	数据	基础信息	数据	得分	满分
78	被评为省级水利风景区（个）			0	0	10
79	受到省部级以上通报表扬（次）			0	0	
80	省部通报批评次数（次）			0	0	−10
81	中央督察发现涉水问题（次）			0	0	
82	国务院督查发现次数（次）			0	0	
83	出现负面舆情事件（次）			0	0	
总分值（缺项比例计算且含附加分）					83.1	100

6.3 准则层评价结果分析

辽宁省全面推行河长制湖长制以来，各地认真贯彻落实党中央、国务院、水利部和省委、省政府关于推进河长制湖长制的决策部署，各级河湖长积极巡河湖履职，圆满完成各项年度目标任务，河湖面貌显著改善、水质稳步提升，长效机制不断健全，得到人民群众普遍认可。各市河长制湖长制工作成绩来之不易，经验弥足珍贵，但河湖治理绝非一朝一夕之功，护水治水永远在路上。各市应继续按照水利部和省委省政府的决策部署，攻坚克难，持续开展河湖专项整治行动，强化流域生态综合治理，推动河长制湖长制提档升级，推动河湖大保护向纵深开展，为国家生态文明建设打造美丽中国"河湖样板"。

基于辽宁省河湖长制工作评估模型，计算各市河湖长制工作评估最终得分，2022年辽宁省14个市及沈抚示范区河湖长制工作评估得分情况如表6.16所示。

表6.16 辽宁省14个市及沈抚示范区准则层评价表

市（区）	总结评估内容											总分	等级
	一	二	三	四	五	六	七	八	九	十	十一		
沈阳市	3.674	12	16.133	2	14.572	11.5	7	14	9.6	6	0	96.479	优秀
大连市	5.602	12.6	14.06	2	14.73	11.956	8	14	10	10	0	102.948	优秀
鞍山市	3.11	12	11.52	2	13.158	11.6	8	14	10	8	0	93.388	优秀
抚顺市	4.498	13.2	14.138	2	12.46	12	8	13.2	8.4	0	0	87.896	良好
本溪市	5.548	11	16	2	13.295	12	8	14	10	8	0	99.843	优秀
丹东市	5.52	12	12.12	2	11.354	11.96	8	13	9.6	4	0	89.554	良好
锦州市	5.531	12.7	14.7	2	13.65	12	7.5	14	10	4	0	96.081	优秀
营口市	4.029	13.2	13.89	2	13.746	12	8	14	9.6	0	0	90.465	优秀

市（区）	总结评估内容											总分	等级
	一	二	三	四	五	六	七	八	九	十	十一		
阜新市	5.585	12	14.52	1.8	12.052	12	8	13	9.4	0	0	89.357	良好
辽阳市	5.39	11	13.6	2	14.44	11.95	8	13	10	0	0	89.38	良好
铁岭市	5.486	10.9	14.318	2	13.726	11.96	6.9	14	9.2	2	4	94.69	优秀
朝阳市	5.184	14	14.802	2	12.567	11.672	8	14	10	4	0	96.225	优秀
盘锦市	4.498	12.06	12.36	1.5	10.89	11.995	7.7	10.5	9.6	4	−2	83.103	良好
葫芦岛市	5.495	13.4	8.133	2	13.124	12	8	14	10	0	0	86.152	良好
沈抚示范区	3.8	12.6	17	2	13.2	9.5	5	11.5	8.5	0	0	83.1	良好

注：总分 90 分以上为优秀；80～90 分为良好。

（1）在水资源管理保护方面，满分 6 分。这些市对于水资源管理保护方面的重视程度很高：大连、丹东、锦州、阜新、本溪、辽阳、铁岭、朝阳、葫芦岛，得分均为 5 分以上，其他得分为 5 分以下的市区应该进一步加大水资源管理保护工作力度。

（2）在水域岸线管理保护方面，满分 14 分，朝阳、葫芦岛、抚顺、营口得分 14 分、13.4 分、13.2 分、13.2 分。表明这四个地区对水域岸线管理保护的重视程度高。抚顺划界确权登记完成率高，抽查碍洪突出问题、消防整改问题为 0 分，河道采砂管理工作较好。

（3）在水工程建设管理方面，满分 19 分，沈阳、沈抚示范区得分 16.133 分、17 分，在全省遥遥领先。这是因为沈阳河长办与河长制成员单位通力合作，重点组织实施"四水同治""五大工程"及海绵城市建设，加强水库建设管理与河道工程建设。沈抚示范区在用好上级资金的基础上，自筹资金 10.88 亿元，开展浑河沈抚示范区段防洪治理工程，使浑河沈抚示范区段防洪标准由 50 年一遇标准提升到了 100 年一遇的标准。完成了浑河伯官 411 m 气盾坝改建工程，保障沈抚灌区水田的灌溉任务及沈阳市生态景观水源度汛安全。

（4）在水旱灾害防御方面，满分 2 分，14 个市及沈抚示范区均得分较高，说明各地处置与发送预警信息较为及时，对水旱灾害防御重视。

（5）在水污染防治方面，满分 15 分，大连得分最高，为 14.73 分。这是因为大连市坚持"站在水里看岸上，站在岸上看水里"的系统思维，统筹岸上岸下工作，推进河道"四乱"及黑臭水体等问题整治，形成部门合力，从根源上解决好水污染的主要矛盾。依法治水，以水为媒，做好资金整合，落实《大连市水污染防治工作方案》。不断推进"十四五"时期"无废城市"建设。按照源头替代、过程减量、末端资源化利用的原则，生态环境、农业、住建等部门共同推进建筑垃圾无害化处置和资源化利用项目、中心城区餐厨垃圾处理厂等工程，从根本上减少污染物入河。这些经验值得其

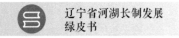
他地区借鉴学习。

（6）在水环境治理方面，满分 12 分，14 个市及沈抚示范区均得分较高，这表明辽宁省认真执行"清四乱"与黑臭水体整治等专项行动，基本完成"四乱"问题与黑臭水体的清理整治，水环境质量稳中有升。

（7）在水生态修复方面，满分 8 分，14 个市及沈抚示范区均得分较高。深入贯彻落实"绿水青山就是金山银山"生态理念，全力推进生态建设，提升河道生态功能，持续维护河道健康生命，相关市积极推动河道生态封育工作落实，加强封育地块工作。各地强化河道封育地块管理，完善封育地块巡查监管制度，充分调动乡镇水利站和村级水管员开展封育地块巡查，坚决制止复耕、乱垦、滥种、放牧等破坏河道生态建设行为，巩固生态封育成果，促进了水生态修复。沈阳市实施生态封育，主要滩地封育面积由约 58 万亩增至 100 万亩，新增约 42 万亩，辽河沿线生态廊道全线贯通。新建 5 处（2022 年）生态湿地。累计治理侵蚀沟 187 条（2021 年），治理水体流失面积 56 km²（2022 年），成效显著。

（8）在监管与执法方面，满分 14 分，14 个市及沈抚示范区均得分较高。各个市及沈抚示范区设专职水政监察人员共 282 人，发生重大案件 0 次，2022 年市级河湖长巡河 431 次。公安建立管控机制，实现网格化管护，重点排污单位安装监控与污水排放自动监控系统，监测预警预报体系完善。

（9）在组织与实施方面，满分 10 分，朝阳得分 10 分。朝阳市河长制办公室积极履行职责，各级河长湖长巡河共计 72 000 次，推动河长制湖长制工作取得实效，切实维护河湖健康生命，各部门多管齐下，严治理，重保护，积极创新管理模式，实现从"有名有责"到"有能有效"的转变。

6.4　综合评价

由表 6.16 可以看出，2022 年辽宁省 14 个市及沈抚示范区河湖长制工作评估得分均在 83 分以上，其中，有 8 个市达到 90 分以上，分别为沈阳市、大连市、鞍山市、本溪市、营口市、铁岭市、锦州市和朝阳市，有 5 个市达到 85 分以上 90 分以下，为抚顺市、阜新市、丹东市、辽阳市、葫芦岛市，其余市（区）都达到 83 分以上。总体而言，各地河湖长制工作落实情况到位，河湖治理工作成效显著，这与自全面推行河湖长制以来，辽宁省扎实推进河湖长制，扭住治水"牛鼻子"，不断深化改革创新、推动河湖长制工作从"有名有实"向"有能有效"转变密切相关。但各地评估结果仍具有一定的差距，大连市的河湖长制工作评估得分最高，达到 101.243 分，超过 100 分，评估结果位居全省第一，盘锦市和沈抚示范区的河湖长制工作评估得分为 83.1 分，最高分与最低分相差 19.8 分。说明河湖长制工作需要提升的空间较大，须坚持问题导向，学习借鉴先进市的经验做法，加强落实河湖长制的各项工作。

（1）沈阳市河湖长责任明确、履职到位，以上率下，河长履职效能持续提升。沈阳市总河长通过组织召开全市河长制工作大会，签发市总河长令，签订河长制工作任务书，全面部署各年度工作任务。市副总河长组织制定各年度河长制工作要点，组织召开联席会议，坚持周调度、月通报。其他市级河长充分发挥"领队"作用，牵头会同河长制成员单位开展入河排污口、碍洪问题排查整治等专项行动。

（2）大连市高度重视推进河湖长组织体系建设，带编制的专职人员配给到位，以习近平新时代中国特色社会主义思想为指导，认真贯彻落实习近平总书记"节水优先、空间均衡、系统治理、两手发力"的治水方针，将习近平生态文明思想作为根本遵循，牢固树立和践行"绿水青山就是金山银山"理念，不折不扣地落实河长制，把全面推行河长制作为解决复杂水问题、维护河库健康、完善水治理体系和保障水安全的重要举措。在水利部松辽委、省河长办的大力支持和指导下，全市上下共同推进河长制工作从"有名有实"到"有能有效"，2020 年获得国务院督查激励，2020 年至 2022 年连续三年获得辽宁省政府奖励激励，大连河湖管护的新思路、新方法值得其他各地学习借鉴。大连市始终把推行河长制工作作为一项重要的任务，在实践中坚持强化组织领导，依据《大连市河（库）长制实施方案》、河长制 6 项制度及《大连市河库长巡查制度》等其他政策，认真贯彻落实总河长令，落实"一河一策"中五个清单内容及省河长办要求细化实化的重点工作等，按照省市河长制"四位一体"考核内容不折不扣地履行职责。

（3）鞍山市推进 72 个省级美丽宜居乡村建设，通过项目融合打造省级水利风景区，海城市基本解决农业生产源污染问题，建立全流域垃圾及污水集中处理体系，实施污泥无害化处理，推进畜禽粪污资源化利用，实施网格化管理，促进智慧水利建设。

（4）抚顺市"保水质、防风险"，推行雨污分流、消除黑臭水体，水源保护区取消化工企业和养殖场，使大伙房水库水质保持在Ⅱ类水标准以上。

（5）本溪市狠抓"四乱"排查工作，整改完成 359 个碍洪突出问题，全域 8 个工业园区污水处理设施完成整治，超额完成河湖考核断面检测，水土流失综合整治及水生态修复成效显著。

（6）丹东市以"丹东绿"为建设目标，将河长制考核与"大禹杯竞赛"融合起来，通过购买市场服务清理农村垃圾，排污口实施"一口一档，一口一策"，"三长"共治"四乱"成效显著。

（7）锦州市全面推行河长制以来，以河长制为抓手持续推进生态环境质量的改善，深入打好蓝天、碧水、净土保卫战，深入实施河流断面水质等提升工程和治理示范项目，依托锦凌水库，发挥小凌河、女儿河、百股河三条河流绕城的自然条件，通过"三河共治"，努力打造"库河一体、林水相依、城水相映、人水和谐"的水生态城市，打造三山环抱、北湖南海、锦水长廊的宜居锦州。锦州市警长制推进河长制，380个探头纳入监控，打击非法采砂，保障防洪安全。

（8）营口市成功应用稻蟹共生技术，畜禽粪污得到了综合利用，实现了循环利用，水产绿色健康养殖方法值得推广。

（9）阜新市黄家沟利用一山、两河、三湖与千亩松林，推动治水工作从治标向治本、从末端治理向源头治理转变，打造集生态休闲、旅游度假、健康养老、都市农业、水利风景区为一体的乡村旅游。

（10）辽阳市打造太子河风光带"百里公园"，辽阳灌区成为水利部11家现代化灌区试点之一。

（11）铁岭市通过"以河养河"推进水美乡村建设，寇河生态治理促进乡村振兴，成效显著。

（12）朝阳市在原有河长制体系基础上，建立副市长包县责任制，每一位副市长包保一个县（市）区，围绕河道重点、难点问题，现场协调、现场督办，强力推进责任县（市）区四乱问题整改。建设"空＋地"河道影像档案。各级河长牵头，探索建设河流影像档案。出动无人机，对大中型河流自上游至下游进行全河段影像拍摄，结合各级河长拍摄的河道照片，形成"空＋地"的影像河档。利用影像河档，瞄准河流问题，列入整改清单，推进问题整改。强化"河长＋检察长＋河道警长"联动。朝阳市"三长"联动，积极发挥检察机关公益诉讼作用，并整合视频资源，将6个视频巡河模块、135个视频点位接入警务大厅，实现了河湖警务实时调度，全面加强河道监控。

（13）盘锦市建设盘山县水系连通水美乡村示范县样板，综合利用畜禽粪污，建设水产绿色健康养殖五大示范基地，采用稻蟹共生技术发展生态高效农业，盘锦大米全国闻名，发展潜力巨大。盘锦市水域岸线管理保护以及监管与执法存在问题，尤其在防洪安全方面存在事故及碍洪问题。

（14）葫芦岛市紧紧抓住国考断面氮超标四大成因：污水不达标排放、畜禽养殖粪污排放、农业面源污染、河湖垃圾，以"工作网格更密、监管力度更大、责任落实更深、创新突破更强"为河长制工作抓手，以乡村河道整治助力乡村振兴和生态示范工程，取得较好成效。

（15）沈抚示范区河长办公室人员少，水利科人员少，专职人员更少，人员配置不全，基础资料、数据欠缺，影响任务完成时限和完成质量。但沈抚示范区仍能推进河湖长制"十到位"，能取得如此成绩，实属不易。

评估结果与辽宁省现场调研的实际情况基本一致，验证了评估模型的合理可行性。

第 7 章

问题及对策

以辽宁省 14 个市及沈抚示范区的问题和未来安排为依据，系统梳理辽宁省推行河湖长制的 10 个问题及 10 条对策。

7.1 主要问题

（1）河湖长制组织领导尚需加强。①部分县（市）区政府缺乏对河长制工作的部署，部分领导干部对河长制工作认识不到位，对相关法律法规和上级要求理解不到位。②河长办人员配置不足，各县（市）区从事河长制的具体工作人员全部是兼职，没有专职人员，工作上容易顾此失彼，不能满足工作需要。③部分乡村两级河长履职不到位，乡村两级河长巡河流于形式，不能及时发现问题、解决问题。个别县（市）区、部门落实河长制的工作主动性弱化，守土不守责、守水不尽责，有的地区工作压力传导不够，导致部分堤防、水库、水闸等防洪隐患没有销号，妨碍河道行洪问题没有彻底解决。

（2）协同配合机制还需完善。①农村垃圾、生活污水治理与河道垃圾清理未有机结合，没有形成管护长效机制，部门间、水管员与保洁员间缺乏配合。②部门联动机制不够完善，清理在河道管理范围内历史遗留的"四乱"问题（包括设施农业、养殖、生产企业和经营场所等）的进展缓慢。③河长制成员单位之间协调配合有待加强，如：河湖长制与乡村振兴、与水美乡村及相关职能部门的协同须加强。

（3）河长办的执行能力较为薄弱。①河湖长制工作中一定程度上存在水利部门"唱独角戏"的问题，虽然多次强调河长办是党委、政府的河长办，但河长办设在水务部门，相对于其他权力部门较为弱势。②河湖长制工作的推动力不足，在监督检查通报上缺少权威性、震慑力。③河长办是河长的"总参"，许多部门把河湖长制工作当作是水务部门的工作，不能积极主动地参与进来。河长办全力做好党政领导的"参谋长"。

（4）河湖治理还有短板。①河流防洪体系还不健全，农村河湖"四乱"问题屡清不止；河湖监管与行政执法还应继续强化，严厉打击各类涉河涉水违法行为，杜绝未批先建现象，进一步强化河湖岸线管控。②农村生产生活垃圾收集、处理、转运设施还不健全，向中小河道倾倒垃圾现象时有发生。③畜禽散养户粪污收集处理还不到位，向中小河道倾倒粪污现象仍然存在。④部分乡镇污水处理设施收集能力不足、不能常态化运行。⑤农村生活污水不能及时有效处理。河道管理范围内耕地较多，农业面源污染防治任务依然艰巨。

（5）缺乏考核奖惩机制。①河湖长制考核成果运用有待加强，须建立有效的奖惩机制。②考核手段有待加强，从大数据中优选关键指标，开发考核系统，量化考核，明晰考核目标及市（县）努力方向，引导地方采取措施系统开展河湖保护。③充分发挥考核"指挥棒"作用，推进各县（市）区政府、市直各成员单位、各级河长以及各县（市）区河长办主动进取；重点解决河长工作中"干和不干一个样、干好干坏一个样"的懒政庸政问题。

（6）河湖建设管理资金投入不足。①涉河工程建设项目前期工作经费投入严重不足，规划设计全面系统谋划不够，影响项目申报、资金落实，导致工程项目储备严重不足。②已建设和在建项目资金配套（落实）率低，过分压缩工程建设资金，表面上看是节省了资金，实际上是以工程建设质量为代价，难以建成高质量工程，部分县（市）区实施的工程普遍缺失生态修复环节，达不到美丽河湖的要求。③资金拨付严重滞后，各县（市）区基本上工程竣工后资金拨付普遍滞后2～3年，影响省对市整体的考核成绩，也影响资金和项目的争取。

（7）河道水域岸线及管理范围内问题多。①河道水域岸线及管理范围内耕地较多，农业面源污染防治任务依然艰巨。②河道沿岸工业、农业、生产生活污染源仍然存在入河风险；河湖水域岸线历史欠账较多。③河湖管理范围内存在未经审批的建设项目和特定活动，补办占河手续或拆除均需资金支撑，地方财政压力较大。④河道倾倒垃圾行为屡禁不止；杜绝未批先建现象，强化河湖岸线管控任重道远。⑤岸线管控仍需加强，河湖岸线保护利用规划约束仍不到位，侵占河道、非法采砂等违法违规行为仍时有发生。

（8）水环境治理任务艰巨。①在水污染防治中，主要关注工业废污水排放、农业化肥、农药面源污染，畜禽水产污染，居民生活污水偷排入湖、垃圾直倒河道、污水入网，农村污水处理和垃圾入站等问题。②河湖水环境仍不稳定，城镇生活污水处理能力不足，排污口整治任务还很艰巨，化肥使用量仍然较大，农村生活垃圾入河现象仍然普遍。③除汛期外，大部分河道为枯水状态，部分村民环保意识不强，致使河道生活垃圾随清理随产生，"四乱"问题时有反弹。

（9）综合治理有待加强。①发展循环农业，有效减少面源污染，充分发挥河长制生态保护与经济发展协同推进、相互促进作用，引进社会资本建设田园综合体、湿地公园、休闲度假区等生态主题景点，切实推进水旅融合，河库生态效益、周边土地价值同步提升，河库产业发展、群众致富脱贫同步推进。②进一步强化协同统筹，深入推进水生态文明建设协调发展。③强化综合施策、源头治理，进一步加强重点流域综合整治、工业企业废水治理、饮用水保障工程建设，加快推进水土流失综合治理，加大黑臭水体治理力度，提高全省污水处理和城乡垃圾治理能力，确保水环境质量持续改善，坚决打赢"碧水保卫战"。④结合实施乡村振兴战略和幸福美丽乡村建设，开展河湖管护示范县建设，发挥典型示范和引领带动作用，推动全省河湖长制工作取得新成效。加强以山水林田湖草系统治理为核心的健康河湖治理管护研究，推动河湖治理管护标准化建设。发展生态农业和循环经济是防治水污染的治本之策，有待大力推进。

（10）河湖管理仍需加强。①中央要求制定的"一河一策"，能作为治河良策的不多，很难有效推进河湖长制的健康发展。有些河湖的管理资料存档较为混乱，没有形成电子版存档；要加强"一河一策""一河（湖）一档"的规范管理。基础工作有待加强。②"四乱"问题死灰复燃。河道排污、倾倒垃圾等治理"前治后乱""前清后倒""边治边乱"等现象依然存在，特别是个别基层干部、工作人员对"四乱"问题竟然视而不见、习以为常、熟视无睹、麻木不仁，导致个别地区河道变堵道、变脏道，不仅严重影响了河道行洪安全，更降低了城乡环境的品质、气质。③河湖智慧管理有待加强，数字孪生水利体系有待建设，水利科技创新支撑能力有待加强。

7.2 主要对策

（1）河湖长提高政治站位和履职能力。各级河湖长应站在国家前途和人民利益的高度，始终把推行河长制工作作为一项重要的政治任务，从政治上分析、贯彻河长制这一重大创新制度，从政治上解决河长制由"制"向"治"转变中的问题。实践中应坚持强化组织领导，大连市依据《大连市河（库）长制实施方案》、河长制6项制度及《大连市河库长巡查制度》等其他政策，认真贯彻落实辽宁省总河长令，落实"一河一策"中五个清单内容及省河长办要求细化实化的重点工作等，按照省市河长制"四位一体"考核内容不折不扣地履行职责。河长制的重大突破是将党政一把手推向了河湖治理保护的一线，同时借助一把手的行政职权协调相关责任单位，解决重大问题，而巡河工作是河湖长履职的重要内容，巡河的成效一定程度上反映了河湖长"有为"的结果。大连市按照《辽宁省河长湖长制条例》及《关于开展河（库）长巡河行动的通知》要求，熟悉"一河一档"信息，通过管理信息平台、河长制 APP 等技术手段，切实履行巡河职责，解决了实际问题。要强化基层河长履职尽责。深入推进河长制季度考核和月度考核，进一步细化完善考核措施，合理运用正反向激励机制，充分激发基层河长履职的积极性、主动性和创造性，真正从"一河之长"的角度去主动发现问题、解决问题，切实做好辖区内的河湖管护工作。

（2）加强河长制工作机构建设。目前，市县两级河长办均下设在水行政主管部门，市河长办下设在市水利（务）局，人员力量有限，协同推进河长制工作的成效不理想。应充实从事河长制工作的人员，开展河长制业务知识培训，提高发现问题、解决问题能力，并能掌握防洪抢险、河库管理、水生态保护基本要领，建设素质高、能力强的队伍，提升服务各级河长、各责任单位履职的能力。市级河长办督促县级河长办在河长制工作经费、办公场所、办公设备配备等方面的保障落实，更好地推进河长制工作。

市县两级河长办应结合实际，在人员不足不能完全对标省河长办组织机构设置的情况下，应探讨更适合履职的组织机构建设。同时，将继续推进河长制综合信息管理系统、水库雨水情监测系统、防汛监控管理系统、水质监测系统四大应用系统适度融合，实现河湖管理向精细化、网格化管理转变，加快河库管理保护信息化、数字化、智能化建设，提高河长制工作效能。

（3）策划大项目系统治理保护河湖。为辽宁人民谋幸福，把建设幸福河湖作为未来以河长制推进乡村振兴的重点。生态环境部明确了关于水污染的四个主要原因：污水不达标排放、畜禽养殖粪污排放、农业面源污染及河湖垃圾。大连市河长制工作以四大原因为导向，深入分析实际问题，制定相应措施，将发展绿色生态农业，加速产业结构升级与转型，从源头利用生活污水、畜禽粪污、生活垃圾，发展循环经济等作为治污达标的治本之策，在部分区市试点成功基础上，力争三年内在全市范围通过发展循环经济（变废为宝的循环利用）、生态农业等系统解决污染病根，实现乡村振兴目标（百姓富、生态美）。例如，金普新区为治理农业面源污染，完善了农膜农药瓶（袋）回收体系建设。在三十里堡街道设立中心回收站，在全区 12 个涉农街道设立 12 个回收母站，把全区 212 家农资商店作为农药包装和农膜等废弃物回收子站，利用回收子站的位置优势、人员优势、资金优势、直接对接优势、监督管理优势等，提高回收效率，实现涉农街道回收站点全覆盖的网格化管理，最终，经有资质的废弃物处置单位负责实施集中无害化处置。同时，通过开展可降解地膜试点试验和农用残留地膜监测等一系列工作，提升农膜等废弃物处置水平，有效防控农田"白色污染"。2022 年回收农药包装和农膜等废弃物约 63.4 t，其中农药包装物 22.4 t、地膜和反光膜约 41 t，农膜回收率 90％以上。未来 3 年，各地进一步落实《关于 2022 年农药包装和农膜等废弃物回收与处置试点工作实施方案的通知》、《大连市 2022 年生物降解液态地膜应用试点工作实施方案》和《关于开展 2022 年度农药包装农膜废弃物回收处理和2023 年度农膜使用核定统计工作的通知》，尝试将金普新区的成功经验在其他县（市）区推广，进行标准化、规模化运营管理。市河长办与农业农村局、生态环境局等协同，在畜禽养殖粪污排放、农业面源污染等问题整治中，引入第三方社会化服务，科学制定措施方案，立项后纳入政府重点谋划开展的重大项目库中，融入非政府财政资金，走资源化利用道路。庄河市采用五指分类法处理垃圾的做法值得推广。

（4）强化水污染防治。①强化水污染源头治理。加强对入河排污口、重点工业企业的监管，确保污水达标排放；推进城镇污水处理提质增效，继续实施雨污分流管网项目；控制农业面源污染、水产养殖污染、畜禽养殖污染，提升各市畜禽粪污综合利用率。②强化水环境治理。河湖考核断面水质达标；县级以上城市集中式饮用水水源水质达标率稳定在 100％；持续巩固地级城市建成区黑臭水体治理成果；加强农村水环境综合治理，健全农村生活垃圾处置体系。③加强水生态修复。完成河湖健康评价工作；深入推进水土流失治理，提升水土保持率。④加强执法监管。强化"河长＋"协作机制，发挥警长、检察长在河湖管护中的作用；强化联合执法，严厉打击涉河违法行为；开展河长制监督考核，强化结果运用。⑤进一步加强污水收集管网等基础设施建设，推进垃圾收集转运体系常态化运转。⑥建立健全和运行常态化的监管工作机制，加强污染问题溯源排查和整改，切实从源头上保护河湖水环境。

（5）强化河湖水域岸线清理整治。强化水域岸线管理保护。持续开展河湖岸线清理整治专项行动，完成排查发现的碍洪、"四乱"问题整改销号；实施病险水库除险加固工作；推进中小河流治理项目；逐步开展全省自然资源，包括河流的确权工作。严格落实属地管理原则，压实政府主体责任，加大资金投入力度，按照河道管理权限依法依规补办占河手续，落实有效措施消除不利影响，确保河道行洪安全。

（6）持续强化河湖流域综合治理。坚持防汛抗旱两手抓，完善防旱减灾体系，强化防汛抗旱应急管理，完成一村一井抗旱应急备用水源工程建设；加强防汛抢险队伍专业化建设，组建具有专业与群众相结合的防汛抢险队伍和抗旱服务队；加强防汛抗旱物资储备及管理，及时维护和清点抗旱物资；洪涝灾害年均损失率控制在当年 GDP 的 0.55％以下，干旱灾害年均损失率控制在当年 GDP 的 0.45％以下。持续推进水生态修复；强化市河长办指挥棒作用，以河长制工作为抓手，完善监督、考核机制，以河湖保护工作为重点，进一步强化警长、检察长在河长制工作中的突出作用。

（7）提升水资源节约集约利用水平与保障能力。明显增强全社会节水护水惜水意识，进一步完善水资源与人口经济均衡协调发展的格局，重点供水工程向产业所在地延伸。继续进一步加强最严格水资源管理，实行用水总量控制，统筹城市发展、农业灌溉及生态环境用水需求。2025 年各市用水总量控制在限额以内。各市万元 GDP 用水量下降 12％、万元工业增加值用水量较 2020 年下降 8％，农田灌溉水有效利用系数提高至 0.59。推进工业节水工作，积极推进重点行业、重点企业的节水工作，有计划地推进对造纸业、纺织业、印染业等高耗水企业的用水改造，做到一水多用，提高工业用水的重复利用率、回用率。以提高水资源的可持续利用能力和利用效率为核心，到 2025 年初步建立节约为先、保护有效、配置优化、开发合理、利用高效的水资源供给保障体系，水资源供给满足工业化、城镇化、农业现代化的发展需要，城镇和农村饮水安全得到保障；基本建立城市备用水源体系，进一步提升突发性水污染事件的应对能力；节水总体水平接近或达到中等发达国家水平；水资源得到有效管理和保护。

（8）加快河（湖）长制度体系建设。①推动各级河长履职尽责，强化河长、警长、检察长联动和部门协同，紧抓河长制基础性工作，完善上下游、左右岸联防联控机制，增强基层河湖管护队伍力量，打通河湖保护"最后一公里"，逐渐形成群管群护、群防群治的工作格局。②强化河长制督导检查。采取明察暗访相结合、以暗访为主的方式，强化常态化监督检查，跟踪督促河库问题整改。借助纪检监察、政府督查、人大、政协监督等力量，畅通公众反映问题渠道，形成监督合力。③完善河长制考评机制。优化河长制工作激励措施，不断探索河长、政府、部门、河长办"四位一体"考评模式，发挥好"指挥棒"和"风向标"作用。④持续加大治水力度。既要注重当前需求创造"显绩"，更要注重为长远发展创造"潜绩"。⑤推动河长履职尽责，按照"行政区域全覆盖、大小河库全覆盖、责任落实全覆盖"原则强化四级河长巡河。⑥着力破解历史遗留问题，防范重大风险，按照省委、省政府统一部署，持续开展河湖"清四乱"攻坚行动和辽河流域综合治理。⑦巩固水污染防治攻坚战成果，制定并实施重点河段断面水质"保三控劣"整改方案，抓好入河直排口、畜禽养殖粪污直排入河、河道内无序建坝截水等问题整治。⑧全力保障辽西北供水，落实全省水资源配置。推进涉河设施和工程建设，加强城镇（园区）污水处理环境管理和污水处理提质增效，协同推动区域再生水循环利用试点。⑨全力推动涉河工程建设管理规范化、标准化、现代化，保障工程高效优质建设实施。⑩继续深化河长制建设，根据水利部《关于推动河长制从"有名"到"有实"》的要求，持续发挥河长巡河的强大作用，各级河长办要综合协调，完善监督考核职能。继续集中开展河湖"清四乱"行动，深化河流清洁行动，"十四五"期间逐步实现从"清河"到"治河"转变。

（9）统筹开展系统治理。继续做实"一河一策"，统筹开展系统治理，探索生态河道整治，划定河道管理范围，形成一套接地气、可复制的治理模式，进一步推广完善河长制信息平台。继续营造氛围，全民监督，东港市以南部地区平原河流为落脚点，兼顾湿地自然保护区特色，以宽甸县、凤城市山区段河流及自然保护区为着力点，以鸭绿江水生态保护、大洋河水系保护治理为先行示范，打造亮点，力争"十四五"期间河道"四乱"问题全部解决，形成了一套行之有效的先进河道管理模式。

（10）全面推进幸福河湖建设。习近平总书记"让黄河成为造福人民的幸福河"的伟大号召，为推进新时代治水指明了方向。辽宁省积极响应习近平总书记号召，全面推行河长制，发展绿色经济，全面推进幸福河湖建设。人的命脉在水，水的命脉在山，山的命脉在土，土的命脉在水，"山水林田河（湖）是一个生命共同体"，是我国亟须研究和整治的系统工程。全面推进幸福河湖建设，是落实河长制及幸福河湖建设各项要求和任务的治本之策，是推进河湖科学保护、系统治理、长效管护的关键。为进一步从源头上保护好"一河清水"，结合调研实际，建议从以下四个方面全面推进幸福河湖建设。

①坚持不忘初心，制定保护河湖"良方"。水体污染"症状"在水里，"病根"在岸上，农村废弃物（秸秆、养殖、生活等）污染、面源（化肥、农药）污染、工业点

源污染等，使原来可以游泳、饮用的河水变了样，对群众饮水安全构成危害，若不治理会对当代及子孙后代造成伤害。全面推进幸福河湖建设，目的是针对存在的问题，在深入调查研究基础上，科学拟定系统保护河湖水生态、水环境的"良方"。通过"良方"的分步实施，实现"水清、河畅、岸绿、景美、人和"的河（湖）保护目标，为人民群众的健康创建优良的环境。全面推行幸福河湖建设，既是一项保护工程、发展工程、民生工程，更是一份沉甸甸的政治责任，需要各级党政领导干部保持为民服务的初心。

②坚持问题导向，因地制宜加强保护。全面推行幸福河湖建设，要坚持问题导向，在深入调研的基础上，针对存在问题，坚持近期和远期治理保护相结合，结合群众和社会发展需求，以改善水环境质量为核心，构建责任明确、协调有序、监管严格、保护有力的河湖管理保护机制。到 2025 年建立现代河湖管理保护体系，河湖管理机构、人员、经费全面落实，人为侵害河湖行为得到有效遏制，地表水丧失使用功能（劣于Ⅴ类）的水体及黑臭水体全部消除，县级集中式饮用水水源水质全部达到或优于Ⅲ类，河湖资源利用科学有序，河湖水域面积稳中有升，河湖防洪、供水、生态功能明显提升，群众满意度和获得感明显提高，河湖绿色发展、健康发展、和谐发展成为常态，努力实现"水清、河畅、岸绿、景美、人和"的河湖库管理保护目标。

③坚持群众路线，推进"良方"全面落实。随着经济社会的快速发展，水污染、水灾害、水短缺等问题层出不穷；有些河段资源过度开发，有些涉河建设项目未批先建，侵占河道、超标排污、乱采乱挖乱建等现象时有发生；一些地方垃圾污水随意入河倾倒、排放，造成了局部水体污染、生态破坏；部分公民护水、节水意识不强，水行政主管部门执法权限、经济控制手段不足，致使有些突出问题屡禁不止，阻碍了水环境的持续改善提升。加强河湖治理保护，要坚持从群众中来，到群众中去。要广泛听取沿河（湖）群众意见和诉求，听取社会各界意见和建议，问计于民，充分调动人民群众爱水、护水的积极性，实现"包河（段）到户"，请群众管好家门口的河段，处理好家门口的垃圾和生活污水，将河湖保洁与脱贫结合起来，争取河湖保护与脱贫双赢。发动群众有利于各级河长有的放矢地抓好"总体建设规划方案"的全面贯彻实施，努力做到"以河为贵"。

④坚持系统治理，大力发展生态农业和循环经济。河湖治理是一项长期而又复杂的系统工程，针对幸福河湖建设目标，在通过工程措施治理的同时，还要大力发展生态农业和循环经济，此为防止水污染、改善水生态环境的治本之策。据调查，一头猪每年排出 11 t 污水（此乃河、湖水质黑臭的主因之一），如合理利用，可提供半亩地有机肥；一颗纽扣大小的锂电池，若随意丢弃，能污染 600 t 的水，相当于一个人一生的饮用水；一个人每天要排出 30 kg 废水、2 kg 垃圾，若不处理、不回收利用，对水和

环境产生的污染是严重的。这些变废（污）物为宝贵资源，利国、利民、利己的事，需要相关职能部门、每个公民用心来做。[①] 实践证明，发展生态农业和循环经济，对经济、社会、生态环境的改善是根本性的，是可持续发展的必然选择，也是实现"青山常在、绿水长流、江河安澜、百姓富裕"的不二选择。

通过全面推行幸福河湖建设，精心打造一批生态农业和循环经济的生态样板工程，建设高质量的亲水河（湖）景观带，并以其获取收益作为幸福河湖建设工作的经费来源之一，有望实现全面推行幸福河湖建设与生态环境保护工作的双赢。

---

① 来自《思想周刊·智库：全面推行河长制，创新管水治水机制》http：//jsnews.jschina.com.cn/jsyw/201710/t20171018_1122394.shtml

第 8 章

经验及亮点

本章以辽宁省 14 个市及沈抚示范区填写的表格及材料为依据,系统梳理辽宁省推行河湖长制的经验及亮点。

8.1 主要经验

(1) 河长制制度体系由全面建立提升至全面见效。沈阳市自 2017 年印发《沈阳市实施河长制工作方案》以来,河长制工作积极围绕"十三五""十四五"规划的水污染治理、水环境质量等方面,认真落实各年度省总河长令和河长制湖长制工作任务书确定的各项任务,锚定河长制"六大任务",全力实施"水污染治理攻坚战""四水同治""三污一净""五大工程"等河湖治理专项行动,大力推进河长制不断向纵深延展。河长制体制机制和制度体系持续优化,河长、河长办、河长制成员单位等协调解决各类河湖问题,各司其职、履职尽责,全力开创奋进新征程的新局面。河长制已由全面建立提升至全面见效,全面建成了市"四大班子"主要领导兼任市级总河长,市级领导兼任主要水系河长,分管副市长兼任河长办主任的工作模式;全面建立了市、县、乡、村的四级"河湖长+河湖警长+检察长"的河湖长制日常管护体系;全力组建了"护河员+正风肃纪监督员+志愿者+环境监管"第三方河湖长制队伍;总结形成了"两函四巡三单两报告"等工作方法;积极构建了政府考核、部门考核、河湖长考核、河长办考核的四位一体考核机制;基本构筑了更加完善的"更生态环保、更可持续、更加安全、更有效率"的河湖水系保护利用制度体系和工作体系。主要经验:①以上率下,河长履职效能持续提升;②协同合作,河长办及成员单位职能充分发挥;③建管同步,多方推动河长制实现"有能有效";④广泛宣传,爱河护河氛围浓厚;⑤监督考核,工作责任全面压实。

(2) 河长制"六大任务"基本完成且成效显著。沈阳等市围绕水资源、水域岸线、水污染、水防治、水生态、水执法监管等河长制"六大任务",高质量完成各年度《河长制湖长制工作任务书》中确定的各项任务,实现水质逐年提升。"十三五"末期,沈阳市水环境质量综合指数较"十三五"初期改善了 28.99%。"十四五"这几年,水环境质量也在持续改善。①水资源管理持续优化;②水域岸线管理保护能力逐年提升;③水污染防治全面推进;④水环境质量显著提升;⑤水生态环境全面修复;⑥执法监管全面加强。

(3) 大连市画好同心圆,解决水污染源问题。

①以解决问题为根本,用好河长联席会议制度平台。大连市坚持"站在水里看岸上,站在岸上看水里"的系统思维,统筹岸上岸下工作,推进工业企业污染、城镇生活污染、畜禽水产养殖污染、农村面源污染、河道"四乱"及黑臭水体等问题整治,

形成部门合力，从根源上解决好水污染的主要矛盾。每年至少召开三次联席会议，年初谋计划，年中看进展，年底促考评。

②依法治水，合力攻坚克难推动"四乱"、碍洪问题解决。各区市县因地制宜，分别联合公安、自然资源、生态环境、住建、交通、水务、农业农村等不同部门组成河库"清四乱"专项行动工作专班。2022 年，全市完成 197 个妨碍河道行洪问题整改，完成 105 个"四乱"问题整治，确保了任务清零。

③以水为媒，做好资金整合。三年来，相关部门落实《大连市水污染防治工作方案》，统筹水务、生态环境、自然资源、农业、住建部门资金 32.6 亿元，完成大沙河、登沙河、英那河等重点河流生态修复项目建设 11 项。

④推进"十四五"时期"无废城市"建设。按照源头替代、过程减量、末端资源化利用的原则，生态环境、农业农村、住建等部门共同推进建筑垃圾无害化处置和资源化利用项目、中心城区餐厨垃圾处理厂工程、金普新区生活垃圾焚烧发电处理（一期）扩建工程等项目，从根本上减少污染物，实现生产清洁化、废物资源化、能源低碳化的目标。

⑤明确黑臭水体整治责任，合理分工，有效落实"党政同责、一岗双责"，构建黑臭水体网格化管理体系，保持齐抓共管格局。建立黑臭水体整治长效机制，完成整治的河道保持长治久清，形成各级河长长期抓、抓长期的工作格局。大连市甘井子区泉水河入海口段，两岸整修绿化一新，昔日的臭水河如今已成为市中心的一条河清、水畅、岸绿、景美的景观河、幸福河。

⑥加强水污染补偿，依据《大连市人民政府办公厅关于印发大连市河流断面水质污染补偿办法的通知》，充分发挥污染补偿机制调节作用；按照《大连市河流水质达标综合保障工作方案》，系统、全面、持续地提升全市河流水环境质量，将污染补偿机制与水生态环境质量考核目标紧密结合，以 8 条国控河流水质达标、45 条其他入海河流水质改善为核心，突出综合治理与管控，将工作压力向"神经末梢"传导，打造"铁桶式"保障体系，做到科学治水、精准治水、依法治水。

⑦发挥各级河长统领作用，结合"一河一策"中县、乡、村河长目标、任务、责任清单，实现责任清、边界清、对象清、问题清。细化和完善相关资金使用管理要求，加强和规范大连市河流断面水质污染补偿资金的管理，明确资金使用方向，提高资金使用效益，推进长效机制建设。支持地方人民政府出台相关政策和给予经济补偿，鼓励人民群众参与系统治理工作。

（4）鞍山坚持目标导向，落实"突出六重、合力推进"责任。

①水资源保护重源头。加强垃圾整治、常态化清理，从源头上控制、减少污染，加强农业面源污染整治。

②水域岸线管护重坚持。全力推进妨碍河道行洪突出问题排查整治，水域岸线管护常抓不懈、长期坚持。

③水污染防治重全面。出台《鞍山市河流水生态环境质量管理问责办法（试行）》，唤醒责任意识，推进守土尽责。完成排污口规范化整治和入河排污口自动监控水站建设。推进污水处理厂的提标改造工程，加强再生水利用，提高城镇生活污水集中收集率，建成区内污水处理厂污泥无害化处置率达到 100%。完成城市排水老旧管网改造。推进养殖场（户）完善粪便处理设施或与有机肥场签订委托处理协议，未达到粪便存储设施防水防渗要求的养殖场（户）停养。推进畜禽粪污资源化利用重点县项目，提升资源化利用率。

④水环境质量重治理。全力推进污水管网清污分流改造。实施生态环境综合治理工程，通过截污管网建设、沿线吐口改造、河道清淤等工程措施，改善河流水质；通过修复沿河生态景观，打造生态蓄水、生态净化工程，建设运粮河公园，改善沿河生态和居住环境。强化农村生活垃圾处置体系运行监管，完成农村生活垃圾处置设施补短板项目。加强水域沿线道路清洁，有序推进美丽宜居乡村建设，完成生活污水资源化治理、集中式饮用水水源地规范化整治。建设农村生活污水处理设施。持续开展农村黑臭水体常态化排查整治，完成农村黑臭水体治理。全面加强县级及以上集中式饮用水水源地隐患排查，推进乡镇级水源保护区勘界立标。县级及以上集中式饮用水水源地水质优良比例达到 100%，国考断面和省考断面均达到考核目标要求。

⑤水生态修复重巩固。巩固辽河干支流河滩地封育成果。完成矿山生态修复治理。加大小流域综合治理力度。争取资金建设清洁小流域，治理控制水土流失。辽河台安段 11 km 的高标准堤顶路路网、500 亩稻田画、1 300 亩的湿地公园、1 700 亩的花海、张荒古渡等项目均已完成，花海景观与辽河治理项目形成的景观设施有效融合，台安辽河张荒古渡水利风景区被省水利厅评为省级水利风景区。

⑥执法监管重程序。深入推进"河长＋警长""河长＋检察长"协作机制，强化公益诉讼和行刑衔接。积极推行网格化管护工作，严厉打击江河湖库内非法采砂、非法捕捞水产品、污染河湖水质、盗窃水库养殖产品、盗窃及毁坏水利水文设施等违法犯罪行为，持续深入开展打击整治"沙霸""矿霸"等黑恶犯罪行为，公安、生态、水利、农业等部门联合开展执法行动，打击涉河违法违规案件。

（5）本溪市认真全面总结经验。

①强化水资源刚性约束作用。全方位贯彻"四水四定"原则，持续实施水资源消耗总量和强度双控行动，市水务局会同市发展改革委组织制定了各县（区）"十四五"时期用水总量和强度双控目标并印发实施。全市用水总量控制在 3.45 亿 m³ 的目标内。GDP 用水量比 2020 年下降 5.85%，万元工业增加值用水量比 2020 年下降 4.98%。深

入推进江河流域水量分配，严守水资源开发利用上限，根据辽宁省跨市河流流域水量分配方案，印发了《本溪市水务局关于下达跨市河流水量分配份额的通知》，细化了本溪市境内太子河流域、爱河流域流经县级行政区的用水量分配份额。

②严格水功能区管理监督。全市共 17 个水功能区，水质达标率 100%。

③开展妨碍河道行洪突出问题排查整治工作。市河长制办公室出台了工作方案，成立了工作领导小组，召开了培训会议，组织全市开展妨碍河道行洪突出问题排查整治工作。市政府分管负责同志与市总河长分别召开专题会议和总河长会议，安排部署专项工作的落实。市政府常务会议专题听取本溪市工作进展情况汇报，强力推进问题整改销号。经各县区自查和对水利部推送遥感问题复核，省河长办审定，本溪市共有 359 个妨碍河道行洪突出问题纳入"三个清单"，积极推动河湖"清四乱"常态化、规范化，现已全部整改完成。

④强化河道采砂管理。按照采砂规划开展河道采砂许可工作，严格落实监管职责，强化对重点河段和敏感水域的巡查管理。推动河道砂石资源政府统一经营管理，编制了《本溪市南太子河等 14 条河流清淤疏浚砂石综合利用方案》，并经市政府批复实施。深入开展打击非法采砂专项整治行动，全市共对辖区内河流进行巡查 2 651 人次，累计巡查河道长度 18 528 km，查处非法采砂行为 7 起，处罚 6 人，罚款 22.9 万元。

⑤复核完善河湖管理范围划界成果。全市已完成 135 km 5 级以上堤防管理与保护范围划定工作。组织对 251 条流域面积 10 km² 以上河流管理范围划定成果进行了复核，结合本溪市河道实际，对 12 条河流的 37 处划界成果进行了调整。市政府出台了实施办法，配合开展本溪县和尚帽自然保护区和浑江桓仁段省级重点自然资源统一确权登记工作，积极提供相关资料。

⑥强化岸线分区管控。严格依法依规审批涉河建设项目和活动，加强事中事后执法监管。加强水库除险加固和运行管护。5 月末完成三道河水库除险加固工程初步设计报告的批复工作，积极协调争取上级资金；6 月初完成崔家街水库除险加固工程前期工作，争取国家建设资金 337 万元，开展招标投标工作。全市 15 座小型水库雨水情测报和大坝安全监测设施项目 12 月初全部完工。辖区内 16 座小型水库全部实现专业化管护，形成运行管护长效机制。

⑦完成河道治理任务。2022 年，本溪市新建中小河流治理项目 8 项，实施河道水毁工程 10 项，工程总投资 1.59 亿元，全部按照计划完成建设任务；续建河道治理项目 6 项，工程总投资 5.03 亿元，3 项工程完成建设任务，3 项工程完成验收。

⑧加强入河排污口监督管理。全面启动实施入河排污口规范整治工作，对全市入河排污口组织开展了排查、溯源、复核、建档、编码、立牌、整治、监测、规范化建设等项工作。按照"封堵一批、整治一批、规范一批"的原则，全市 837 个入河排污

口整治清单及"一口一策"已经完成 807 个。

⑨开展工业园区污水整治。全市 8 个省级以上工业园区污水处理设施均稳定运行，无在线监控运行不正常现象。

⑩推进城镇污水处理提质增效。更新改造城市排水老旧管网 266.19 km。其中，市政排水管网建设项目 27 个，建设市政排水管网 116.283 km；庭院排水管网建设项目 28 个，建设庭院排水管网 149.907 km。

⑪防治畜禽养殖污染。印发《关于做好 2022 年畜禽粪污资源化利用工作的通知》，指导畜禽粪污资源化利用工作，全市畜禽规模养殖场全部配套建有畜禽粪污处理设施并正常运转，117 家畜禽规模养殖场全部建立粪污处理和利用台账。继续压实属地管理责任和规模养殖场主体责任，以肥料化利用为主要方向，打通粪肥还田通道，全市畜禽粪污综合利用率达到 82.12%。

⑫控制农业面源污染。实施统防统治和绿色防控，建立健全农作物重大病虫害监测预警体系，通过利用现有大型植保机械、植保无人机等措施全面推进农作物主要病虫害绿色防控技术与专业化统防统治融合发展。建立省级农作物病虫害绿色防控技术示范基地 3 个，示范面积 6 000 亩，桓仁县成为国家级农作物绿色防控技术示范基地。实施化肥减量增效行动，安排肥料田间试验 35 个，推进智能化推荐施肥方法应用，测土配方施肥技术推广覆盖率达 90% 以上。

⑬控制水产养殖污染。积极开展生态健康养殖模式推广行动、水产养殖用药减量行动、水产种业质量提升行动。推广稻蟹综合种养试点项目，新增稻蟹综合种养面积 1 000 亩，总面积达 3 000 亩。探索工厂化循环水养殖技术模式，成功申报本溪市虹鳟鱼种质资源场建设项目。积极推进水域滩涂养殖证发证登记工作，做到应办尽办，全市共发放水域滩涂养殖证 37 个。

⑭河湖考核断面水质达标。全市 12 个国控断面优良水体比例达到 100%，超额完成 8.3%。劣 V 类水体保持为 0。国家地下水环境质量考核点位水质达标，点位水质不恶化，总体保持稳定。3 个县级及以上集中式饮用水水源（桓仁水库、观音阁水库、"引细入汤"工程）水质达标比例 100%。农村黑臭水体保持为 0。

⑮加强农村水环境综合整治。新建农村生活污水处理设施工程项目 20 个，已建设施正常运行率保持在 80% 以上。完成 44 个行政村环境整治。编制完成了"十四五"期间本溪市农村生活垃圾处置设施建设规划，补齐本溪市农村生活垃圾处置设施短板。本溪县和桓仁县也按要求完成规划指引，基本完成农村生活垃圾处置设施补短板项目准备工作。

（6）丹东市持续推进"亮剑斩污""蓝天碧水净土"等专项行动，护好绿水青山。

①各级农业农村、生态环境、住建、水利、公安、交通等部门协同开展畜禽养殖

污染监测、农村垃圾集中整治、城市农村黑臭水体排查整治、文明城市创建、入河入海排污口整治、港口码头管理、美丽乡村建设、河流划界确权等工作，对河湖问题进行了集中整治，维护河湖健康与稳定，充分发挥了河湖长制的部门联动作用。

②丹东市河长制办公室各成员单位充分履行各自职责，通力合作，在省市总河长令宣贯、任务书落实、河长制考核等工作上，相互配合，形成全市强大合力，共同推进河湖长制工作全面开展。

③丹东市深入推进"河长＋警长""河长＋检察长"协作机制，积极构建"河长＋法院院长"协作机制，2022年市级河湖警长捆绑式巡河6次，发现解决问题5件，河长、警长、检察长三长共治"四乱"问题1次，各级河湖警长累计巡河3 696次，发现和解决各类河道乱象和安全隐患336件。

④全市江河保卫系统共破获非法采砂类刑事案件6起，采取刑事强制措施15人，移送起诉12人；破获非法捕捞类刑事案件24起，采取刑事强制措施37人，移送起诉81人；破获污染河湖水质案件5起，采取刑事强制措施5人，移送起诉10人。公安部门联合水行政执法部门执法12次，巡查40次，办理12起行政案件，罚没款64.82万元。

（7）丹东市扛起主体责任，东港市建设幸福宜居城。

先后启动大东沟水系生态景观综合治理工程和城市内河综合治理工程PPP项目，打好污染防治攻坚战。项目总投资12.99亿元，随着污水处理厂二期工程正式完工并投入使用，城区污水处理率达到95％以上，彻底消除了大东沟"黑臭"现象，建成区内河流域水环境大幅提升。昔日的"臭水沟"，如今已蜕变为环境优美的生态景观长廊。

①政府购买服务，集中清理农村垃圾。政府统一对农村垃圾进行清理，每个乡镇设立一名监督员，发现问题及时上报，发现一起，清理一起。宽甸县青椅山镇通过政府购买服务的方式，将全镇的环境卫生（包含河道垃圾）清理，交由具备条件的企业承担，通过集中住户设置一个垃圾箱，垃圾专用收集车负责日常收集、转运，最终运输到垃圾场综合处理，这种环境整治的有偿服务切合时效、成果明显。

②充分发挥部门联动作用。有关部门下发了《丹东市河长制办公室关于开展2023年河湖垃圾清理专项行动的通知》，制定了《丹东市河湖垃圾清理专项行动工作方案》，要求各县（市）区对河湖管理范围内垃圾进行彻底分类清理，按照"可回收"和"不可回收"分别建立转运体系，建立沿河乡镇、村屯垃圾清运管护长效机制，确保河道内无垃圾。明确水利部门负责牵头做好实施方案编制、检查督导、总结验收、信息报送等工作；财政部门负责做好专项资金落实等工作；住建部门负责做好河湖周边乡镇垃圾日常收集与处理等工作，并协助做好城市河湖保洁工作；农业农村部门负责做

好沿河畜禽养殖污染防治等工作。丹东市河长制办公室组织生态环境、住建、农业农村、水利等部门制定《丹东市入河排污口规范整治工作实施方案》，成立丹东市入河排污口规范整治工作领导小组，明确工作职责和工作任务，生态环境部门负责提出规范整治清单及要求，并具体指导企事业单位排污口整治工作；住建部门负责配合排污口整治单位做好所辖市政雨污混合排污口整治工作；农业农村部门负责指导畜禽养殖和水产养殖排污口整治工作；水利部门负责就入河排污口对取水、防洪等影响提出整治意见，指导整治工作；财政部门负责配合整治主体，通过申请专项资金、市场化运作等多渠道筹措资金；其他部门按照职责范围做好配合。按照"查、测、溯、治"的工作步骤，对全市流域面积 10 km² 以上河流的入河排污口实施"一口一档、一口一策"管理，切实做到"封堵一批、规范一批、治理一批"，推进从污染源到排入水体的全链条管理和山水林田湖草系统治理，努力实现水环境安全、水资源清洁、水生态健康的良好局面。深入推进"河长＋警长""河长＋检察长"协作机制，积极构建"河长＋法院院长"协作机制，市河长制办公室与市人民检察院共同签署《关于充分发挥检察公益诉讼职能协同推进河（湖）长制工作的意见》。运用检察公益诉讼监督职能，助力河湖监管治理的新模式，共同守护河湖生态环境。联合巡查，以发现违法围垦河流、在河道内违法种植阻碍行洪高秆作物、擅自填堵、破坏江河的故道、旧堤、原有工程设施及擅自调整河湖水系、河道垃圾等情况为重点，对凤城市边门镇饮马河、草河城镇草河、大堡镇爱河及八道河、东汤镇民生河的具体情况进行巡查。联合巡查不仅是对往年市检察院与市水务局联合开展的河道垃圾整治专项活动进行了一次"回头看"，同时也是对将到来的汛期安全进行的风险隐患排查，更为今后"河长＋检察长＋警长"护河长效机制发挥作用、共同推动形成检察公益诉讼参与河道生态治理和保护的工作新格局，奠定了协作基础。

③立足"河湖长＋检察长"协作机制，深入开展"我为群众办实事"，争当创城"排头兵"。丹东市人民检察院联合市水务局，开展"保护河湖生态，助力全国文明城市建设"为主题的创城志愿服务活动。在活动现场，市检察院和市水务局志愿者分成若干个小组，对五道河沿岸垃圾进行清理。志愿者们不怕脏、不怕累，捡拾河道垃圾，部分志愿者对附近居民进行了关爱河湖、珍惜河湖、保护河湖的宣传。此次志愿者服务活动，让群众进一步了解了创建文明城市以及生态环境公益保护的重要性与必要性，引导营造"人人关注、人人支持、人人参与"的河湖环境保护氛围，让市民积极参与到河湖生态环境保护与文明城市创建中来，携手共建"河畅、水清、堤固、岸绿、景美"的美好水环境，共同推动形成河道生态治理保护与检察公益诉讼监督工作新格局。

④加强专项执法。丹东市公安机关江河保卫战线以开展"昆仑行动"为支点，强力推进非法采砂专项整治行动，持续开展了丹东市公安机关江河湖"清四乱"攻坚行

动、打击整治"沙霸""矿霸"等自然资源领域黑恶犯罪专项行动，严厉打击黑恶势力的"四霸"专项行动；推进辽宁省河道非法采砂专项整治行动及辽宁省严厉打击非法取用地下水专项执法行动；开展"守山护水"打造生态宜居城市专项活动，推动丹东法制化营商环境建设，统筹推进江河保卫工作，守护丹东的绿水青山。2022年度，全市江河保卫系统共破获非法采砂类刑事案件3起，打掉涉恶团伙1个，采取刑事强制措施6人，其中移送起诉3人。联合水行政执法部门办理2起行政案件，罚没款7万元。组织开展打击非法捕捞、盗窃水产品等违法犯罪，水务治安分局结合全地区水域地理特点和工作职责，认真研究渔业方面的法律法规和地方性规定，坚持"以打开路，以打保稳"的工作思路，积极组织开展打击非法捕捞、盗窃水产品等违法犯罪专项行动。每年5月份，丹东即将迎来鳗鱼苗从入海口洄游入内河，届时丹东市公安局联合市农业农村局在鸭绿江开展"护鳗"专项行动，全面保护丹东市江河湖天然水域水产资源。连年开展"护鳗断链"行动，严厉打击非法买卖、收购野生鳗鱼苗的行为，以"零容忍""零懈怠"的姿态，实现丹东地区非法捕捞鳗鱼苗"零发案"。行动期间，全市各级公安机关共出动警力2 700余人次，警车1 000余台次，在重点地段开展巡逻"护鳗"工作。"护鳗"期间，共劝阻驱离在禁捕地段捕鱼钓鱼人员253名，现场嘱教21人，并移交农业农村局处置，放生各类鱼类700余尾。2022年度，全地区公安机关共破获6起非法捕捞、盗窃水产品类案件，打掉犯罪团伙2个，采取刑事强制措施11人。严厉打击污染河湖水质等违法犯罪行为，全市公安机关江河公安部门充分发挥在打造"生态宜居"方面的主力军作用，加大对河湖水生态环境的治理保护力度，积极开展打击污染水环境的犯罪活动。

（8）阜新市河长制纳入领导干部审计。

阜新市清河门区审计局加大自然资源资产审计力度，对本地区河长制执行情况开展审计调查，对重点河流水域环境质量现状进行摸底掌控，并促进其持续改善，推动经济与生态协调发展。一是明确审计目标、制定工作方案。对重点河流水域进行实地审计调查，根据中央、省、市下发的生态文明建设方针和河长制政策要求，明确审计目标，并依次制定工作方案。二是突出审计重点、分解工作任务。依据方案，对审计组成员进行分工；对河长制工作责任执行情况、重大政策措施贯彻情况、水污染防治情况、水生态环境修复治理情况和资金使用情况分门别类进行审计调查。三是依法审计监督，开展绩效评估。通过实地审计调查，揭示河流水域保护和利用及河长制执行过程中存在的问题和缺陷，客观地将污染防治措施建设情况、对废物管理处置情况和环保项目的资金投入及推进情况如实上报党委、政府和上级审计机关，公平公正地评价评估河长制执行的效果与成绩。

（9）辽阳"三机制""二强化"。

①辽阳建立层层抓落实机制。在各县（市）区政府层面，严格落实《辽宁省河长湖长制条例》，完善河湖长制组织体系。在各级河长、河湖警长层面，强化巡河履职，真抓实管，解决实际问题；在水管员、保洁员层面，各县（市）区加强培训和监督检查，制定奖罚措施，督促尽职尽责，杜绝形同虚设。形成"市、县、乡、村四级河长＋市、县、乡三级河湖警长＋水管员、保洁员、监督员"的"4＋3＋3"巡、管、护、清、督的河湖管护机制，杜绝新的"四乱"问题发生。在市、县两级河长制办公室及组成部门层面，加强督导检查和工作指导，定期通报工作情况，不断压紧压实责任。在乡镇级党委政府和乡镇级河长层面，加强巡河，及时处理问题，加强对村级河长培训和考核，同时做好对居民的宣传教育，提高居民的守法意识和公民素质，形成爱护公共环境的良好习惯。各级政府要落实河长制工作经费和工程建设前期费，做好各项工作的基础性工作，为争取河湖建设项目打好基础，同时要筹集工程建设资金，高标准开展工程建设项目。

②建立综合协同调度机制。a. 通过向社会购买服务的方式，利用无人机航拍、手机 APP 巡河等技术手段，加强对河湖"四乱"、河道垃圾、河道排污等突出问题的排查力度，市县两级河长办及时交办、督办。b. 切实提升河湖管理能力，在重要部位、节点安装视频监控，并实现与公安监控系统联网，实现数据信息互联互通，提高联合执法效能，有效解决违法侵占河道、影响河湖形象面貌功能等问题。c. 在河道划界和水利空间规划的基础上，有序推进国土空间规划和河流、水利工程确权登记工作。d. 推广宏伟区农村村屯与河道垃圾一体化公司管护模式，有条件的县区可以全域推进，不具备全域推进条件的县区，可以乡镇为单元推进。逐步实现城乡垃圾、农村垃圾、河道垃圾的收集、转运、处理一体化管理。e. 河长制办公室成员单位间要信息共享，相互通报发现的问题，开展联合专项行动，建立执法联动机制，联手解决问题。f. 各县（市）区政府要通盘考虑水利、自然资源、生态环境、农业农村等部门的山水林田湖草生态环境规划，统一规划标准，减少工程重复建设，提高建设资金的使用效率。

③建立奖励激励和惩罚机制。a. 表彰先进。在河长制工作年度考核中，以市政府或领导小组名义对成绩突出的总河长、河长通报表扬并分别颁发"辽阳市优秀总河长"证书和"辽阳市优秀河长"证书；对河长制工作突出的单位和个人分别颁发"辽阳市河长制工作先进单位"奖牌和"辽阳市河长制工作先进个人"证书。b. 实行正向激励。以市政府名义，每年安排一定额度资金，用于奖励河长制年度考核成绩优秀和良好的县（市）区，奖励资金专项用于补助河长制工作业务经费，鼓励进一步提升县级河长制工作水平。c. 政策支持。对年度河长制工作开展突出，在省市考核中取得优异成绩的县（市）区，在下一年度项目资金安排上予以优先考虑。d. 实行负面清单管

理。各级河长办要强化考核，对年度考核不合格档次的，在各专项行动中组织不力的县（市）区政府、各级河长办及其成员单位、各级河长要进行通报批评。

④强化执纪问责。a. 按照《辽宁省河长湖长制条例》、水利部《河湖管理监督检查办法（试行）》的规定，根据问题的发生数量、问题的性质、问题的严重程度，各级政府、河长制办公室应会同纪检监察部门对涉河违法违规单位、组织和个人，各级河长、河流所在地各级有关行政部门、河长制办公室、有关管理单位及其工作人员给予责令整改、警示约谈、通报批评的责任追究。b. 对各级河长和各级政府的有关部门、各级河长制办公室的直接负责主管人员和其他直接责任人员，在河长制工作中，造成严重后果的，根据情节轻重，按干部管理权限，依法给予停职、调整岗位、党纪政纪处分或解除劳动合同。c. 对村级河长及其他人员履职不力的，按照其与乡镇政府（街道办事处）的约定承担相应责任。d. 加强与纪委监委的协调配合，对因工作不作为、慢作为导致发生突出问题，造成严重社会影响的河长及有关工作人员要严肃追究责任，并将相关问题移交纪检监察部门调查处理。e. 建立"河长＋检察长"协作机制。实行行政执法与检察监督的有效衔接，开展联合检查督办，由检察机关通报涉河法律监督和刑事犯罪、公益诉讼案件办理情况，并按照法定权限和程序办理有关涉河案件。

⑤强化舆论监督。a. 畅通信息渠道。及时公布河长名单，设立河长公示牌，开通公众号。b. 巩固舆论阵地。加强政策宣传解读，加大新闻宣传和舆论引导力度，增强社会公众对河湖保护工作的责任意识和参与意识，形成全社会关爱河湖、珍惜河湖、保护河湖的良好风尚。c. 有效利用社会媒体，监督各级政府及河长履职尽责。

（10）铁岭市西丰县成立中小河流生态治河工程领导小组。

组长为副县长；副组长为水利局局长、财政局局长、市生态环境保护局西丰分局局长、自然资源局局长、公安局副局长。18个乡（镇）政府负责组织乡（镇）、村具体实施及施工监管。

各乡（镇）根据实际情况，制定并上报本乡镇的中小河道生态治理实施方案［包括治理河长（不少于5 km）、组织机构、实施步骤、实施时间（春季或者秋季）、地点等相关内容］，工程施工前，提前报备县财政局农财股及水利局河道股，两个部门将派专业人员现场勘察，并在施工过程中（前、中、后）全程留下影像资料。年底前，水利局将组织相关单位进行验收。充分发挥各级河长、水管员、护林员的作用，对生物措施进行管理防护，保证生物措施成活率，逐步恢复河道自然生态系统。充分利用各种媒体，组织开展西丰县河道生态治理专题宣传，定期发布工作信息，加强河道保护宣传，营造全社会关心河道、珍惜河道、保护河道的良好氛围。县政府将采取以奖代补的形式对完成任务的乡（镇）兑现资金政策，对表现突出的乡（镇）及单位给予奖励。

8.2 主要亮点

（1）大连金普新区。

①实施国家粪污资源化利用整县推进项目。全区强化畜禽养殖粪污处理及资源化利用，实施国家畜禽粪污资源化利用整县推进项目，完成 118 个养殖场户和 1 个粪污区域处理中心建设。国家畜禽粪污资源化利用整县推进项目实施完成后，全区畜禽粪污综合利用率 91.32%，规模化养殖场粪污处理设施装备配套率达到 100%。

②完善农膜农药瓶（袋）回收体系建设。扎实推进金普新区全境农业环境治理，降低农药包装、农膜等废弃物对农业、农村生态环境的影响，通过开展农药包装和农膜等废弃物回收、可降解地膜试点试验和农用残留地膜监测等一系列工作，健全从田间地头到无害化处置的全链条农膜使用回收体系，提升农药包装和农膜等废弃物回收与处置水平，减轻农业面源污染，有效防控农田"白色污染"。在全区 12 个涉农街道设立 12 个回收母站，把全区 212 家农资商店作为农药包装和农膜等废弃物回收子站，充分利用回收子站的位置优势、人员优势、资金优势、直接对接优势、监督管理优势等独特优势，提高回收效率。在三十里堡街道设立中心回收站，负责对各涉农街道回收母站收集的农药包装、农膜等废弃物进行集中回收、储存。回收子站定期将回收的农药包装、农膜等废弃物送至各涉农街道回收母站进行统一管理，中心回收站定期对各涉农街道回收母站的回收物进行集中回收、储存和运输，并联系有资质的废弃物处置单位负责实施集中无害化处置。目前各回收站点正常运营，回收和处置工作顺利推进，实现了涉农街道回收站点全覆盖的网格化管理。2020 年至今，全区已回收农药包装及农膜等废弃物 200 余吨，农膜回收率 90% 以上。

③着力根治水污染。为系统整治农村水环境污染、提升农村人居环境，新区开展了以生活垃圾处理、污水处理、农村安全饮水改造、农村户用厕所无害化改造等为重点的专项行动。在生活垃圾处理方面，构建覆盖全区的农村生活垃圾处置体系，成立专、兼职扫保队伍，明确涉农街道的建筑垃圾暂存点，建立违法倾倒垃圾的监督、发现、举报、奖惩机制。近三年累计清理河道垃圾 3.5 万余立方米。加大农村污水处理力度，2022 年完成 23 个行政村污水资源化利用以及 10 个行政村饮用水水源地治理等农村环境综合整治，农村生活污水治理率明显提高。

④河库管护智能化。金普新区 2018 年在全省率先建成河库长制管理信息平台，并融入新区"城市大脑"，搭建河库信息高效处理渠道，实现了河库长制工作会议的关联文档信息及时有效整理归档，规范化方案实施、考核办法及标准、考核结果、责任追究实施的全流程处理，以及各责任单位之间河库信息的广泛共享，有效解决了此前存

在的信息孤岛、数字鸿沟、沟通不及时等问题。为了进一步发挥平台作用，又外接了移动应用管理系统，实现了河库巡查信息即时采集，采集结果即时查看。将信息平台与目标责任制考核挂钩，各级河长的巡河次数、解决实际问题等情况在平台上一目了然。由此提升了新区河库管理的现代化、智慧化水平。

⑤河库管护物业化。金普新区结合本区实际，深入推进小型水库管理体制改革，努力探索实施水库物业化管理模式，使新区小型水库专业化管护水平实现全面提升。促进管护规范化、养护专业化、管理智慧化、河库管护全民化。引导全社会参与河长制工作，全社会关心参与河湖保护治理的氛围日益浓厚，努力打造全民知晓、全民参与、全民共治、全民共享的良好格局。

（2）大连庄河市。

①督改结合，长期推进河库"清四乱"；"1945"长效清洁治理模式应在全省乃至全国推广。②与住建局构建垃圾转运处理体系。五指分类法应该推广应用。③与农业农村局构建地膜回收标准化体系。④从源头抓起，严格排污口管理。

（3）抚顺市建立健全水源保护和监管工作机制。

一是制定了《抚顺市大伙房水源一级保护区漂浮物清理处置联动工作机制》，进一步加强水库库区水面"清漂"及垃圾清运处置工作。二是制定了《抚顺市危险化学品运输车辆穿越大伙房饮用水水源保护区道路安全监管暂行规定》，为大伙房水源保护区内危险化学品运输执法工作提供了法规依据。三是制定了《抚顺市大伙房饮用水水源保护区常规化监督管理工作暂行办法》，完善了《辽宁省大伙房饮用水水源保护条例》在监管执行方面职责分工的不足。针对不法人员蓄意破坏一级保护区封闭围栏、野浴等行为，开展现场执法，全力做好水质监管和预警，保障饮水环境安全。持续强化农业面源污染防治，推广绿色防控技术面积 95 万亩，推动畜禽粪污资源化利用。狠抓规模养殖场粪污集中处理设施配套工作，全市畜禽粪污综合利用率达到 77% 以上，规模畜禽养殖场（户）粪污处理设施配套率稳定在 95% 以上。

（4）本溪市创建全国性治水试点。

南芬区水系连通及水美乡村试点项目总投资 3.9 亿元，撬动周边民营资本 1.25 亿元，惠及水系整治区域范围内全部约 2.38 万农民。本溪县小汤河典型示范河流建设项目吸引 5 家投资方在沿河形成规模产业，在践行"生态立市"和"惠民富市"以及推动乡村振兴上，发挥了巨大的社会效益，成为撬动乡村振兴的新支点。辽宁本溪大石湖·老边沟水利风景区是国家 AAAA 级旅游景区、国家地质公园、国土资源科普基地和辽宁省科学技术普及基地，是中国枫叶之都的核心。该风景区被评为省级水利风景区，对促进水资源保护与开发，强化水利与文旅深度融合，创建全域旅游示范区具有重要意义。水质持续稳定向好。统计数据显示，全市水质指数 3.39，排名全省第二；

同比改善 14.42%，位列全省第一。

（5）丹东市不断提升生态治理体系和治理能力建设水平。

丹东市颁布了《丹东市河道管理条例》，建立实施以排污许可制为核心的"一证式"固定污染源监管制度体系，严格落实风险评估、生态补偿、生态环境损害赔偿等制度。为推动河道砂石规模化、集约化统一开采，以丹东市人民政府办公室名义印发《丹东市河道砂石统一经营管理实施方案》。①依托视频专网，助力精准打击。②构建立体化巡逻防控。实现对全地区河道问题的"早发现、早处理、早解决"和主要江河湖泊能够被全覆盖、无死角的巡查。重拳出击河库"清四乱"，打胜垃圾清理保卫战。

（6）营口市建立水行政联合执法工作机制。

深入开展河道非法采砂专项整治行动。强化责任意识和底线思维，持续深入推动专项整治工作，确保专项行动取得实效。县区抓落实，通过全面排查、日常巡查、暗访检查、监督检查，及时发现和依法查处各类非法采砂行为。水利、公安、纪检监察、检察等相关单位要加强协调联动，充分运用"河长＋河湖警长""河长＋检察长"协作机制，推动行政执法与刑事司法有效衔接，及时向公安机关移交涉黑涉恶线索，向纪检监察机关移交干部违法违纪线索，严厉打击"沙霸""矿霸"背后的腐败和"保护伞"。及时总结专项整治行动经验，进一步完善河道采砂监管长效机制，鼓励政府按照政企分开原则依法实行统一经营管理，推进集约化、规模化统一开采、销售模式，推动河道采砂秩序持续向好。①全力推进妨碍河道行洪突出问题排查整治；②深入开展全市入河排污口排查整治；③全面加强河长履职尽责；④强化河湖长制带动各项工作有效落实，切实发挥导向作用，推动工作落实落地。

（7）阜新市源头系统治理。

"三河源"保护工程是市委、市政府实施的重点工程，在养息牧河源建设以"百花齐放"为主题的沙地植物园，在绕阳河源建设以"万紫千红"为主题的生态植物园，在细河源建设以"锦绣山河"为主题的山地灌木园，最终把"三河源"保护工程建成生态保护片区、科普教育基地、休闲打卡热点地，培育全民生态环境保护意识，实现生态、人文、环境、社会、旅游多效益共生。

（8）盘锦市"六强化""二推进"。

①强化水资源管理保护。落实最严格水资源管理制度，严格实行区域流域用水总量和强度控制，建立水资源刚性约束。全市到 2025 年用水总量 14.08 亿 m³，非常规水资源利用量 0.29 亿 m³，万元地区生产总值用水量较 2020 年下降 12%，万元工业增加值用水量较 2020 年下降 10%，农田灌溉水有效利用系数 0.561。

②强化河湖水域岸线管理保护。全力推进绕阳河等河流河道清障工作、妨碍河道行洪突出问题排查整治及河湖岸线利用建设项目和特定活动清理整治工作，对照"三

个清单",进一步细化实化整改措施,落实属地责任,严格按照时间节点要求完成清理整治任务。

③强化绿色健康养殖。全市畜禽规模养殖场粪污处理设施装备配套率稳定在97%以上,畜禽粪污综合利用率稳定在77%以上。大洼区粪污资源化利用整县推进项目已完成建设。推广科学施肥和测土施肥技术,保护和提升耕地质量,制定化肥利用率、肥效试验方案,落实试验34个。实施水产绿色健康养殖技术推广"五大行动",共遴选了"五大行动"示范基地18个。

④强化水环境治理。完成河流水环境质量约束性指标考核任务,全面消除劣Ⅴ类水体。推进农村环境综合整治,城乡一体化大环卫体系已覆盖所有行政区域,满足农村生活垃圾处置需要。盘锦市所辖范围的县(区)现状垃圾处理设施能够满足全市生活垃圾处理需求。

⑤强化水生态修复。全市自然封育面积9.1万亩,通过强化封育区网格化管理、立体化巡查、实施生态蓄水等措施,生态封育区水质得到明显改善,行洪安全得到保障,生物多样性得到恢复。实现水清、岸绿、景美的河流生态环境。

⑥强化执法监管。市警长办、河长办、水利局、农业农村局等部门开展联合执法,清理小开荒等"四乱"问题。依托公安系统120处涉河视频探头,实行网上日巡逻制度,并对视频探头不能覆盖点位开展无人机巡河,利用技术手段升级实现对沿河区域动态实时管控。严格执行河湖长制考核制度,加强考评结果运用,突出河湖长制考核的"指挥棒""风向标"作用。

⑦大力推进中小河流治理。已经完成了螃蟹沟、清水河、平安河、小柳河、太平河、鸭子河、大羊河、月牙河等防洪治理工程,共投资2.23亿元,治理后形成了水清、岸绿、景美的美丽健康河湖。

⑧持续推进辽河、凌河生态封育。促进了水环境、水生态改善。

(9)葫芦岛完成水利建设投资实现历史性突破。

2022年水利完成投资9.38亿元,其中省以上投资5.48亿元,市县投资3.9亿元,是2021年的2.6倍,创十年来水利投资新高,为水利事业实现"十四五"良好开局奠定了坚实基础。一方面要全力策划能够根本性改变区域性生态环境、流域环境的大项目,以水利生态拉动城市增值。特别是要善于策划具有经济效益或者衍生经济效益的大项目,提升水利项目的融资能力,积极引导社会资本进入水利工程。另一方面要提高项目谋划的覆盖率和受众面,把项目落实到每个村庄、每条河流,集腋成裘、积沙成塔,把众多的小项目整合为大项目,让每个村屯、市民都在水利项目中受益。要重点强化水利项目的辐射、带动能力,将水利项目从河道延伸到岸边、从公益延伸到产业、从生态延伸到业态。特别是要把水利项目与公路交通、生态环保、乡村振兴、文化旅游、城镇开发等项目相衔接,实现共建共享。把 2023 年作为全市水利项目谋划年,丰富水利项目库的数量和内涵,让水利项目从过去传统的"纯净水"变成"鸡尾酒"。要建设好建昌县茅河河道治理工程二期(冰沟村至下贺汰沟桥段)、兴城河(高铁桥至狼洞子段)及其支流白塔河(白塔村至入河口段)和兴城河(狼洞子至二道河子段)治理工程、绥中县王石灌区续建配套与现代化改造工程。同时,全市要紧紧抓住"水润辽宁"的黄金机遇期,抢抓投资、争上项目,争取年内续建项目完工一批、新建项目开工一批、储备项目完成前期一批的工作目标。

(10)沈抚示范区河湖长制"十到位"。

①领导高度重视,工作部署到位。示范区总河长工作部署要求尽快开展妨碍河道行洪突出问题排查整治工作,严格按照时间节点要求完成清理整治任务,持续清理整治河湖"四乱"问题,推进"清四乱"工作常态化、规范化;加强入河排污口监督管理,严格执行河湖长制考核制度。加强部门联动,系统谋划、统筹推进,增强治水的系统性、有效性。

②组织体系和责任落实到位。示范区完成了 11 条河流、1 条运河、4 座水库的73 位河(库)长的设立更新工作,示范区总河长由示范区管委会主任担任;副总河长由示范区管委会副主任(兼任河长)担任。明确了一把手负总责、亲自抓的工作格局。建立了示范区、街道(乡、经济区)、村(社区)三级河长责任体系,确保各项任务责任到人,层层压实责任。

③水利专项规划到位。根据《沈抚示范区总体规划(2017—2040)》,针对现有水利特点,因地制宜编制了《沈抚示范区水利专项规划》,提出防治洪涝灾害的对策措施,确定防洪总体方案及工程布局,提高规划区防御洪涝灾害的能力;分析规划区生态需水量和水环境状况,提出切实可行的水资源配置方案和水环境保护措施;通过对水系进行生态景观改造,使水系的观光、休闲、旅游等生态服务功能得到充分发挥,从而实现沈抚示范区社会、经济的可持续发展。最终实现"河渠安澜、河湖交错、水清岸绿,生态与景观相融合、景观与人文相统一"的规划目标。

④相关制度和政策措施到位。制定了《沈抚示范区河长制考评办法》和《沈抚示范区巡河员考评办法》,明确了会议管理、信息管理、河长巡查、督查督办、河长制评估、监督执法、考核问责激励等办法。严格落实示范区总河长巡河制度,解决"最后一公里"问题。

⑤监督检查到位。加强督查督导,将河长制工作纳入绩效考核(小考官)系统,加强对河长制工作的日常管理,确保河长制工作有序有力推进。同时建立巡河日志,对发现的问题均作详细记录。

⑥河湖"清四乱"及垃圾清理工作到位。沈抚示范区完成河道内设施农业、水产

养殖、构建物和建筑物排查工作,编制完成《河湖"清四乱"常态化、规范化实施方案》,开展河湖"清四乱"及垃圾清理专项攻坚行动,印发《严厉打击违法行为的通告》。通过集中清理和有效管护,未发生违法采砂案件,全域河流生态环境得到了明显改善,确保汛期河道行洪通畅,创建水清岸绿的河道优美环境。

⑦水环境治理到位。深入开展入河排污口溯源及规范整治工作,对治理完成的入河排污口进行编码、立牌、归档,形成"一口一档";推进农村黑臭水体整治排查,推进农村污水治理相关工作;制定《沈抚示范区农村生活污水处理设施运管考核办法》,进一步加强示范区水环境治理工作。

⑧河湖建设管理到位。沈抚示范区高度重视河湖建设、河道治理工作,在用好上级专项资金的前提下,自筹投资 10.88 亿元用于浑河沈抚示范区段防洪治理、生态修复和小沙河生态修复工程,已完成浑河左岸沈抚示范区段河岸治理约 10 km,使浑河沈抚示范区段由 50 年一遇标准提升到了 100 年一遇的标准,保障沈抚灌区水田的灌溉任务及沈阳市生态景观水源度汛安全。

⑨防汛工作统筹管理到位。及时完成省水利厅下达的 19 项碍洪整改任务,消除河道行洪安全隐患,汛期统筹安排中小河流、水库和在建浑河水利工程等重要节点的防御工作,要求河管员、库管员全天值守,加强坝体巡查,错峰泄洪,确保水库河道上下游联防联调,保证区域和下游度汛安全。

⑩执法监管到位。加强警长制办公室与河长制办公室联动工作,同时加强河长制信息化平台共享。下一步将开展联合执法行动,打击河道管理范围内违法问题,并组织执法局、产业局、规划建设局、公安局开展联合执法行动,规范水利、国土、农业、渔业执法行为,全力维护河湖治安秩序稳定。

(11)铁岭市幸福寇河建设助力乡村振兴。

铁岭市有序推进西丰县中小河流生态建设,以生态治理为主,工程措施为辅,逐步实现"水清、岸绿、河畅、景美"。

①造林治水,生态人居齐振兴。营厂乡通过生态建设和人居环境治理相结合的方式,实施"以美化绿化促净化"工程。重点采用生态治理加景观化改造的办法,引种蒿柳、菊芋、云杉等具有生态和经济价值的植被,将荒地河滩变成了花树相间的景观花园。垃圾场被改造成蒿柳园,利用放养秋蚕的条件,产生了可观的收入。同时,在桥头、村口等地段进行河道封育,解决了垃圾倾倒问题。通过修复泉眼和护岸工程,将泥坑变成了天然池塘,提升了人居环境的品质。栽植树木和改善人居环境的工作取得了明显的成效。

②蒿柳养蚕,生态经济双丰收。营厂乡种植蒿柳并配合传统蚕场放蚕,可以显著增加柞蚕产量和收入。利用蒿柳可以增加柞蚕产量,实践证明,每亩蒿柳能带来可观

的收入，比种大田收入高出 4 倍以上。蒿柳不仅可以作为柞蚕的优质食材，而且能固沙护岸，实现了生态和经济效益的双赢。通过蒿柳育蚕后再上山做茧，不仅节约了人工成本，还能提高柞蚕场的收入。同时，营厂乡还计划建设七彩柞蚕谷农业生态产业园项目，推动柞蚕产业的发展和农业旅游的蓬勃发展。蒿柳养蚕为农民增加了收入，也为农业产业带来了巨大的带动力。这些措施既改善了人居环境，又促进了经济发展，让营厂乡逐步成为"人在景中、景在村中、村在绿中"的美丽新农村。未来，营厂乡将持续发力，进一步探索生态治理的实践内容，以实现生态环境与经济发展的可持续。

第9章

发展路径

根据现场调查和辽宁省 14 个市及沈抚示范区填写的表格及材料分析，指出辽宁推行河湖长制的发展路径。

9.1　全面推进幸福河湖创建

幸福河湖是指能够维持河流湖泊自身健康，支撑流域和区域经济社会高质量发展，体现人水和谐，让流域内人民具有高度安全感、获得感与满意度的河流湖泊。幸福河湖是体现"江河安澜、人民安宁"的安全灵动河湖，是体现"水质达标、用水满足"的宝贵资源河湖，是体现"水清岸绿、岸坡稳固"的环境优美河湖，是体现"鱼翔浅底、万物共生"的生态健康河湖，是体现"大河文明、精神家园"的文化文蕴河湖，是体现"产业发展、居民满意"的产业富民河湖，是体现"空间管控、智慧管理"的文明管护河湖。

深入贯彻落实习近平生态文明思想和习近平总书记"建设造福人民的幸福河"的重要指示精神，全面落实党中央、国务院强化河湖长制决策部署和省委、省政府全面振兴新突破三年行动的工作要求，推动全省河湖长制从"有名有责"向"有能有效"转变。科学客观评价幸福河湖建设成效，全力推进幸福河湖建设，结合辽宁实际，开展全省幸福河湖创建，以创建支撑流域和区域经济社会高质量发展。辽宁省幸福河湖评价标准如表 9.1 所示，辽宁省幸福河湖评价标准如表 9.2 所示。

表 9.1　辽宁省幸福河湖评价标准（河流）

分类层	指标层	总分	分数	评分标准
1. 河流水安全	1. 防洪达标率（A1）（%）	20	12	10 分（100%）；8 分（85%～100%）；6 分（65%～85%）；4 分（65%以下）
	2. 河流畅通性（A2）		8	河道内无明显淤积或阻碍行洪、影响河流畅通的设施，得 8 分；根据河流流动畅通性评分
2. 河流水资源	3. 水体透明度（A3）（cm）	8	4	根据水体透明度（cm）按照公式评分
	4. 生态用水满足度（A4）（%）		4	4 分（90%～100%）；3 分（80%～89%）；2 分（70%～79%）；1 分（60%～69%）；0 分（小于 60%）
3. 河流水生态	5. 河岸带植被覆盖度（A5）（%）	15	5	植被良好，5 分（90%～100%）；4 分（80%～90%）；3 分（60%～80%）；2 分（40%～60%）；0 分（0～40%）
	6. 水生生物多样性（A6）		5	水生动植物较丰富，得 5 分；较好，得 3 分；一般，得 1 分
	7. 水土保持率（A7）（%）		5	植被良好，5 分（90%～100%）；4 分（80%～90%）；3 分（60%～80%）；2 分（50%～60%）；0 分（0～49%）

分类层	指标层	总分	分数	评分标准
4. 河流水环境	8. 水质达标率（A8）（%）	24	9	河流水体同时达到水功能区和国考、省考和市考断面水质目标，得8分；根据水质达标率评分
	9. 岸坡稳定牢固（A9）（%）		6	4级评分
	10. 亲水设施完善（A10）		4	4级评分
	11. 水面及两岸清洁（A11）		5	河岸水面整洁，得5分；每发现一处不整洁，扣1分，扣完为止
5. 河流水文化	12. 河湖文化载体建设（A12）	12	4	4分（优秀，文化古迹挖掘保存程度高）；3分（良，文化古迹挖掘保存程度较好）；0分（差，文化古迹挖掘保存程度差）
	13. 水景观影响力（A13）		4	4分（优秀，水文化影响程度高）；3分（良，水文化影响程度较高）；0分（差，水文化影响程度差或没影响）
	14. 公众水治理参与度（A14）（%）		4	4分（90%及以上）；3分（80%～90%）；2分（70%～80%）；1分（60%～70%）；0分（60%以下）
6. 河流水产业	15. 涉水产业发展（A15）	9	5	①规模以上企业或单位1家，得3分；其他涉水产业1家，得1分。②水旅融合产品1项，得3分；促进乡村振兴企业1家，得3分。①②项加和为此项得分，此项最多得5分
	16. 公众满意度（A16）（%）		4	满意度为90%及以上，得4分；满意度为80%（含）～90%，得3分；满意度为70%（含）～80%，得2分；满意度为60%（含）～70%，得1分；满意度为60%以下，0分
7. 河流水管护	17. 河道"清四乱"完成率（A17）（%）	12	3	3分（100%）；2分（80%～99%）；1分（60%～79%）；0分（60%以下）
	18. 河道管理范围划界确权率（A18）（%）		3	3分（100%）；2分（80%～99%）；1分（60%～79%）；0分（60%以下）
	19. 河湖智慧管理（A19）		3	对照评价标准的2项要求，任一项不能满足要求的，扣1.5分
	20. 建立健全考核激励机制（A20）		3	建立评价激励机制，有考核、有奖补，得3分；没有建立评价激励机制，得0分
合计（分）		100	100	

注：评分时不涉及该项指标的，按照合理缺项处理。赋分采用区间内线性插值。

表 9.2　辽宁省幸福河湖评价标准（湖泊）

分类层	指标层	总分	分数	评分标准
1. 湖泊水安全	1. 防洪达标率（B1）（%）	20	12	10 分（100%）；8 分（85%～100%）；6 分（65%～85%）；4 分（65%以下）
	2. 河流连通畅通（B2）（%）		8	河湖内及周围无明显淤积或阻碍行洪、影响河湖畅通的设施，得 8 分；根据河湖水流动畅通性评分
2. 湖泊水资源	3. 水体透明度（B3）（cm）	8	4	根据水体透明度（cm）按照公式评分
	4. 生态用水满足度（B4）		4	4 分（90%～100%）；3 分（80%～89%）；2 分（70%～79%）；1 分（60%～69%）；0 分（小于 60%）
3. 湖泊水生态	5. 岸带植被覆盖度（B5）（%）	15	5	参照 A5
	6. 水生生物多样性（B6）		5	水生动植物较丰富，得 5 分；较好，得 3 分；一般，得 1 分
	7. 富营养化程度（B7）（%）		5	5 分（90%～100%）；4 分（80%～90%）；3 分（60%～80%）；2 分（50%～60%）；0 分（0～49%）
4. 湖泊水环境	8. 水质达标率（B3）（%）	24	9	根据水质达标率评分
	9. 岸坡稳定牢固（B9）（%）		6	4 级评分
	10. 亲水设施完善率（B10）（%）		4	4 级评分
	11. 水面及两岸清洁度（B11）（%）		5	河岸水面整洁，得 5 分；每发现一处不整洁扣 1 分，扣完为止
5. 湖泊水文化	12. 河湖文化载体建设（B12）	12	4	参照 A12
	13. 水景观影响力程度（B13）		4	参照 A13
	14. 公众水治理参与度（B14）（%）		4	参照 A14
6. 湖泊水产业	15. 涉水产业发展（B15）	9	5	参照 A15
	16. 公众满意度（B16）（%）		4	参照 A16
7. 湖泊水管护	17. 湖泊"清四乱"完成率（B17）（%）	12	3	3 分（100%）；2 分（80%～99%）；1 分（60%～79%）；0 分（60%以下）
	18. 湖泊管理范围划界确权率（B18）（%）		3	3 分（100%）；2 分（80%～99%）；1 分（60%～79%）；0 分（60%以下）；参照 A18
	19. 河湖智慧管理（B19）		3	参照 A19
	20. 建立健全考核激励机制（B20）（%）		3	建立评价激励机制，有考核、有奖补，得 3 分；没有建立评价激励机制，得 0 分
合计（分）		100	100	

注：评分时不涉及该项指标的，按照合理缺项处理。赋分采用区间内线性插值。

9.2　发展循环经济和循环（生态）农业

大道至简，道法自然，自然的本质是循环；发展循环经济是保护环境的根本；发展生态农业和循环经济是防止水污染、改善水生态环境的治本之策。

（1）采用 4R 策略发展生态农业。循环农业模式形成生产因素互为条件、互为利用和循环永续的机制和封闭或半封闭生物链循环系统，整个生产过程做到了废弃物的减量化排放，甚至是零排放和资源再利用，大幅降低农药、兽药、化肥及煤炭等不可再生能源的使用量，从而形成清洁生产、低投入、低消耗、低排放和高效率的生产格局。过量氮（N）、磷（P）等面源污染物进入地表水体，正是造成我国诸多湖泊、水库和海湾富营养化和有害藻类"水华"暴发的重要原因之一，严重威胁水环境安全。采用 4R 策略控制农业面源污染，"4R 策略"即源头减量（Reduce）、过程阻断（Retain）、养分再利用（Reuse）、生态修复（Restore）。

①源头减量。降低源头的策略主要包括优化养分和水分管理过程，减少肥料的投入，提高养分利用效率，实施节水灌溉和径流控制。

②过程阻断。生态沟渠是农业领域最有效的营养保留技术之一。在生态沟渠中，植物长势良好，排水中的氮、磷等营养物质可以通过沟渠中的生物进行有效的拦截、吸附、同化和反硝化等多种方式去除，并已在我国太湖地区得到广泛应用，生态沟里水稻比田间高产。此外，采用保护性耕作、免耕和生态隔离带等措施也是拦截农业面源污染的重要措施。

③养分再利用。养分再利用是使面源污水中的氮、磷等营养物质再度进入农作物生产系统，为农作物提供营养，达到循环再利用的目的。对于畜禽粪便和农作物秸秆中的氮、磷养分，可通过直接还田，或养殖废水和沼液在经过预处理后进行还田。对于农村生活污水、农田排水及富营养化河水中的氮、磷养分，可通过稻田湿地系统对其消纳净化和回用。研究结果表明，在水稻拔节期和灌浆期，稻田人工湿地对低污染水中氮、磷的净化效率分别达到了 75%～81%、82%～96%。

④水生生态系统修复。这里的水生生态系统指的是农业区内的污水路径，如运河、沟渠、池塘和溪流，而不是最终的目的地水域，如湖泊和水库。尽管在运输过程中采取了有效措施减少化肥投入和控制污染物输出，但仍有大量的有机质和氮、磷等污染物将不可避免地被释放出来。因此，需要对这些面源污水的输移路径进行水生生态修复，以提高其自净能力。已经开发并广泛应用了生态浮床、生态潜水坝、河岸湿地和沉水植物等多种修复技术。农业面源污染成为我国地表水体污染的重要来源，威胁着我国的饮用水安全，威胁我国农业的可持续发展和粮食安全。迫切需要转变思路，探

索新的防控方向，进一步强化污染防控的技术集成与区域联控，提升生态服务功能，打好面源污染治理的攻坚战，为我国农业的可持续发展和生态环境的改善提供技术支持。推荐几种生态循环农业模式：a. 种养加功能复合模式。以种植业、养殖业、加工业为核心的种、养、加功能复合循环农业经济模式。采用清洁生产方式，实现农业规模化生产、加工增值和副产品综合利用。通过该模式的实施，可以整合种植、养殖、加工优势资源，实现产业集群发展，如"稻田—螃蟹大米""盘锦大米"。b. 以秸秆为纽带的农业循环经济模式，即围绕秸秆饲料、燃料、基料化综合利用，构建"秸秆—基料—食用菌""秸秆—成型燃料—燃料—农户""秸秆—青贮饲料—养殖业"产业链。c. 以畜禽粪便为纽带的循环模式，即围绕畜禽粪便燃料、肥料化综合利用，应用畜禽粪便沼气工程技术、畜禽粪便高温好氧堆肥技术，配套设施农业生产技术、畜禽标准化生态养殖技术、特色林果种植技术，构建"畜禽粪便—沼气工程—燃料—农户""畜禽粪便—沼气工程—沼渣、沼液—果（菜）""畜禽粪便—有机肥—果（菜）"产业链。d. 创意农业循环经济模式，即以农业资源为基础，以文化为灵魂，以创意为手段，以产业融合为路径，通过农业与文化的融合、产品与艺术的结合、生产与生活的结合，将传统农业第一产业业态升华为一、二、三产业高度融合的新型业态，拓展农业功能，将以生产功能为主的传统农业转化为兼具生产、生活和文化功能的综合性产业。该模式可实现当地旅游产业快速发展，提升当地旅游产业的整体实力，促进当地一、二、三产业的快速发展。

（2）充分利用"超级芦竹"等废弃资源变废为宝。超级芦竹具有土壤及水体修复效率高、吸附重金属能力强、变异率低、田间管理少、病虫害少、气候及土壤适应性强等优势。其年生长量是热带森林的 5 倍、玉米的 7 倍以上、水稻秸秆的 10 倍左右，可能替代煤电厂的"燃煤"。超级芦竹一次种植可连续收割 15～20 年，可以在盐碱地、滩涂地、废弃矿区、湿地等边际土地生长，降雨量＞500 mm 的区域可自然生长。在辽宁锦州高寒盐碱地试种，面积近 500 亩，成活率达 95％，成熟期产量达每亩 5.6 t，生态、经济效益较大。充分利用河湖及周边废弃植物、垃圾等资源，既"清四乱"，又变废为宝，从根本上保护环境，打造美丽幸福河湖。

（3）循环经济推进生态文明建设。污染在水里，问题在岸上，要加快水岸共治、山水林田湖草系统防治；发展生态农业和循环经济。在河长制湖长制推行工作中，充分调动和发挥乡镇、村级组织在河、湖、库、渠日常管理和巡查中的积极作用，设立村级河长；把农村河道、各类分散饮用水源纳入管理，有利于加强广大农村水环境整治和饮用水水源保护；发展生态农业、绿色农业，完善农业循环链；以水为媒，发展循环经济，促进生态富民。农牧部门按照"无害化处理、资源化利用"的原则，推行"种养结合、入地利用"，使畜牧业与种植业、农村生态建设互动协调发展，走种植业和养殖业相结合的资源化利用道路，解决规模养殖场粪污无害化处理的问题。促进美丽乡村建设，提升城乡人居环境。铁岭市幸福寇河建设助力乡村振兴，有序推进西丰县中小河流生态建设，以生态治理为主、工程措施为辅，逐步实现"水清、岸绿、河畅、景美"。通过生态建设和人居环境治理相结合的方式，实施"以美化绿化促净化"工程，引种蒿柳、菊芋、云杉等具有生态和经济价值的植被，将荒地河滩变成了花树相间的景观花园；垃圾场被改造成蒿柳园，放养秋蚕，产生了可观的收入。在桥头、村口等地段进行河道封育，解决了垃圾倾倒问题；通过修复泉眼和护岸工程，将泥坑变成了天然池塘，提升了人居环境的品质；蒿柳养蚕促进生态经济双丰收，推动柞蚕产业的发展和农业旅游的蓬勃发展；蒿柳养蚕为农民增加了收入，也为农业产业带来了巨大的带动力。这些措施既改善了人居环境，又促进了经济发展，实现了生态环境与经济发展的可持续。

9.3 扎实推动水利高质量发展

（1）加快构建现代化水利基础设施体系。以推动高质量发展为主题，完整、准确、全面贯彻新发展理念，做好近期、中期、远期系统规划，做好战略预置，前瞻性谋划推进一批战略性水利工程，加快优化水利基础设施布局、结构、功能和系统集成，建设"系统完备、安全可靠，集约高效、绿色智能，循环通畅、调控有序"的国家水网，立足国家重大战略部署和区域水安全保障需求，有序推进辽宁水网规划建设，加快推进一批重大引调水工程和重点水源工程建设；围绕建设农业强国、实施新一轮千亿斤粮食产能提升行动，加快编制全国农田灌溉发展规划，推进大中型灌区续建配套与现代化改造，夯实粮食安全水利基础和保障。完善省市县水网体系，加快推进省级水网规划建设，做好省市县级水网的合理衔接，构建互联互通、联调联控的网络格局；高质量推进省级水网先导区建设，有序推进市县级水网建设；因地制宜完善农村供水工程网络，切实提高农村供水保障水平。

（2）增强水利科技创新支撑引领能力。科技是第一生产力、人才是第一资源、创新是第一动力，水利科技创新能力仍需加快提升。按照"需求牵引、应用至上、数字赋能、提升能力"的要求，统筹建设数字孪生流域、数字孪生水网、数字孪生工程，持续推进水利智能业务应用体系建设，构建具有预报、预警、预演、预案功能的数字孪生水利体系。让水利事业激励水利人才，让水利人才成就水利事业。

（3）提升水利体制机制法治能力和水平。以河长制完善流域管理体系，完善跨区域管理协调机制；健全湖泊执法监管机制；加强流域内水生态环境保护修复联合防治、联合执法。

（4）强化江河湖库生态保护治理。加大河湖保护治理力度，加强重要河湖生态保护修复，推进"河湖长＋"部门协作机制，严格水域岸线空间管控，重拳出击整治侵占、损害河湖乱象，持续推进农村水系综合整治。强化地下水超采综合治理，统筹"节、控、换、补、管"措施，巩固拓展华北地区地下水超采综合治理成效，在重点区域探索实施深层地下水回补，加大重点区域地下水超采综合治理力度。推进水土流失综合防治，加大水土流失严重区域治理力度，在黄土高原多沙粗沙区，特别是粗泥沙集中来源区加快实施淤地坝、拦沙坝建设，推进坡耕地治理和生态清洁小流域建设，加快建立水土保持新型监管机制。

（5）推进水资源节约集约利用。要坚持节水优先方针，全方位贯彻以水定城、以水定地、以水定人、以水定产的原则，建立健全节水制度政策，精打细算用好水资源，从严从细管好水资源，不断推进水资源节约集约利用，推动经济社会发展全面绿色转型。建立水资源刚性约束制度，严格水资源论证和取水许可管理，加快取水监测计量体系建设，强化水资源管理考核。健全完善节水支持政策，加快用水权分配，大力推广合同节水管理，引导金融和社会资本投入节水领域。

（6）坚决守住水旱灾害防御底线。更好统筹发展和安全，坚持人民至上、生命至上，坚持安全第一、预防为主，增强风险意识、忧患意识，树牢底线思维、极限思维，加快完善以水库、河道及堤防、蓄滞洪区为主要组成的流域防洪工程体系，提升水旱灾害防御能力。加快完善流域防洪工程体系，加快推进具有流域洪水控制性的重大工程建设，开展大江大河大湖堤防达标建设3年提升行动，强化蓄滞洪区安全建设与运行管理。加快补齐防御短板，加强水文现代化建设，构建气象卫星和测雨雷达、雨量站、水文站组成的雨水情监测"三道防线"，加强水库除险加固、安全鉴定、日常维护、安全保障各环节工作，突出抓好山洪灾害防御。抓早抓细抓实灾害防御，锚定"人员不伤亡、水库不垮坝、重要堤防不决口、重要基础设施不受冲击"和确保城乡供水安全目标，贯通雨情、汛情、旱情、灾情"四情"防御，落实预报、预警、预演、预案"四预"措施，绷紧"降雨—产流—汇流—演进""流域—干流—支流—断面""总量—洪峰—过程—调度""技术—料物—队伍—组织"四个链条，紧盯每一场洪水、每一场干旱，筑牢守护人民群众生命财产安全防线。

后 记

河湖治理保护是关系中华民族伟大复兴的千秋大计，"辽宁"取辽河流域永远安宁之意而得其名，"辽宁"是辽宁人民对水利的期盼和向往；辽宁省是新中国的摇篮，为新中国贡献"1000多个全国第一"，被誉为"共和国长子""辽老大"。

全面推行河湖长制完全符合我国国情水情，是河湖保护治理领域根本性、开创性的重大政策举措，是一项具有强大生命力的重大制度创新。为响应水利部党组书记、部长李国英"强化河湖长制 建设幸福河湖"的号召，充分反映辽宁推行河湖长制情况，辽宁省水利厅组织多位专家和战斗在保护河湖第一线的同事们编写《辽宁省河湖长制发展绿皮书》（以下简称《绿皮书》），全面系统地总结了推行河湖长制的经验、亮点、成效；《绿皮书》既接地气又高瞻远瞩，编写组深入辽宁省14个市及沈抚示范区座谈研讨，现场调研，集思广益，既总结了切实可行的宝贵经验，又为河湖治理保护指明了努力方向；《绿皮书》以翔实文字数据诠释了习近平总书记治水思路及生态文明思想，是指导辽宁河湖长制深入发展的座右铭，全书内容全面系统、普适兼容、现实可行、客观科学，可有效指导辽宁省水利高质量发展。

《绿皮书》在系统梳理河湖长制背景、内容、意义、发展过程的基础上，全面总结辽宁省河湖（库）长制落地生根、全面部署和取得实效的过程。全书总结辽宁省河湖长制考核情况和经验，对辽宁省各地市河湖长制推行情况进行评价；提炼出93个辽宁省河湖长制成效评价指标数据；研究人员深入14个市及沈抚示范区进行现场调研、座谈交流，全面系统分析辽宁省各地市河湖长制问题、经验和亮点、典型成效；构建评价模型进行综合评价，科学评估辽宁省14个市及沈抚示范区2022年河湖长制推行效果，得出各市区综合评分；总结出十大问题、十大对策、十条经验、十一个亮点，指出河湖长制发展路径：全面推进幸福河湖创建，发展循环经济生态农业，扎实推动水利高质量发展。

《绿皮书》的核心是努力建设造福人民的幸福河湖。河湖保护治理任重道远，全面贯彻落实党中央关于强化河湖长制、推进河湖生态保护和系统治理的决策部署，必须咬定目标、脚踏实地，埋头苦干、久久为功，全力把河湖长制实施向纵深推进。一要解决"水太多"问题，确保河湖安宁，无洪涝灾害发生；二要解决"水太少"问题，确保河湖有水可用，农田旱涝保收；三要解决"水太脏"问题，确保水质达标，实现水清、河畅、岸绿、景美。

在《绿皮书》编写过程中，编写组发扬"艰苦朴素、实事求是、严格要求、勇于探索"精神，精准把握党中央关于河湖长制工作的各项部署，严格按照发展报告要求，立足实际，以"钉钉子"精神狠抓落实，圆满完成发展报告的各项任务。《绿皮书》有助于促进辽宁各市总结推行河湖长制的经验，找出存在的问题，明确未来努力的方向，促进河湖有效治理；有利于推动各地推行河湖长制取得实效，从而全面推进幸福河湖建设。

本书对保护河湖、推行河湖长制具有重要的理论意义和实践价值，对河湖长制成效评价实事求是、客观公正、科学严谨、资料丰富、内容翔实、数据准确、条理清晰、观点鲜明；本书提出的经验、问题和建议具有科学性、实践性，是河湖长制工作的"加油站""助推器"，适合广大河湖长、河长办工作人员、环境保护人员以及相关领域研究人员认真学习，深刻领会，落实应用到工作中。

《辽宁省河湖长制发展绿皮书》编委会

2023 年 9 月